望遠鏡400年物語

For Trish

STARGAZER
THE LIFE AND TIMES OF THE TELESCOPE

望遠鏡400年物語

大望遠鏡に魅せられた男たち

フレッド・ワトソン 著
Fred Watson
長沢 工／永山淳子 訳
Ko Nagasawa　Atsuko Nagayama

地人書館

Stargazer : The Life and Times of the Telescope
by
Fred Watson

First published in Australia in 2004

望遠鏡400年物語　目次

まえがき　9
プロローグ　11
第1章　強力な望遠鏡――新たな千年紀に向けての大胆な一歩　15
第2章　デンマークの目――望遠鏡の幕開け　33
第3章　謎――古代望遠鏡の囁き　53
第4章　曙光――望遠鏡の出現　73
第5章　開花――天才の関わり　87
第6章　進化――望遠鏡の目覚ましい進歩　103
第7章　反射望遠鏡について――望遠鏡製作のより良い道　127
第8章　鏡の像――反射望遠鏡の実現　139
第9章　スキャンダル――法廷に持ち込まれた望遠鏡　159
第10章　天へ至る道――反射望遠鏡時代の到来　179
第11章　感心できない天文学者たち――望遠鏡のもたらすさまざまな運命　205
第12章　レビヤタン――金属鏡のモンスター　223
第13章　悲嘆の種――南天大望遠鏡　241
第14章　夢の光学――巨大屈折望遠鏡の完成　255

第15章　銀とガラス――二〇世紀の望遠鏡　275
第16章　銀河とともに歩む――五〇〇〇年後へ向かって　301

エピローグ――二一〇八年九月二一日　313

謝辞　321
用語集　327
世界の巨大望遠鏡　337
訳者あとがき　345
参考文献　362
原注・出典　386
索引　397

本文中の［　］内は原著者による注釈で、〔　〕内は訳者による注釈である。
本文中に付されている(1)、(2)、……などの番号は、巻末（三八六ページから）に各章ごとにまとめられている「原注・出典」の各項目に対応するものである。

まえがき

今日、望遠鏡の物語は四〇〇年近く昔にまでさかのぼる。これは数々の理由で魅力的な物語であるが、特に登場人物に特筆すべき人間的魅力があることが大きい。ガリレオの小さな「筒眼鏡」が空に向けられたその時からの進歩を知ると、呆然となるほどである。今日私たちには、宇宙のはるか遠くまで十分見通せる強力な望遠鏡があるのだ。

フレッド・ワトソンは本書の執筆にきわめて適した人である。世界の先端を行く天文学者の一人であるし、個人的には、いくつかのきわめて重要な開発、特に、今日の天文学的研究にきわめて重要な役割を果たす光ファイバーに関する開発に寄与してきた。現代において同様に重要なのは、彼が一般向けの著書を書く才能に恵まれ、むずかしい問題を簡単であるかのように見せる能力を持っていることだ。また、ラジオやテレビの放送の出演者としてもまったく自然にふるまえる人である。私は何回も彼といっしょに出演したのでそれをよく知っている。

彼はすばらしい話を知っていて、それを他の人には真似のできない独特の方法で書き著した。これは、天文の入門者にも専門家にも、また、天空に特別な関心はない読者にも楽しんでいただける本である。本書の「まえがき」の執筆を依頼されたことを、私は誇りに感じている。

パトリック・ムーア

セルジーにて

プロローグ

ゲーリー・ラーソンは、彼の人気マンガの一つ、『ファーサイド』(*Far Side*)で、巨大な望遠鏡に向かっている三人の天文学者を描いている。一人が接眼鏡に向かって望遠鏡を覗いていて、その背後で他の二人が愉快そうにくすくす笑っている。望遠鏡を覗いている男の目のまわりには、黒々とした輪がついている。あからさまに隠されたマーカーペンがあることから、どうして目のまわりに輪がついたのか明白である。ラーソンの他のマンガと同様、これは一風変わっていて突飛で、よくできた場面であり、笑いを誘う。

現実の天文学者にとって、このマンガはさらに楽しさが増す。意図的であろうとなかろうと、固定観念による描写が完璧だからである。ラーソンのマンガはすべて紋切り型である。彼の描く天文学者は、男で、中年で、白衣に身をつつんだ専門オタクである。望遠鏡は、古風な小型望遠鏡を巨大にふくらませたシロモノで、彼方に星のきらめく夜空に向かってドームから突き出している。そして、何を賭けてもいいが、望遠鏡のもう一方の端が見えるなら、そこには、マンガの目によってグロテスクに拡大した枠に収めた巨大レンズがあるだろう。もちろんそれも、黒い輪に囲まれている。

天文学者たちが働く姿に対するこの一般的概念は、ほとんどすべての点で間違っている。現在、天文学の博士課程をとっている若い男女を見るだけでよい。彼らのほとんどは、専門オタクなどではまったくなく、バランスがとれ、才能に恵まれ、非常に好感の持てる人々である。そして、今日の巨大望遠鏡には、いまだに、四〇〇年前のギリシャの詩人が選んだ名前をつけられているが、ご先祖とは全然似ていないと彼らは真っ先に話すだろう。それらはハイテク機器で、立体の骨組みを持つ構造物で、入ってくる光を捉まえて一点に集めるために、巨大なレンズではなく、浅い皿状の精密な凹面の巨大反射鏡を備えている。望遠鏡はドームから突き出してはいない。そして、それを覗く人など誰も――誰もいないのである。

おそらく、この最後の状況は、ほとんどの人を驚かせ、がっかりさせる。望遠鏡は、入ってきた星の光を直接情報処理装置に送るだけである。処理装置は、冷静に解析と測定を行ない、コンピューター・ネットワークに送ってデジタル形式で記録する。考えてみれば、それは天文学者たちの仕事からロマンをまるごと奪っている。しかし、人の目は、高感度のテレビ型検出器[1]よりはるかに劣っている。長くて退屈な数値データを記録するには、コンピューターの方が人間とは比べようもないほど上手なのだ。そして、すべての科学と同様、私たちの理解を進め、理論を組み立て、それをテストするには、目的を持って確固とした事実を集めることが必要なのである。

天文学では、そこで扱う理論が人間性と直面する最も深遠な疑問の一部と関連する。私たちはどこから来たのか？　私たちは宇宙の中で孤独なのか？　私たちはどこへ行くのか？　ロマンが失われようとそうでなかろうと、謎や好奇心をそそるものは、科学の究極の目的の中に満ち満ちている。

『ファーサイド』のマンガは、事実をかなり良くとらえている側面もある。というのは、天文学者たちは、いたずらの手段に出ることはめったにないが（やる時には、たいていものすごくおかしいものになる)、個人どうしは強い競争にさらされているからである。彼らは、宇宙の謎に関する新しい洞察を得たいと望むだけでなく、それを最初になしとげたいのだ。落伍者になるなど、論外である。その結果、望遠鏡の使用においても、彼らは激しい競争にさらされる。望遠鏡を最大限に使いたい。彼らはいつもそう思っているのだ。

技術的なものは何でも小型化していく傾向とは逆行して、望遠鏡はより巨大になるように進歩してきた。その帰結として、天文学者たちは観測を計画する際に、望遠鏡のサイズを非常に気にするようになった。そしてこれは、俗に「大口径熱」(aperture fever)と呼ばれるある異常な誇大癖へと発展していくことになる。

「口径」という言葉は、単に望遠鏡の集光面、つまり反射鏡の直径を意味する。大口径熱にかかると、他のことはどうでもよいという考えに取りつかれる。この言葉はアマチュア天文家の世界に起源があり、熱狂者は、裏庭からも天空を眺められるように、さらに大きな望遠鏡を渇望した。そして、この病はプロの天文学者をも苦しめることになった。

逆説的だが、この熱病は同時に望遠鏡建設の原動力となり、そしてそれに伴う苦しみをも生み出した。これなしに、望遠鏡が今日のように巨大に進歩することは決してなかったろう。明らかに、この最後の二〇〇年間の望遠鏡の歴史は、前のよりも大きな望遠鏡を建造するひたむきな動機を持つ人たちによって支配されてきた。問題は、それまでの望遠鏡が昨日の新聞のように捨て去られ、新しい発見が自分たちにもたらされるべく最大限の力を発揮する前に、閉鎖されてしまうことであった。望遠鏡は本来、長い実動期間を持つものであるのに、このような近視眼的発想がその事実を貶めてしまったのである。

本書は、ある意味で「大口径熱」の歴史を描いている。そこに人間心理の周辺部を描く一風変わった娯楽作品を期待しても、お門違いであろう。どちらかといえば本書は、望遠鏡製作者と彼らが作った望遠鏡の話である。また、鋼鉄製品とガラス製品にまつわる勝利と悲劇の物語といってもいい。そして、これは現在進行形の話である。というのは、それに伴う心痛や技術的な発展は今日も続いているからである。「大口径熱」は伝染する。その結果は、世界中にますます広がって巨大望遠鏡が配置される状態を見れば、誰にでもわかる。

第1章　強力な望遠鏡——新たな千年紀に向けての大胆な一歩

最先端の望遠鏡建設のニュースに触れたり今後の動向を探ったりするのには、国際的な望遠鏡シンポジウムに出席するほど良い方法はない。ここから話を始めよう。このようなイベントは日常的なものではないが、二〇〇〇年のシンポジウムはとても意義深く、その討議は天文学の年報などを通じて長い期間大きな反響を呼ぶことになった。

この会議は非常に大規模で、一三もの分科会があった。そこには、天文学の装置に対して共通の関心を持つ一三〇〇人以上の科学者、技術者、研究所の管理職、著名な教授が集まった。その公開討論の場では、宇宙の謎と望遠鏡建設の技術とがボルトとナットのようにぴたりとかみ合い、望遠鏡の将来は意欲的な参加者の手の中にあるように思われた。

シンポジウムのタイトルは「新たな千年紀に向けての強力望遠鏡と観測装置[1]」であり、その精神を高らかに宣言していた。開催地はミュンヘンで、三月の最終週であったが、春の到来にはまだ明らかに早い時期であった。シンポジウムへの行き帰りに参加者は、毎日、氷のように冷たい風、雨、みぞれ、雪に代わる代わる見舞われた。最後の日になって太陽がやっと顔を見せた。

ミュンヘン国際会議センターで開かれたシンポジウムは、外の天候と同様に騒々しいものであったが、議論の活発な応酬は学術的なトーンの中に抑えられていた。私たちも参加者に加わって、その議論を立ち聞きしてみよう。しかしその前に、彼らの熱情をもう少し探ってみる必要がある。

まず、そこには身びいきがあったことを知っておかなくてはならない。身びいきとしては珍しい種類のものだが、確かに身びいきはあり、それは、現在、天文学者たちが使用しているさまざまな種類の望遠鏡と関連していた。

一九三二年に、ベル電話研究所のカール・ジャンスキーが宇宙からやってくる電波を発見するまで、望遠鏡は一種類しかなかった。それは、通常の可視光を集めて焦点を結ばせるものだった。望遠鏡は光学理論に基づき、最初は人間の目で、そして一八八〇年代以降は写真乾板によって情報を収集できるようになっていった。

今日では、宇宙を通過する自然放射の種類に応じて、さまざまな種類の望遠鏡がある。多すぎるほどの望遠鏡の名前は、この摩訶不思議な放射——ガンマ線、X線、紫外線、可視光、赤外線、ミリ波（マイクロ波）、電波——にそれぞれ対応している。

それらの放射を波長順に並べると電磁スペクトルを形成する。私たちの目で知覚できる放射はその中央付近にある。その波長はナノメートル（ミリメートルの一〇〇万分の一）単位で計測され、約四〇〇ナノメートル（nm）の紫の光から約七〇〇ナノメートルの深い赤にわたる。その間に可視光のスペクトルが虹の色で存在する。

近年、天文学者が私たちにもたらした心温まる事実の一つに、地球はいつもあらゆる波長の電磁スペクトル放射にさらされていることがある。それは宇宙のいたるところに存在する源からきている。しかし、その放射の大部分は決してその惑星の表面に達することがない。大気に吸収されるからである。したがって、たとえばもし、X線やガンマ線を観測したいと思ったら、特殊な望遠鏡を宇宙船に乗せなければならない。しかし、電波、赤外線、そしてもちろん可視光の放射は、地上で観測できる。

可視光を利用する望遠鏡は、風変わりな仲間と区別するために、現在、光学望遠鏡と呼ばれている。それを操作するには闇が必要なので、観測は常に夜間となる。また、空が晴れていなくてはならない。そして、新しい天文学の分野が魅惑的になっているにもかかわらず、光学望遠鏡は今日でも宇宙の探究にきわめて重大な役割を果たしている。可視光が電磁スペクトルの中心的位置にあること、また、普通の恒星はそのエネルギーの大部分を可視光として放射すること、光学望遠鏡が非常に大きな必要性を保つ理由はそこにある。

もちろん、光学望遠鏡は他の望遠鏡より三〇〇年以上も先んじて存在した。したがって、討論会の出席者たちが、新しい「見えない」天文学の望遠鏡のことをお世辞程度にしか話さないとしても、驚くには当たらない。そこには明らかに「この会合は光学望遠鏡が支配者だ」というメッセージが込められている。まあ、いいだろう。波長に対する身びいきはミュンヘンでは健在だ。

そして、そこにはサイズへの願望がある。なぜ、光学望遠鏡をそうまで巨大にしなければならないのか?

ゲーリー・ラーソンのマンガに描かれる望遠鏡とは違い、今日の真の望遠鏡には、その中心部に入射光を集めて焦点を結ばせる浅い凹面鏡がある。鏡が大きくなれば、それだけ多くの光を集めることができる。さらに飽くことなき光への欲望は、たとえそれがごくわずかな量の不足だとしても、天文学者の間では決まりきった共通の不平不満の種となる。集められる光が多いほど、弱い光の天体も研究できるからだ。

しかし、天文学者をより大きな望遠鏡に向かわせるのはもう一つ別の理由がある。それは、天空の像を拡大したときに見える細部の鮮明さで、分解能として知られるものである。分解能の追求は望遠鏡自体と同じくらい古い。というのも、最初の時点から、見えない細部を明らかにすることこそ望遠鏡の性能であり、それが望遠鏡を驚異の発明たらしめたからである。今日、この状況の物理学的原理はよく理解されている。必要程度の光学的完全さがあれば、望遠鏡の鏡が大きくなればなるほどより細部の記録が可能になる。

天空のすべての大きさの測定と同様に、分解能[2]は角度で測られる。それは秒角で表現され、ナノメートルが微小な長さに対応するように、秒角は角度における微小単位である。幾何学的には、一秒角は一度の三六〇〇分の一である。幾何学的な考え方はこれまでにしよう。五キロメートル離れた人がコインを掲げているところを想像すると、もっとわかりやすい。ほぼ同じサイズだから、オーストラリア・ドルでも、イギリスのポンドでも、アメリカのクォーターでもどれでもよい。この距離だと、あなたの目に写るコインの直径が一秒角になり、それを見るには相当な大きさの望遠鏡が必要である。数値をあげると、直径一メートルの望遠鏡の鏡の分解能は、理論的には〇・一秒角にすぎないが[3]、この分解能は五〇キロメートル先のコインを見分けることができる。それが四メートルの鏡になると、その四分の一、つまり〇・〇三秒角が解像可能になる。これは、冥王星の表面の模様、あるいは巨星ベテルギウスの円盤像を見るのに十分な解像度である。明らかに、鏡が大きいほど分解能が良いのである。

不幸にも、分解能を台無しにするまったく迷惑な自然現象がある。大気のゆらぎだ。私たちは皆、ジェット機が一〇キロメートルほど上空の乱流の中を突き進むとき、何が起こるかをよく知っている。

神経をすりへらすその揺れや振動は、雲のない空ですら生じる。同じゆらぎは、大気を通ってやってくる光線にも同様に驚くべき効果を生じさせる。大気のゆらぎは、肉眼で星々を見ていると魅力あるまたたきを生み出すが、望遠鏡で見ると、星の光の微小な点は、ぼんやりとして震えるボール状にふくれ上がってしまうのである。

三世紀以上も昔から、天文学者は、大気のゆらぎの程度を「シーイング」と記述していた。この言葉は、今でははっきりと、拡散して生じた星像の直径を表わすものとして用いられている。大気が完全に安定した最良のシーイングで見ると、星像の大きさは直径〇・三秒角だが、シーイングが良くないと、その大きさは三秒角以上にもふくれ上がる。どちらにせよ、望遠鏡で記録できる最高の細部の鮮明さは、星像のふくれ上がりの中にまったく失われている。

見えないものを見る

シーイングの問題を解決するためにはどんなことができるだろうか。直接的な方法は、望遠鏡を大気圏外に持っていくことだが、これには非常にお金がかかる。一九九〇年に打ち上げられたハッブル宇宙望遠鏡(4)は、主としてこの点を考慮して設計された(高度の利点によって、これまでになく紫外線の波長帯を利用できる)。ハッブルの物語では、その二・四メートル鏡に欠陥があり、一九九三年に修理隊が派遣され、それによって技術者が期待していた本来の分解能をほぼ回復できた話がよく知られている。それに比べてコストについてはあまり認識されていない。その建造費、打ち上げ費、修理費は結局二〇億ドルを超え(一九九〇年現在)、二〇一〇年以降のプロジェクト終了時点までには六〇億ドル以上に達すると思われる。

これだけ大きな金額は、ごくわずかな大規模プロジェクトを別にすれば、科学の世界で耳にすることはほとんどない。なお、ハッブル望遠鏡のあとを、ジェームズ・ウェッブ宇宙望遠鏡（JWST）と呼ばれるさらに大きな観測装置が引き継ぎ、これは二〇一一年に打ち上げられる。(5)この装置はハッブル望遠鏡とはかなり異なっている。直径六・五メートルの鏡を備え、赤外線で観測を行なう。さらに、地球近くの低軌道に留まるのではなく、地上約一五〇万キロメートルの上空で運用する。それにもかかわらず、楽観的な支持者は、これはハッブル望遠鏡よりはるかに安くつくと考えている。

ハッブルもJWSTも、両方とも目的を限定した望遠鏡であるから、その他のさまざまな必要性を満たすには割安な地上の観測施設を建設することでしか対応できないと、天文学者はいつも考えていた。ハッブル望遠鏡が消費した二〇億ドルの価格は、たとえば、最大級の地上望遠鏡を二〇基建設するのに十分な金額である。そのため天文学者は、大気のゆらぎの問題と真っ向から立ち向かうしか選択の道がなかったのだ。

地球上には、他の場所に比べてシーイングに恵まれない場所がある。一九六〇年代、世界中の科学者たちは、観測条件が最良である場所を探し出す試験的計画に着手した。この計画は、ジェット機が世代交代して大型化し、遠方の施設へ容易に行けるようになったことで、さらに拍車がかかった。それ以前は、望遠鏡はたまたま天文学者がいたところに建設されていたが、それは必ずしも良い場所ではなかった。

その結果、空が澄んでいて、人工の光に煩わされず、シーイングが良好という希有な組み合わせを持つ場所(6)が何か所かあがった。これは天文学における聖杯であった。地理的条件はその位置に決定的な役割を占める。このような場所は概して、北半球か南半球の中緯度（北緯・南緯の二〇～四〇度）

にあり、標高約三五〇〇メートル（一一五〇〇フィート）以上の山頂で、海洋の東岸付近にある。もし、その山頂が大陸を遠く離れた島にあり、その形が卓越風に対して流線型をしていたら、条件はなお良くなる。

北半球だと、そのような場所はアメリカ南西部、ハワイ島、カナリー諸島のラパルマ島にある。ヨーロッパ大陸は、灯火が明るく天候も良くないためにほとんど除外される。南半球では、チリ北部の山頂と、南アフリカのカルー高原が好ましい。オーストラリア西岸には高い山がなく、本当に良い場所とはいえないが、それでも、ニューサウスウェールズ州中央部のサイディングスプリング天文台は、世界で光害の最も少ない場所の一つである。近年、他にもいくつか有望視される場所が現われた。たとえば南極は、夜が半年続くだけであるが、極付近の高地は特に赤外線の観測に適している。

巨大望遠鏡が山に建てられるようになり、シーイングは概して〇・五〜一・〇秒角になることがわかった。それでも望遠鏡の本来の解像度近くまで出せる場所はどこにもない。そのとき、新しい有望な技術が浮上してきた。それは、天文学の補助観測装置の分野で革命を起こしたのである。

「補助観測装置」(7)（instrumentation）とは、天文学者にとって普通、望遠鏡に取りつける補助的装置を意味する。いろいろな意味で、それらは天文学者にとって本当の観測装置であり、望遠鏡は単にそこに光を供給するものにすぎない。それらには、非常に高感度の電子カメラから分光器までいろいろのものがある。これらは、天体の虹のスペクトルを波長で選別し、奈落の空間を越えて届く宇宙の重要な情報を明らかにする魔法の道具である。

しかし一九八〇年代後半、観測装置の設計者たちは、不可能を可能にする有望な手段を考え出した。

彼らは、地球大気による像のボケを相殺し、これまでになかったほど細部まで天体を調べることのできる装置を提示したのである。天空のこの奇術は波面補償光学として知られ、スターウォーズからは外された技術を用いている。そこでは、小さい変形可能な鏡を入射光のゆがみに合わせ、ボケを相殺するように変形させるのである。

この方法の初期の実験はたいへん成功したので、遠くない将来、地上に設置された望遠鏡には、その本来の理想的分解能のみが限界となる時がやってくることを天文学者たちは心に描きはじめた。ついに、大気のシーイングの呪いが打ち砕かれたのである。そして、「新たな千年紀に向けての強力望遠鏡と観測装置」シンポジウムの参加者は、熱心に波面補償光学の最新の進展を知ろうとしていた。

強力な望遠鏡

ミュンヘン国際会議センターの講演会場は、三つの事柄——地上に設置する光学望遠鏡への執着、巨大化への願望、波面補償光学の将来性に期待する熱烈な興奮——などにより、熱気を帯び沸き立っていた。

過去一〇〇年間の望遠鏡の進歩という背景に照らし合わせてみれば、なぜそれほどの熱狂が醸し出されたかはすぐにわかる。二〇世紀初頭、直径一・五メートル（六〇インチ）の反射鏡を持つ望遠鏡は大きいとされていた。それなのに一九一八年には二・五メートル（一〇〇インチ）望遠鏡が生まれ、一九四八年までに五メートル（二〇〇インチ）望遠鏡が稼働するようになった。

しかし、これら個々の成果以上に意義深いのは、一九七〇年代から八〇年代初期にかけて四メートル級の望遠鏡が激増したことである。世界にあるその種の望遠鏡のうち八基は新世代の天文学者たちにとっての代表的機器となった。それらは宇宙の地平を数十億光年にも広げ、中性子星、ブラックホール、クェーサーなどの新天体の存在を示し、私たちの宇宙に対する理解に革命を起こしたのである。

しかし、ミュンヘンでは新しい基準が置かれようとしていた。一九七〇年代以来、技術が進み、技術者たちは、さらに大きな望遠鏡を作る方法を習得していた(8)。当時、最新の四メートル級望遠鏡の反射鏡は、反射面の形状を維持するため、セラミックガラスの厚板の強度に頼っていた。

しかし今では、コンピューター制御の支持機構がより薄い鏡を支え、望遠鏡がどこを向いていてもその形状を維持できるようになった。さらに、鏡を単一のガラスで作る必要もなくなった。小さい六角形のピースに分割されたたくさんの鏡を、同様にコンピューターが制御して正確に調整できるようになったからである。

鏡が軽くなるにしたがって望遠鏡の構造も軽くなり、クモの巣のように見えるその外観からは、本来の堅牢さをうかがい知ることはできない。望遠鏡の格納施設の設計も、かつての単純なドームと比べるとはるかに洗練され、空気は、局所的乱流が生じないように望遠鏡の中を自由に滑らかに流れるようになった。そして、改良された制御システムによって、目標に対し秒角以下の精度で望遠鏡の向きを定められるようになった。これらすべての改良は一九七〇年代にも起こったことであったが、今回は望遠鏡が八メートル級になっていた。

八メートルの主鏡は巨大で、郊外住宅の裏庭ぐらいの大きさがある。その反射面に要求される精度は抜群のもので、もし鏡を地球の大きさに拡大したなら、その凹凸は最大でも玄関の敷石以下でなければならない。これが、八メートル級の望遠鏡の価格が一億ドルにも達する理由の一つであり、建設には複数国による共同事業体を設立しなければならない理由でもある。

一九九四年から二〇〇四年にわたる一〇年間に、主鏡の大きさが八〜一〇メートル級の地上設置望遠鏡が一〇基完成している。これらのうちの一か所には、実際には二基の八メートル望遠鏡があり、もう一か所には四基があった。[9] 加えて、さらに三基の六・五メートル鏡が建設中であった。これはまさに望遠鏡の爆発的建設であった。そして、ミュンヘンのシンポジウムの参加者は、まさにその中心にいることを、かなりの正当性をもって感じていた。

会議では世界に八メートル級の望遠鏡が増加しつつあること、飛躍的に拡大した集光面積と結像力が天文学者に提供されたことが強調された。それは、かつて観測しえなかった、かすかな、はるかに遠い――タブロイド版の新聞が取り上げがちな「宇宙の果てに近い」――天体を観測する力であった。

しかし、そこには論争もあった。というのは、もし新しい望遠鏡が天空の謎を解くのにそんなに効果的であるなら、古い望遠鏡の維持をどうするかが問われたからだ。四メートル級の望遠鏡は、新しい機器を前に博物館に引き渡されなければならないのか。それとも、少なくともセカンドランクに降格され、観測条件の良くない場所で最低限の維持をして使われるのか……？

この見解を推進しようという人は、新しい施設の管理者にも、プロジェクトマネージャーにも、また、シンポジウムの主催者にも、それほど多くなかったことは述べておかねばならない。それでも、大口径熱は国際会議センター内を燎原の火のように広がり、最近まで世界最大級といわれていた望遠鏡のための支出をカットせよと性急に促す声さえ聞かれた。

シンポジウムの主催者は、明らかに、予定通りに会議が進むよう、問題を和らげようと試みていた。宇宙にはいまだに近くにも遠くにも多くの学ぶべきものがあり、空を向いているどの望遠鏡も重要で使用価値があるというのが彼らの見解だった。それらは資金が続く限り活用されなければならない。そして、シンポジウムの別の主要なアトラクションとして〔望遠鏡本体以外の〕補助観測装置の展示があったことも、彼らのこの見解を明らかに示していた。

天文学の補助観測装置は、新しい望遠鏡の建造に多大な費用をかけずにすむ、賢明で革新的な思考に値する分野である。その典型が、波面補償光学で使われる目くるめくような技術である。そして、それは通常の補助観測装置としての限られた領域を越し、大きな可能性を広げていた。

たとえば、一つではなく数百の天体を同時に観測することで大気条件の悪さを補う分光器を考えてみよう。この分光器は、大気の状態が特に良くはない場所に設置した四メートル級の望遠鏡でもきわめて独創的で新しい分野の研究を可能にする。これはまさに、一九九〇年代にサイディングスプリング天文台のアングロオーストラリア三・九メートル望遠鏡でなされていた研究法で、この望遠鏡は、一九七四年から使用されている最も古い四メートル級望遠鏡の一つである。

革新的な観測装置は旧型の望遠鏡に再び命を吹き込み、大きな生産力を誇る天文学装置へと変える。それは、補助観測装置より望遠鏡を作ることが優先するという偏った考え方を平衡の位置へ引き戻すものであり、大口径熱の真の解毒剤になる。「新たな千年紀に向けての強力望遠鏡と観測装置」シンポジウムでは、地上望遠鏡のための補助観測装置に関して一六〇〇もの発表があり、他に波面補償光学に関して一〇〇もの発表があった。この種の発表がたくさんあることは、大口径熱の流行を防ぐのに役立つと考える人もいたに違いない。[10]

そして事実、ほぼその通りになった。

熱病にうなされて

世界を半周したところ、チリのセロパラナルと呼ばれる山頂では、世界最大の光学望遠鏡が組み立ての最終段階に入っていた。ヨーロッパ南天天文台によって建設されているこの巨大な観測装置は、八メートル級の望遠鏡四基を一体化したもので、それらは個別にも使えるし、また、相互にリンクさせて実質的に一六メートルの鏡としても使用できるようになっていた。そのうち三基はすでに稼働していた。これらの望遠鏡に命を吹き込んだヨーロッパ共同組織は、優美な表現がいろいろあったにもかかわらず、その望遠鏡にわざわざごく普通の名前をつけた。それはＶＬＴ——非常に大きな望遠鏡（Very Large Telescope）——であった。

ＶＬＴの建設中にさえさらに大きい望遠鏡の話があった。四年前に開催された前回の光学望遠鏡についてのヨーロッパ会議では、さらに大きい主鏡を持つ驚嘆すべき観測装置がいくつか提案されていた。その一つはＥＬＴ——極端に大きな望遠鏡（Extremely Large Telescope）と呼ばれ[11]、この名前は、直径二五メートルの鏡を持つ新しいクラスの望遠鏡の一般名となっていた。これらの巨大な鏡は一枚のガラスから作られるのではなく、小さい鏡を集めてコンピューターで制御するもので、この方法は今日では分割主鏡技術として確立している。

「とんでもないことがなんでもないことになった」とは参加者の一人が言った言葉だが、一九九六年には眉をひそめたような考え方も二〇〇〇年にはごく当たり前のものになっていた。望遠鏡の名称に用いられる語彙もすっかり新しくなった。たとえば、カリフォルニア工科大学はＣＥＬＴ（California Extremely Large Telescope）の名称を提案したが、スウェーデン大学協会はＳＥＬＴ（Swedish Extremely Large Telescope——それまで Euro50 と呼ばれていたものの改称）を推薦した。

　他方、いくぶん勿体ぶって提案されたＭＡＸＡＴ（Maximum Aperture Telescope）——最大口径望遠鏡——という名前は、提案者が熱心に推したＧＳＭＴ（Giant Segmented-Mirror Telescope）——巨大分割鏡望遠鏡——の方が好まれたため、破棄された。[12] このような熱狂にもかかわらず、どの提案も建設にはほど遠く、唯一、ＣＥＬＴだけが近い将来資金の目途のつく見込みがあった。

　しかし、ミュンヘンのシンポジウムの最終日に、「非常に大きい望遠鏡」（Extremely Large Telescopes）と題したセッションで、満員の聴衆は、この考え方がどこまで行き着いたかを知って唖然とした。論法はこうであった。[13] もし、分割鏡の技術で二五メートル望遠鏡の建設ができるなら、なぜ五〇メートルができないのか。一〇〇メートルだって可能ではないのか……？　残されている技術的挑戦は、確かに、単に……技術的なものだけなのか？　単に、分割鏡の数をもっと多くして、それを支えるさらに大きな構造を作り、正しい方向に向けるだけではないのか？　そう、翌年のＢＭＷの新車発表のために普通は取っておかれるような元気良さで、ＯＷＬと呼ばれるこのプロジェクトが、天文学界に仰々しく正式に公表されたのである。

　ＯＷＬは差し渡し二・三メートルの六角鏡をなんと一六〇〇個も使い、直径一〇〇メートルもの望遠鏡にされる予定になっていた。それらは、重量が一万四〇〇〇トンの架台によって支持され、目標に向けられる。構造物全体は外気の中に置かれる。使用しないときはスライドするカーテン状のカバーをかけて保護される。ＯＷＬによって得られる像を鮮明にするには、当然のことながら大気のゆらぎによって生じるボケを除かなければならない。それには、「マルチ共役波面補償光学」と呼ばれる一風変わった新しい技術を使用する。この技術は、上空大気に何本もレーザー光を発射して人工的な星座を作り、この星々によって大気のゆらぎを感知するセンサーを動作させるものである。

　この方法で主鏡の分解能は完璧に回復できる。望遠鏡は、〇・〇〇一秒角、つまりミリ秒角の単位で天空の細部を見ることができる。このかつてない分解能があれば、ＯＷＬは、検出できる天体の立場から見ても驚異的な能力を獲得できる。可視的宇宙のほとんどは、文字通りの意味で把握できるようになる。

　ＯＷＬの推進者たちは、この望遠鏡は一二年以内に建設され、その五年後には第一級の科学的成果をもたらすと期待している。これにかかる費用は総額で一〇億ドルである。ＯＷＬの意味は何か？ Overwhelmingly Large（圧倒的な大きさ）。ほかに何があるだろう。

　「圧倒的」とはまさに聴衆へ訴える効果を持つ言葉だった。集光面積が八メートル鏡の一〇〇倍もあるのに、コストは一〇倍しかかからないという望遠鏡は、新千年紀を迎えてのバーゲンのように響き、歓喜の声で迎えられた。そして、ミリ秒角の分解能がありそうだという事実は参加者の度肝を抜いた。ＯＷＬがいまだ十分な建設資金を得ていないにもかかわらず、大口径熱は山火事のようにシンポジウム会場に広がった。三〇分も経たないうちにそれは伝染病のような規模に達した。

　奇妙なことに、ＯＷＬの主要な支持者は、この計画に対して好感と不快感が相半ばする矛盾した気持ちを持っていた。彼らの一人は、皮肉にも、この機器は本来は、ＥＧＯ（Extra-Giant Optical telescope）――超巨大光学望遠鏡――と呼ばれるべきだと主張した。おそらくそれは、最終的にはＵＬＴ（Unnecessarily Large Telescope）――不必要に大型の望遠鏡[14]――になるだろう。そういう人たちは、ＶＬＴにも責任がある事実を思い出さなかったのだろうか？ いつの日か、自分たちのＶＬ

Tも大口径熱の犠牲になり、不要の望遠鏡になるかもしれないのに。

　シンポジウムへOWLが華々しく登場した後に続いて生じたこの伝染病は、対立する穏健派と狂気派の溝を深めただけだった。OWL建設の実現性に対する疑念は、この熱病に感染していない人々には明白であった。高い分解能は、このプロジェクトが実現した場合にきわめて重大であり、マルチ共役波面補償光学はそのお祭り騒ぎを終わらせる潜在的な力を持っているととらえられた。もし波面補償光学が機能せず、大気のシーイングの制約を受け続けるなら、その望遠鏡は建設の価値がまったくないと誰もが考えていた。

　参加者の中には、頑なに、ただ冷淡にこれを眺めていた人々もあった。ある人は、何でもいいから次の大きな問題の話をしようと言い張った。もっと率直な人もいた。OWLのけばけばしい発表に少し遅れてやってきたその著名な科学者は、ホールの後ろに立ち、少しの間話を聞いていた。最後に彼は、不作法にも突然一発おならをして、再び外へ出ていってしまった。


　シンポジウムの最終日が進むにつれて、参加者はこのシンポジウムの評価を始めた。彼らは、新千年紀の始まりに当たって最新の望遠鏡製作の舞台に立ち会った。そして、サッカースタジアムの大きさの望遠鏡が宇宙の謎を解き、知るべきことはすべてわかるようになると将来の展望を心に描いたのである。

　しかし、どんな意味にせよ、彼らは望遠鏡がどのようにしてここまで進歩したかを知らない。前世代の天文学者の夢と熱望によって望遠鏡は具体的な形を持ち、直面する技術上の現実問題を克服して形作られた。誕生以来四〇〇年が近づくが、彼らはその過程がどのようであったかを知らないのである。このなりゆきに関して歴史は何の役割も果たしていない。そして、このような未来派の宇宙時代の人々の間では完全に理解できることであろうが、シンポジウムには冷め切った雰囲気だけが漂った。最終的に、シンポジウムに調和を回復させ、会議に人間味を取り戻させたのは、歴史であった。しかし、それは別種の歴史、近年の政治的な混乱と絡み合った現代の歴史であった。

波面補償光学の分科会の最後の発表は——シンポジウム全体でも最後に近いものであったが——、かつて共産圏に属していた国からきた二人の教授によって行なわれた。一人がたどたどしい英語で、事前に準備していた原稿をゆっくり読み、もう一人は、古めかしいオーバーヘッドプロジェクターで図を示した。これは、ほとんどの発表者がノートパソコンから呼び出した図をスマートに提示したのと劇的なまでに対照をなしていた。内容は質の高いもので、ELT級として提案された二五メートル望遠鏡に対する波面補償光学の案であった。しかし、彼らにとって明らかに辛かったのは、最後に、望遠鏡建設のタイムスケールを尋ねられたときであった。彼らは笑って肩をすくめた。「わかりません」と彼らはいった。「資金が得られるかどうか、まったく見通しがたたないのです」。

この前年〔一九九九年〕に、おそらく聴衆の半数は、同じ東欧の国の研究者仲間から、最低限の生活必需品の援助を求める電子メールを受け取っていた。食料や衣類、書籍である。結果的に、多くの人が、この二人の科学者が経済的な困難を家に残してここに来ていることに気づいた。彼らは何週間も、もしかしたら何か月もサラリーを手にしていないかもしれないのだ。

その残りの時間は劇的な効果を持っていた。ぎこちない発表の間、部屋にこもっていた当惑しいらいらしたような雰囲気は、速やかに純粋な同情へと変わった。スーパー望遠鏡の仲間から一歩先んじようとする考えは突然居場所をなくし、重要なものではなくなった。革新的、経済的な方法で望遠鏡を運用する可能性が彼らに新たに指し示されたとき、用ずみの望遠鏡を閉鎖しようという考えは沈静化していった。

そして、最初はゆっくりとしたものであったが、口径へのとらわれは拡散しはじめた。ＯＷＬへの熱狂は弱まらなかったが、国境を越えて協力する可能性が新しい重要性を帯びてきた。見通しが回復し、熱狂が静まった。ついに、「新たな千年紀に向けての強力望遠鏡と観測装置」は魂を見出しはじめたのだ。

＊

このようにして、ミュンヘンの画期的な会議の締めくくりのときに、望遠鏡の現在と将来の展望が示された。別れのあいさつがなされ、連絡を取り合い、情報を交換する約束が交わされた少しあと、会議の代表者たち数人が最後に国際会議センターを出た。遅い午後の日差しは、彼らが現実の世界に戻ってきたことを歓迎していた。彼らは、自分たちが聞いたこと、そしておそらく少し賢くなったことで明らかに勇気づけられていた。家を目指したときには心地よい暖かさを感じたことであろう。

第2章　デンマークの目——望遠鏡の幕開け

それは、今もって特に思い起こすに価するほどの出来事ではない。天文学の歴史を彩るすべてのドラマの中で、一五六六年一二月二九日、ドイツの神学教授の家の晩餐後に起こった事件ほど、馬鹿馬鹿しいものはないといってよい。故郷を遠く離れ、頭に血を上らせた二人の若い男が、何日もの間くすぶらせていた議論に煽られて感情を爆発させ、剣を抜いた。[1]貴族として育った二人はともに武器の使用にたけており、とっさに行なわれた決闘は素早く猛々しかった。幸い、それは短くすんだ。戦った一人が顔に斜めの切り傷を負い、晩餐の同席者たちが必死にとめたことで勝負は終わった。

血にまみれた結末は、顔面に深い傷を負い、鼻柱を失った哀れな若い男であった。しかし、この程度ですんだのは幸いであった。剣の刃は、頭蓋骨を割る致命的な深さに達するより一インチ、失明に至るより一インチ浅かった。今日、この男は、当時の最も有能な科学者として記憶されている。彼はありあまる才能——ワシのように鋭い目も含めて——を用いて、宇宙に関する人類の混乱した理解に秩序をもたらした。しかし、これらの才能も、すんでのところで北ドイツの教会の凍てついた墓地にすべて葬り去られてしまうところだったのである。

決闘したのはマンデルップ・パースベルクとティゲ・ブラーエであった。彼らは遠い親戚であり、ともに学生で、デンマークの貴族階級に属していた。三五年後、ティゲの早すぎる死という暗澹たる結末の際に、マンデルップは、決闘でティゲに怪我を負わせはしたものの、二人は生涯を通じて良い友であり続けたと記録に残してほしいといった。[2] 一五八〇年、彼の従妹の一人がティゲの弟と結婚したことがその事実を支持しているけれど、彼の言葉はこれしか残っていない。荒々しかった当時において、決闘は貴族階級の間ではよくある出来事だったことも事実である。

マンデルップの生涯についていては、いろいろなことが知られている。彼は、一五八〇年に王国顧問官のエリートの地位に昇り、デンマーク王国政府で重要な役割を果たした。一方、ティゲの生涯については、もっと多くのことが知られている。それでも彼は、由緒ある一家に与えられた国事に参与する道を蹴って、知識を求める道を選んだ。彼の才能はたいへん網羅的であり、今日でも私たちが彼の業績を完全に測ることは困難である。

今日、ティゲの名は、彼が一五六一年、コペンハーゲン大学の学生であったときに名のったラテン名――ティコ――で知られている。慣習的に、発音は「ティーコ」で姓は「ブラーヘイ」であるが、彼は自分のことを、音を省略した吃頭音で「テコブラ」と呼んでいた。一五四六年一二月一四日、彼は、今では南スウェーデンの港町であるランドスクローナからほど近い、クヌートストルプ[3]で生まれた。彼は大家族の長男であった。

クヌートストルプは、今日のスウェーデンとデンマークを隔てるウレスンド海峡から内陸へ二〇キロメートルほど入った、なだらかにうねる丘にある緑の多い土地である。ティコが五歳のとき、彼の生まれた昔の建物は、警備を固めて贅沢な広さをとった領主館に建て替えられた。その建物は、一六七〇年代の戦禍や一九五〇年代の火事によって相当縮小されたが、今日でもまだ威容を誇っている。そこは成長するにはすばらしい場所だったに違いない。しかし、幼少期のティコがそこにいたとしても、それはごく短い間だった。今日では考えもつかないような事件だが、一六世紀デンマークという意外性のある世界では、それはたやすく正当化することができた。赤ん坊のとき、彼は、伯父と伯母であるヨルゲン・ブラーエとインゲ・オックスに「盗まれ」、彼らの息子として育てられた。生みの親ができることはほとんどなかったようで、彼らは肩をすくめてさらに子供を産み続けたのである。

ティコを、軍人となってデンマークの宮廷に仕える道から逸らせて、学問の探究に向かわせたのは、おそらく育ての親、特にインゲの影響であったろう。この方向転換がティコ自身にとって最初にはっきり明らかになったのは、一五六一年の終わり、ティコがコペンハーゲン大学を終了したときである。外国の宮廷への旅を始めて最終的に騎士の身分を克ち得る代わりに、一五歳のティコは外国の大学への遍歴を始めた。これは、法学を修める手段としては正統とも考えられたが、廷臣への道としては普通でなかった。

ティコはライプツィヒで勉強を始め、彼が最初に、自分がのっぴきならないところまで天文学の虜になっていることに気づいたのはこの地だった。彼はコペンハーゲンでも、この分野を普通以上に熱心に勉強していたが（たとえば、与えられた課題よりはるかに高度な著作を買い求めていた）、彼の関心が開花したのは、ライプツィヒのたった三年の間であった。そして、多くの偉大な歴史的人物の若年期に見られるように、そこには明らかに秘密にされた要素があった。

望遠鏡出現以前の時代、天文学は、太陽、月、星々と惑星などの天体の位置に関わっていた。それらの天体が天空のどこに現われ、時間が経つにつれてどのように動くかが、それらの性質を知るただ一つの手がかりだった。事実、太陽は熱と光の主要な源であると理解され、また月はたいへん明るく、地球にある海洋や大陸に似たものを映し出している[4]という通俗的な考えはあったにせよ、私たちの地球とはそれほど異なっていない世界と考えられていた。しかし、星とはいったい何か？　そして、その星々の間をさまよう惑星[5]——古代より知られているそれら五星——が千鳥足で遍歴するのは、何を意味しているのだろうか？

　今日私たちは、ほとんどの人が太陽系を三次元で考えている。私たちの地球も含めて、すべての惑星が回っている軌道の中心に太陽があると考えている。中には想像をさらに進ませ、太陽は、私たちが銀河系と呼ぶ、恒星やガス、チリなどが形作っている巨大な回転花火型の構造の、取るに足りない一員にすぎないと考えている人もいる。しかしティコの時代には、天空は毎夜のショーが演じられる舞台となる一つの面でしかなかった。ほとんどの人々は、それは地球が真ん中にあるものすごく大きい中空の球であろうと考えていた。

　歴史を見渡しても、天空に対してそれ以上のことを追究し、観察した事柄から三次元の構造を組み立てようと試みた人はごくわずかである。太陽、月、惑星はいくつもの円を重ね合わせた複雑な運動で地球のまわりを回るというプトレマイオスの見解[6]が、一四〇〇年間も流布していたが、一六世紀後半までに、惑星は太陽のまわりを円軌道を描いて動いているというコペルニクスの新しいモデルが、信用されるようになった。それは、進行しつつあった新しい思考[7]が古いドグマにとって代わる、ルネサンスの精神を反映したものであった。しかしそれは、決して一般的に受け入れられたわけではなく、ヨーロッパの一部では、コペルニクスの故郷であるポーランドも含めて、地球を中心とする太陽系の

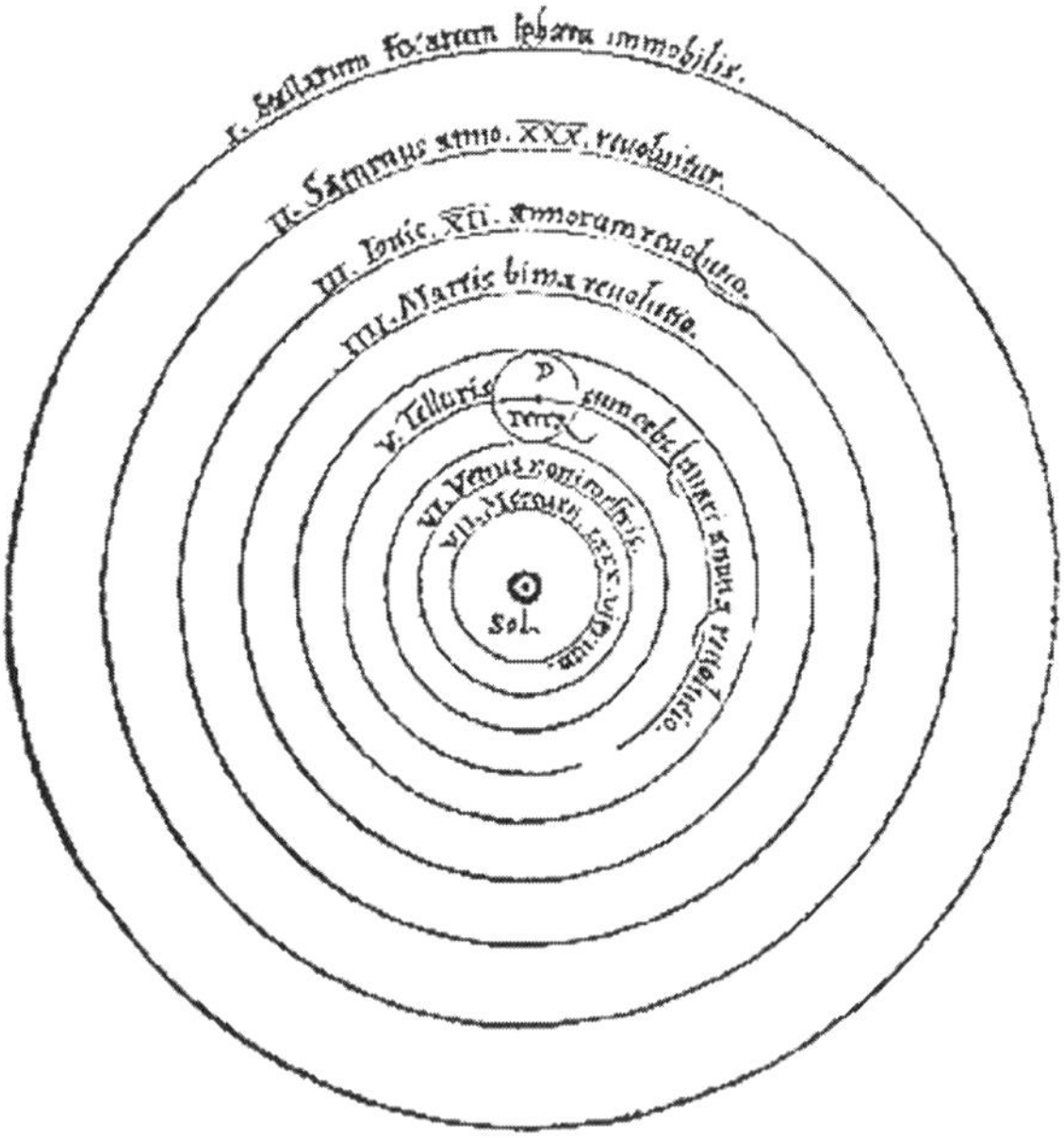

コペルニクスの宇宙モデル

理論が一八世紀に入るまでちゃんと教えられていた。

太陽系天体の真の性質を引き出すために必要なのは、天空の「固定された」星々の間を動いていく惑星の位置を正確に測る方法であった。この測定を長期間行なえば、さまざまなモデルが惑星の振る舞いとどれだけよく一致するかをテストすることができる。この探究は結果的にティコのライフワークとなったが、最終的な答えが得られたのは彼の死後であった。

一五六二年に若いティコがライプツィヒで着手した天空の秘密の探究では、すでにこの問題に焦点が当てられていた。彼はさまざまな天文書を購入し読んだ。天空の星座がすべて描かれた、小さくてすぐに隠せる天球儀も購入した。また、プトレマイオス、コペルニクスそれぞれの理論で惑星の位置を予測する表も買った。彼の観測方法は、天体間の角距離を測定するのに腕を伸ばした位置に張った一本の糸を使うなど、粗雑も極まるものであったが、それにもかかわらず、彼はどちらの理論にも誤差があることを結論できた。彼はすでに独自の道を歩んでいたのである。

天空に魅了されたティコであったが、そこには問題が一つあった。それは四年後、マンデルップ・パースベルクとの運命的な対決に火をつけたのと同じ問題の可能性がある。それは占星術だった。一六世紀、占星術は、天文学と同様に科学的探究の目標と位置づけられ、給料に見合った働きをしている天文学者は皆、裕福で著名な人々やその他の人に対して、占星術で運勢を占うことが期待されていた。(8) 当然ティコもこれを行なったが、天文学への彼の参画が増えるにつれ、他の者は、占星術にも彼の能力を期待するようになった。

一五六六年中頃までにティコはライプツィヒでの研究を終え、一年間デンマークに戻って過ごし、新たに海外への旅を始めた。今度は、彼はエルベ川沿いのヴィッテンベルクに行った。彼のここでの滞在は疫病の流行のために五か月に縮められたが、九月の終わりに彼は北ドイツの大学の町であるロストクに到着した。そこで彼は大学への入学を許され、天文学と占星術の勉強へと戻った。占星術が彼にトラブルをもたらしたのはそのあと間もなくであった。

その年の一〇月二八日に起こる月食は意味深い出来事と考えられ、一九歳のティコは、これを、オスマン帝国のスルタンであるスレイマン大帝の死を予言すると考えた。その時スレイマンは七〇歳であったため、これは比較的安全な賭けに思われた。ティコはその見解を公表したが、スレイマンの死は実際にはその食の数週間前だったことがわかって、ひどく当惑した。嘲笑が起こり、疑いなくそれはしばらくティコにも浴びせられた。一二月一〇日、ある婚約のパーティー[9]でティコがマンデルップに会ったとき、そのようなムードがまだ残っていたのだろうか？　クリスマスに、そして運命の夜に再び会ったとき、彼らはまだ互いに不機嫌な気持ちでいたのだろうか？　私たちには知るよしもないが、ありそうなシナリオである。

その夜に受けた傷はティコを醜くし、治るのには時間がかかった。医学に対する彼の関心が花開いたのはおそらくその時だったろう。そしておそらくまた、自分の義鼻を作り出す発明[10]の才（ウィークデーには銅、日曜日には金と銀の合金のものをつけたといわれている）も、化学に対する彼の興味を刺激した。その起源が何であれ、これらの学問に対する彼の関心は生涯続いた。天文学者のティコは博識家のティコになりつつあった。

ヴェーン

晴れた日のヴェーン島は、ウレスンドの青い海の中に緑と茶の混じった宝石のように見える[11]。その名の正式な綴りは、一九五九年にランドスクローナの自治体の下に置かれて以来 Ven であるが、昔のデンマークの綴り（Hven）が今でも一般的に使われている。どちらにせよ、英語を話す人間にとってその名前は、「vain」（ヴェーン――虚栄の、無益な）に聞こえる[12]。

島は小さく（長さ四・五キロメートル、幅二・四キロメートル）、低地であり、最も高いところでも海抜四五メートルしかない。人口は三六二人で、観光客に貸し出すための八〇〇台という自転車の数の方がはるかに多い。今でも六つの村に分かれ、小規模の農家がある。初夏には、青い根菜や黄色

デンマークの「星の領主」
ティコ・ブラーエ

いセイヨウアブラナの鮮やかな刈り跡を見せる整った畑が見られ、ここは本来農業の土地であることを思い起こさせる。しかし、旅行者たちを引きつけているのは、田園の魅力ではない。

島のちょうど中央に、東のバックヴィケン港と西のキルクバッケン港をつなぐ細い道をまたいで、部分的に修復された二つの廃墟がある。道の北側にあるのは、石で覆われ、正確に対称形の囲いをなしている巨大な土壁である。七八メートル四方の領域の中には、砂利道、見事な庭、小さなオランダ・ルネサンス風のあずま屋〔蔓をはわせた棚を屋根にした園亭〕があり、中央に空地がある。道路の反対側には、同様にきっちりと対称形をした小区画がもう一つある。その一辺はわずかに一八メートルで、こちらは木の柵がめぐらされている。外からは見えないが、境界線の中の廃墟は現代の銅の被覆材で保護されていて、その中の最大のものは印象的な半球形のドームである。

これら二つの古い遺跡は、ティコの家と天文台のあった場所である。大きい方がウラニボルク、つまり「ウラニアの城」で、天文学の神に敬意を表して名づけられたものである。ここはティコの家であっただけでなく、彼の家族と、周辺から集まった科学者たちの家でもあった[13]。ここには彼の書斎があり、図書館があり、化学実験室があり、また、いろいろの観測装置があった。そこはすべてが学問の場として意図され、当時の王立天文台であるか、国立研究所の一つであるといってよかった。

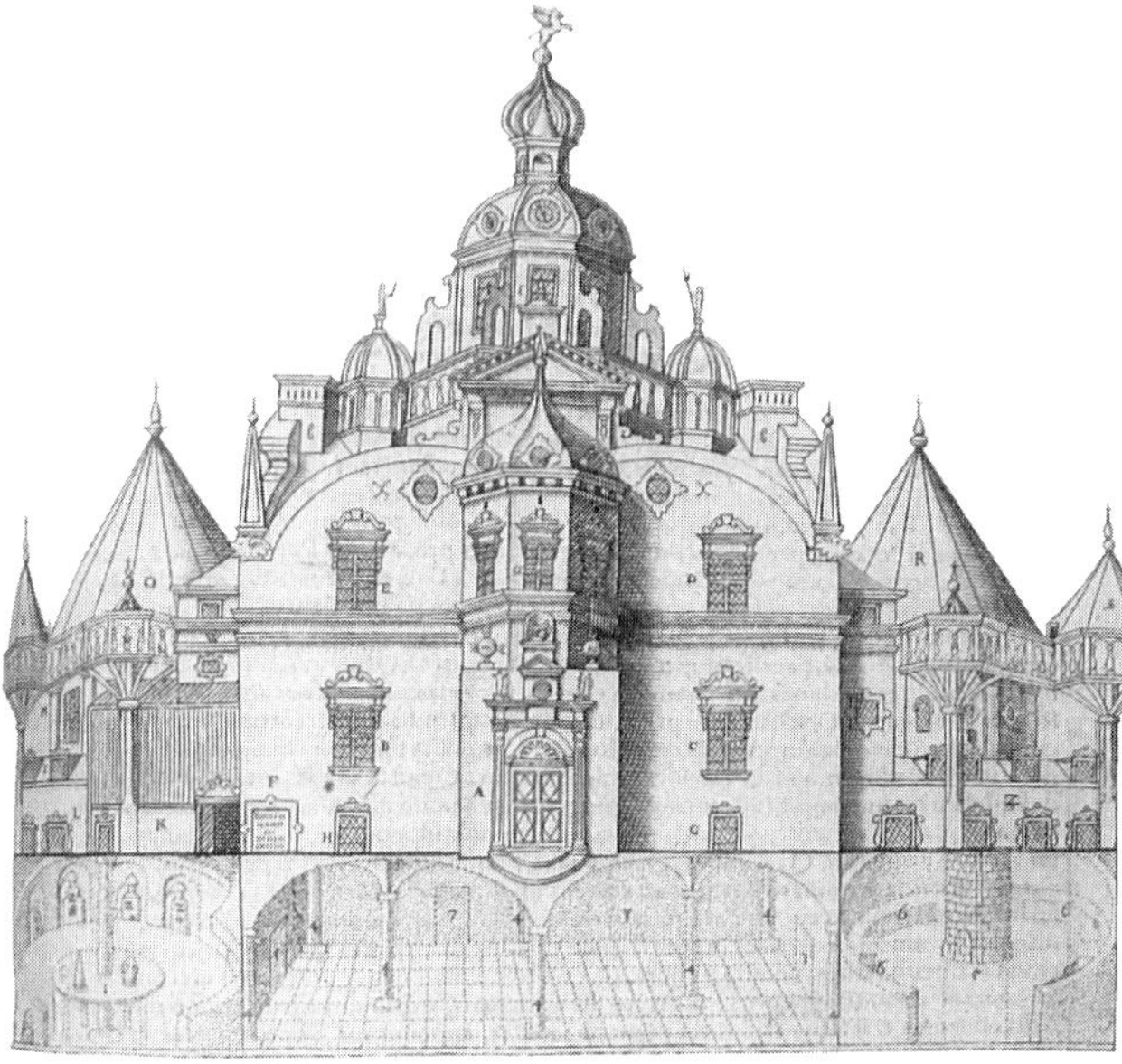

ティコの著書『天文観測機器』(*Astronomiae instauratae mechanica*, 1598)
に描かれたウラニアの城「ウラニボルク」

小さい方の区画は後から付け加えられたものである。どちらかといえば、それは高貴な領主の精神に近いものであった。こちらは、ステルネボルクと呼ばれ、ティコの「星の館」であった。[14] そこにあった設備は、天体の位置を測定するのに作られたものとしては、それまでで最も高精度のものであった。土台は地中深く沈められていて、これはウラニボルクの高床では得られない安定性を得るためであった。事実、それは当時のセロパラナル〔チリにあるヨーロッパ南天天文台の施設〕であった。この種の施設は、いまだかつて見られたことのないものだったのである。

今日ウラニボルクに残るものは、城土地を囲う土塁がすべてである。城自体のあった場所は空っぽで、その小ささに驚かされる。庭の一部は美しく修復され、囲いの一番東端には、ティコ自身が実物の二倍の大きさの銅像となって、ヴェーンの空を永久に凝視している。天文台は部分的に地中に埋もれているが、城よりは良い状態に保たれている。銅の覆いの下には階段のついたくぼみが残され、観測装置が天空のどこをさしていても、立ったままで観測者が覗けるようになっている。ここには主人公が歩いた煉瓦の敷石があり、現代の銅像よりずっと当時を思い起こす記念となるものである。

決闘のおよそ一〇年後の一五七六年八月八日、ティコはウラニボルクの設立[15]を、その定礎式のセレモニーで祝った。学生以来、彼の経歴はつぎつぎに変わった。ロストクの運命的な滞在のあと、デンマークに一時逗留したときに、ティコは、科学に関心を持つことについて家族と和解する最初の光明を見た。しかしそれはやはり困難で、遅々として進まなかった。一五六八年、三度目の外国旅行で、彼は優れた観測装置建造の中心地アウグスブルクを訪れた。ここでティコは、天体の位置を正確に測定する最初の器具を製作し、町の職人たちにまじってその使用技術を磨いた。その後、一五七〇年の終わりにデンマークに帰った四か月半後、彼の実父が亡くなり、運命ともいうべき豊かな領主の地位をティコに残した。

しかし、運命自身が手を貸してくれることもある。一五七二年一一月一一日、北の星座カシオペア座に新しい星が現われた[16]。日中でも見えるほど明るいこの星は、今日、超新星といわれるもので、これは、遠くにある質量の非常に大きい星が、その生涯の終わりに壊滅的な大爆発を起こしたものである。肉眼で見えるほど明るい超新星はめったに出現しない。もう一つの超新星が一六〇四年に出現したが、その次に南半球の有名な超新星が一九八七年に出現するまでには長い間《ま》があった。

一五七二年の新星は数か月経って目立たない明るさに戻ったが、その間にティコは、この星の位置が、惑星とは違って天空上で不変であることを測定した。この観測は、天球上の恒星が完全で不変であるという古代からの知識と真っ向から対立するものであった。一五七三年、ティコが彼の発見を小さな本で出版したことによって、この若い科学者は国際的に有名となる道をしっかりと歩みはじめた。その本の長々しいタイトルは、今日『新星』(*De stella nova*)と短く縮められている。

ウラニボルクの建築物が形をとりはじめる以前に、もう一つ良くないことが起こりかけていた。デンマークの宮廷におけるティコの責任が増し、コペンハーゲン大学や他の場所での時間のかかる義務も増えてきたので、彼は、デンマークを離れないと、科学者としての研究活動を十分行なえないのではと危惧するようになったのである。一五七五年の四度目のヨーロッパ大陸への旅で彼はそう確信し、ライン川上流のバーゼルに落ち着く計画を立てた。

しかしながら、君主とのある接見で、彼の拒絶できない提案が出され、決着がついた[17]。デンマークとノルウェーの王であった四二歳のフレデリック〔フレゼリク〕II世は、ウレスンド西岸にあるヘルシンガーの新しい城(シェークスピアのハムレットに出てくるエルシノア城)を所有していたが、デンマークがこの才能ある若者を失いかねないと賢明にも気づいたのである。フレデリックはこの城からヴェーンの小さい島を見て、ここはティコが科学的探究を行なうのに完璧な地点であると考えた。彼は、生涯王室が庇護者になるという気前の良い条件とともに、この島をティコに提供したのである。ティコは受け入れた。それは理想的な解決であった。

ウラニボルクが一五八〇年に完成し、さらに、ステルネボルクが一五八六年に完成すると、ティコは生涯で最も多く仕事をした時期に入った。ティコは巨大な天体観測装置[18]を次々と建設し、彼と助手たちはそれらを使って、彗星や、また太陽、月、惑星の動きに伴う食などの一時的な現象から、さらに当然のこととして恒星の位置に至るまで、天空上のあらゆる現象を観測した。

それらの観測装置は皆、肉眼で使用するように作られていた。ティコは個々の目的によって設計を変えたので、さまざまな形のものがあったが、それらは皆、基本的な三つの要素を備えていた。すなわち、天体と装置とを一直線上にもってくるための照準、装置を天空上のどこにでも向けることのできる回転軸、そして、天体の位置を読み取るために正確に刻んだ目盛りである。望遠鏡の歴史全体を縮小版にしたように、ティコの機器は、モデルを新しくするにつれて確実に精度を上げていった。

これらの機器の精度の決定的な限界は、どこまで細かく認識できるかという人間の目の分解能にあった。これは、部分的には目の「口径」、つまり瞳孔の直径によって決まるが、一定の値ではない。瞳孔は闇に適応するにしたがって広がり、最大で直径七ミリになるからである（年齢が四〇歳を超えると、次第にこの最大値に達することができなくなる）。第1章の用語を用いれば、口径七ミリの本質的な分解能は約二〇秒角である。

実際は、ほとんどの場合、目の解像度[19]は網膜上にある受光器官一つひとつの大きさによって決まる。これは前記の分解能よりかなり悪く、約六〇秒角、つまり一分角である。にもかかわらず、完全に作られた機器、観測の繰り返し、星の光が空気で曲げられる微小な影響（大気屈折[20]）を補正することなどによって、ティコは前人未踏の精度を得ることができた。それは時に二五秒角にも達し[21]、過去に得られたどんな観測精度より少なくとも一〇倍は良いものであった。

ヴェーン島のティコの観測装置で一番目をひく最大のもの、そして最も正確なものは、一五八五年にステルネボルクに建てられた。「大赤道象限儀[22]」と呼ばれたその機器は、一つの軸が地軸と平行に設置されていた。これは、地球が回るにつれて移動していく星を視野に入れ続けるために、観測者はこの軸まわりだけに装置を回転すればよいことを意味しており、その後、望遠鏡にも応用された賢い方法であった。しかし、ティコの象限儀の場合、それはそう簡単な操作ではなかったと思われる。木と真鍮と鋼鉄でできた回転環は直径がほとんど三メートルに近く、非常に重かったからである。

この観測装置の壮大さの気配は、今日でもステルネボルクに残されている。ここに再建された半球形のドームは、昔のものとほぼ同じ大きさであり、同様のドームは現代の世界中の天文台で見ることができる。しかし、その下部の偉大な大赤道象限儀が乗っていた場所は、今はただ階段のついた空っぽの地下室があるだけである。

ステルネボルク最大の観測機器「大赤道象限儀」(1585)

遺産

この高貴な生まれの領主は、科学に広範な興味を持っていたにもかかわらず、以前にも増して天空の地図を作ることにのめり込み、惑星、太陽、月の運動を表わす仕事に集中した。一五八〇年代から一五九〇年代の初期にわたって、ティコ・ブラーエは、「家族」である有能な助手や協力者たちに助けられ、一貫して高い精度の観測をなしとげた。それは一六世紀の天文学にきらめく宝石であった。また、彼の科学への遺産であり、そこから生まれた衝撃——死後にそれがわかったのだが——は世界をゆるがすものであった。

一五〇九年にさかのぼると、五七歳のレオナルド・ダ・ヴィンチ——おそらくルネサンス時代の最も偉大な博識家——は、私たちの惑星である地球は世界万物のまさに中心にあると自信を持って述べていた。彼の確信は、一五〇九年頃から書かれている『レスター手稿』(*Codex Leicester*)というノートに記された地球・太陽・月の運行表から察することができる。[23] このノートは現在、ソフトウェア会社の億万長者であるビル・ゲイツと妻のメリンダが所有している。その運行表に、レオナルドは天体の軌道を円として示しているが、地球をその中心に据えた自信はほとんど驚嘆に値する。地球は、コンパスの先で大胆に穴をあけた位置にあり、その穴はオリジナルの手書き原稿にずっと残っていた。

しかし一六〇九年に、『新天文学』(*Astronomia nova*)と呼ばれる本が出版され、学者たちは、惑星は地球のまわりに円軌道を描くのではなく、太陽のまわりに楕円軌道を描くという説得力のある思想を告げられた。そこには今日の私たちが知っている太陽系の図が示されている。図を入れたのは、書物の著者であり、いくぶん無分別なところはあるものの聡明な数学者であるヨハネス・ケプラーであった。ケプラーが歴史にその名をとどめたのはティコのおかげである。[24] というのも、ティコの観測

——とりわけ火星の観測——は、ケプラーが惑星運動の法則を導き出す生《なま》データになったからである。

ヨハネス・ケプラーは、一五七一年一二月二七日、南ドイツのスワビアに生まれた。彼の天賦の才能は若い頃から明らかで、一六〇〇年二月には、この偉大な貴族であるティコの協力者として働いていた。彼はコペルニクスによる太陽中心の太陽系の理論に引きつけられ、ティコによって考案された、惑星が太陽のまわりを回り、その太陽が今度は地球を回るという奇妙な混合モデル(25)を拒否していた。しかしティコは、彗星が卵形の軌道を動くという根本的な推論をし、それが、ウラニボルクの観測に対してケプラーが洞察力に富む解釈をする道を敷くこととなった。ヴェーン島の天文学者によって用意された方法論とデータを用いて、ケプラーは太陽系の問題を決定的に解決したのである。

望遠鏡に対するヨハネス・ケプラーの貢献はこの後に出てくるが、ティコについてはどうだろうか。この人物自身は、望遠鏡については何も知らなかったと思われるのに、望遠鏡の歴史の中で注目すべき位置を占めている。これは実際のところ何があったからだろう？　巨大な天文機器の架台の設計——たとえば、一本の軸まわりに動かすだけで天体の日周運動を追尾できる赤道儀式架台を考え出したこと——を除けば、実のところ彼はなんら技術的な貢献をしていない。

もしティコが望遠鏡を持っていたとしたら、彼がどこまでそれを利用したかと問うことはできる。一六七〇年代、望遠鏡での観測が普通のことになった時代に、ポーランドの偉大な天文学者ヨハネス・ヘヴェリウスは、天体の正確な位置の測定に望遠鏡を使用することを拒絶していた(26)。もしかしたら、ティコもヘヴェリウスと同じことをしたかもしれない。しかし彼なら、きっと望遠鏡の性能を利用して、それまで知られていなかった天空の細部を明らかにし、その成果をガリレオと争ったであろう。

望遠鏡についての背景を考える中で彼が先人と何が違っていたかを知ることは、技術的な革新をするよりはるかにむずかしい。それは、手にした問題に対する包括的な見方と、それに取り組む方法の集め方である。彼は、問題に対する深い専門的知識と、また、大規模な国際的施設を設立したり、それぞれの分野の指導者となれる人々を共同研究者として雇い入れたりする、組織者としての手腕とを併せ持っていた。ティコは、現代風の科学研究機関の長となったその最初の人であった。それらの共同研究者たちは、ティコの死後数十年間にわたり、彼の影響を確実に天文学全体に伝え続けた。

彼は障害を前に立ちすくむ人間ではなかった。科学的発見を上手に公表するには、書きものにして頒布するのが良いと気づいた彼は、ウラニボルクに印刷機を設置した。[27]紙の不足で本やその他の出版物を作れなくなりそうなときには、大きな製紙工場を建て、その動力源である上から水をかける方式の直径七メートルの水車へ水を供給するために、ヴェーン島の南半分にダムと貯水池を作った。

この大きな科学施設事業管理を首尾よく行なったことで、ティコは、その後にやってくる望遠鏡建設時代の偉大なる実現者――ハーシェル一族、ロス卿一族、ヘール一族――が、天文学の世界で用いる規範を作ったといえる。そしてもし、物理学の気まぐれで、時空のワームホールが物好きにも、ティコを一六世紀のヴェーン島から新しい千年紀に入ったばかりのミュンヘンへさっと連れてきたとしても、おそらく彼は故郷にいるようなくつろいだ気分でいるだろう。「新たな千年紀に向けての強力望遠鏡と観測装置」シンポジウムの目もくらむような雰囲気の中で、自分が開拓者であった大規模な科学的計画を推進する精神を即座に感じ取ったに違いない。唯一の違いは、ティコにとっての望遠鏡は人間の目だったことである。

一五八八年四月四日、デンマークとノルウェーの王であったフレデリックⅡ世が亡くなった。彼のあとを継いだのは、一〇歳の息子であるクリスチャンⅣ世だった。最初は気づかれない程度であったが、ティコ・ブラーエのヴェーン島の世界は次第に勢いを増して崩壊を始めた。[28]それはある程度、王に対する公の義務を果たすことに彼自身がいささかいい加減だったことにもよるが、宮廷で若い王の近くにいる廷臣の反感がもっと影響したようである。ヴェーン島のティコの仕事に対する資金提供は滞りはじめ、避けがたいことであったが、最終的には彼の年金も取り消された。学者としては著名であったが、ティコは短気だったので、一五九七年三月の末に、王からの庇護が回復されないのならデンマークを離れると脅して、一族郎党を連れコペンハーゲンへ移った。

この脅しは、はったりであったとしても効かなかった。王の支持を失ってから、ティコは、ヴェーン島の村民を抑圧した罪でとがめられ、それから、島の教区教会の布告に反したかどうかを調べる裁判にかけられた。ティコの世界は彼のまわりでがらがらと崩れ去った。一五九七年六月のはじめ、彼はデンマークを発ってドイツに向かい、二度と戻ることはなかった。

三〇年前の決闘の舞台であったロストクが、ティコの最初の目的地であった。そこに彼は家族とともに三か月間逗留し、現状を判断して君主に長い手紙を書いたが、事態は好転しなかった。つづいて彼はハンブルクのヴァンスブルク城に移り、シュレスウィヒ-ホルスタイン総督であり彼の学者仲間であるハインリヒ・ランツァウの客となった。ここでティコに、前と似たような生活の秩序がある程度戻ってきたが、仕事を続行する鍵を握る庇護者は依然として得られないままだった。

十分な注意を払った交渉の後、再び王の庇護が得られたのは、一五九九年になってからだった。それはおそらく、ヨーロッパで最も力のある支配者、神聖ローマ帝国のルドルフⅡ世の力によるものであり、結局ティコはプラハに行くことになった。偉大な天文学者の業績に対するルドルフの熱意は大層大きかったため、これは、新しく迎える生活が輝かしいものとなることを約束していた。しかし、それは長く続かなかった。

一六〇一年一〇月一三日の晩餐会のあと、ティコは自分が排尿できなくなっていることに気づいた。一般に、この症状は突然に始まるものではないが、おそらくそれは前立腺肥大によると思われる。今日ならカテーテル挿入によって、問題は簡単にそしてすみやかに解決されるが、ティコは何日も激しい痛みに苦しんだあげく、尿毒症を併発した。結局一〇月二四日に彼は亡くなった。(29) 一九〇一年、検死解剖のためにティコの体が掘り出されたとき、現代の調査によってその髪とあごひげから高濃度の水銀と鉛が検出された。それはおそらく、彼自身が調剤した薬剤によるものであり、その薬剤も彼の死に寄与したと思われる。結局、医師としての彼は自分を治療できなかったのだ。

一六〇一年一一月四日、ティコはプラハのティン教会で盛大な葬儀によって埋葬された。ティコが故郷を離れたとき、「デンマークはその目を失った」と広くいわれたが、今それはヨーロッパ全体に対する言葉になり、世界中の知識層が彼の死を嘆き悲しんだ。ティコの家族は打ちのめされた。ティコが愛すべき夫であり父親だったことには疑問の余地がない。キルステン・ヨルゲンスダッターとの結婚は、彼女の身分が平民だったため問題があったものの、彼の人生の大きな成功の一つであった。子供たちは彼を強く尊敬していた。彼らにとって、ティコは高貴で良きものの権化であった。

しかし今日、ティコが明らかになしとげたこと以上に私たちが重要と考える一つの問題が、良心の痛みを感じさせるものとしてしつこく残っている。それは、ヴェーン島民に対する彼の扱いである。どの程度までが不当な扱いであるかを私たちが判断するのは困難だが、ティコが厳しい工事監督だった可能性は大きい。しかし確実なのは、ひとたびティコの事業が執行吏によって始末をつけられたとき、資材を手中に収めた島民のすばやさである。城、天文台、印刷所、製紙場の煉瓦や石はあっという間に持ち去られ、人々のつつましい住居に再利用されたのであった。

ティコの死後半世紀ほど経って出版された報告書には、それらの建物が完全に消え去ったと書かれている。(30) ウラニボルクとステルネボルクはすでになかった。ヴェーン島でなされたティコ・ブラーエの画期的な仕事は、ウレスンド海から立ちこめる朝もやのように、すみやかに消えてしまったのである。

第3章　謎――古代望遠鏡の囁き

ティコが残してくれたおびただしい記録とメモのおかげで、私たちは彼の生涯のほとんどの状況を細部にわたって描き出すことができる。明らかに、彼の天文学の業績は労を惜しまない完璧さで文書化されている。また、彼が膨大な手紙のやり取りをしたこともわかっている。ウラニボルクで彼のところに集まった仲間やのちのプラハの仲間とのやり取りを別にしても、彼はヨーロッパ中の学者たちと頻繁に幅広く文通していた。彼が早くから学者として注目されたのもこの性格のためで、彼は学問の新しい発展に鋭く目を配っていた。

ティコが当時の天文機器の設計と製作の指導的権威であったことは、歴史が認めている。事実、今日の巨大望遠鏡は、その祖先をたどるとヴェーン島の観測機器であった大赤道象限儀へ直結する。しかし、ティコが書いたもののどこにも望遠鏡とおぼしき器具が記述された気配はない。まったく出てこないのである。したがって、ティコの死から七年後の一六〇八年、歴史の記録に突然望遠鏡が現われるまで、望遠鏡は知られていなかったことが推論される。それなのに、ティコやその前の時代からは、望遠鏡の存在を告げる囁きがあくまでもしつこく伝わってくる。たとえば次の文章をどう判断したらよいだろう？

しかし、はるか昔に生じたこれら天体の影響を免れるため、私の父は数学の助けを借りて骨の折れる作業をしつづけた。そして、良い組み合わせのガラスを適切な向きにたくみに配置することで、遠くの物を発見したり、文字を読んだり、ダウンズの野原にいる何人かの友人がわざと投げ出したコインの面を見てお金を数えることができるだけでなく、七マイル離れた人目につかない場所で人が何をしているかを即座にいうこともできるようになった……

この文章は、一五七〇年頃、ティコと完全に同時代人でティコの文通仲間の一人でもあったイギリス人、トマス・ディッグスによって書かれたものである。彼はティコより若くして一五九五年に亡くなった。この文章をディッグスは、亡くなった父レナード（一五二〇頃―一五五九頃）が書きはじめ、彼自身が完成した著書――その長く散漫なタイトルは通常『パントメトリア』と縮められている[1]――の前書きで述べている。この本は、測量、航海、砲術などへ数学を応用することを扱っている。そして、本の中のこの文章にも他の部分にも、遠方の光景を拡大した像にして目に見えるようにする機器、望遠鏡の着想に明らかに言及したところがある。これは単に理論的な話だけではなく、父親が「骨の折れる作業を繰り返した」結果と書かれている。

ネコの皮をはぐにはさまざまな方法があると諺でいうように、望遠鏡を作る方法もたくさんある。最も単純な方法は、二枚のガラスレンズを組み合わせるもの――一枚は目の近くに置き、もう一枚は対象物側に置く――か、皿状の凹面鏡とレンズを組み合わせるもので、後者の場合、普通は光路を折り曲げるためにもう一枚補助的な鏡を用いる。この二つのスタイルは今日カメラ店でごく一般的に見ることができる。現代の完成品として、それらは高度に発展した消費者向けの光学製品であるが、基本的な構成は同じである。レンズを使うタイプは、技術的には屈折望遠鏡であり、レンズが対になった双眼鏡が一番よく見られる。他方、鏡を使うタイプの反射望遠鏡は、アマチュア天文家を志望する人々の気を引くように、移動式架台の上に置かれていることが多い。

『パントメトリア』からも、エリザベス時代のもう一人の数学者、ウィリアム・ブルネ[2]（この人もトマス・ディッグスと同時代である）による著作からも、二人のディッグスによって書かれた機器は、今日の反射望遠鏡とはおそらくまったく違った形らしいが、凹面鏡を組み込んでいたことが明らかにわかる。このことから、現代の研究者たち――最も著名なのは今は亡きコリン・ロナン――は、反射望遠鏡が一五四〇年から一五五九年の間のどこかの時点でレナード・ディッグスによって発明されたと考えるよう

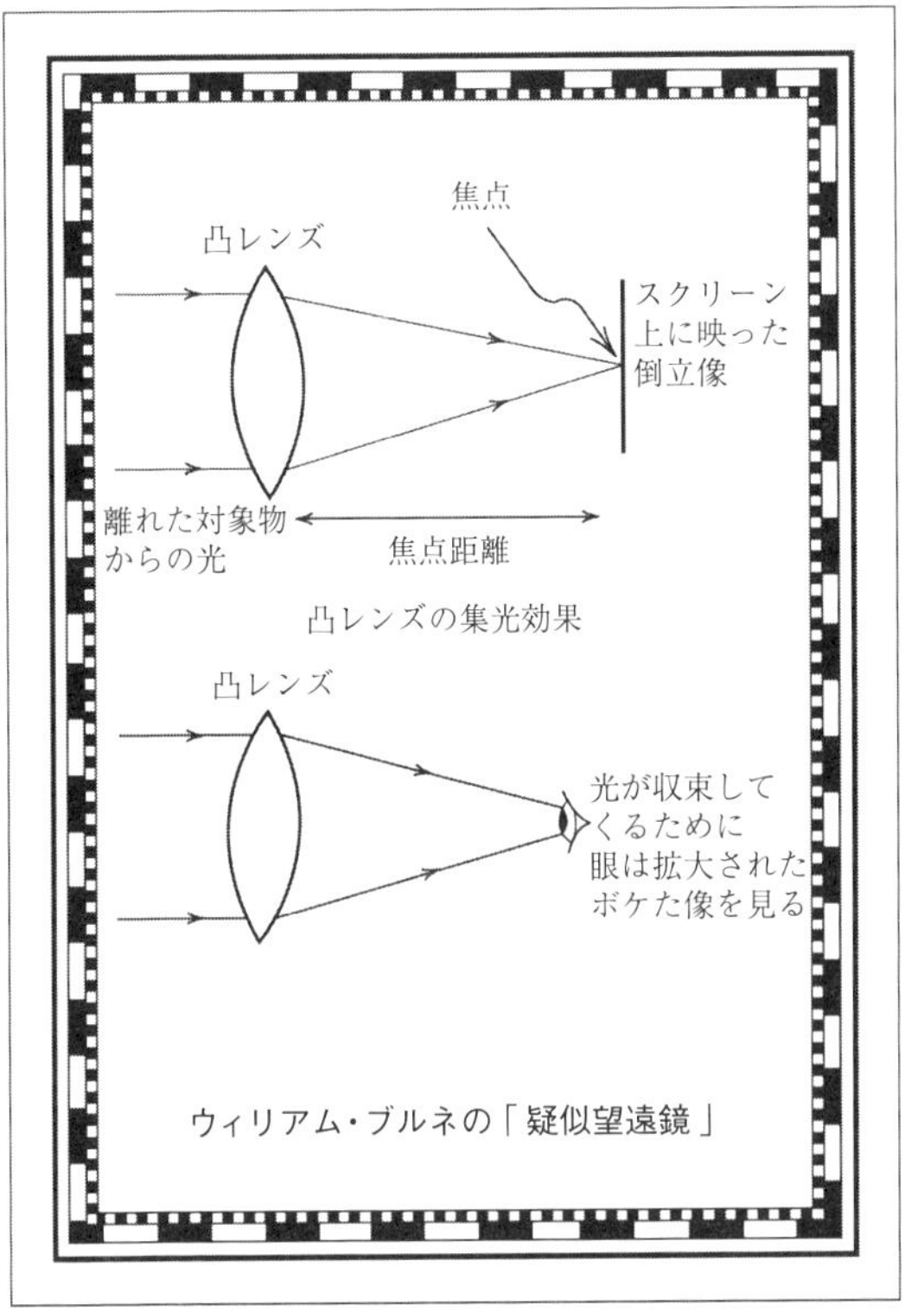

ウィリアム・ブルネによる1578年の初歩的「望遠鏡」。遠視でなければボケた像が見える

になり、この考えは歴史家の間で活発な討論を引き起こした。[3] しかし、学問の主流派と呼ばれていた人々は、それとは反対の見解を支持している。すなわち、最初の実用的な反射望遠鏡は、一世紀以上もあとの一六六八年に、アイザック・ニュートン卿によって組み立てられたというのである。

これにはたいへんはっきりした理由がある。屈折望遠鏡が一六〇八年に劇的に登場したのと比較して、反射望遠鏡がこの世に現われるのに時間を要したのは、使い物になる鏡を作るのが、使い物になるレンズを作るよりはるかにむずかしかったからである（これについては第7章でふれる）。したがって、もしその内容を詳細にブルネが記録していたにせよ、[4] ちゃんと使用できる機器がレナード・ディッグスによって作られたことは、まったくありそうもない。おそらく彼は、反射望遠鏡と同様の形を持つ機器を何か作ったのだろうが、野原に投げ出されたコインの種類を言い当てたり、七マイル（一一キロ）離れた人目につかない場所での行動をあばいたりするだけの光学的性能を持つ反射鏡の製作は、当時の技術をはるかに超えたものだったからである。それが可能になったのは、はっきりいってニュートンの時代になってからである。

『パントメトリア』でトマスの書いたことは、おそらく希望的な考えに満ちたおとぎ話であろう。そして、ブルネが、知的で人好きのする男らしい言葉で磨きをかけたにもかかわらず、ディッグスの業績へ畏敬の念のあふれる説明は、ブルネ自身がだまされやすく信じやすい証人である弱点をあからさまにさらけ出してしまったのである。

ウィリアム・ブルネの著作のあちこちに、初歩的な望遠鏡の存在をほのめかす[5]ようなレンズの性能についてのより重要な記述があるのは惜しいことだ。この望遠鏡が歴史家たちから賛辞をもって迎えられない理由は、観測者にとって不完全な像しか得られず、とうてい効果的には使えなかったと思われるからである。

わざわざ作られたその一枚のガラスは［とブルネはいう］、この種のガラスによる小さな集光レンズに似ていて、丸く、しかるべき枠の中に収めなければならない。そのガラスは、一フィート、一四インチ、あるいは一六インチととても大きく作らなければならず、大きいほど良い。そして、そのガラスには次のような特性がある。もし、あなたがガラスを通して何かを見たとしよう。そこに目を近づけたときは、物がありのままに見える。しかし、あなたが後ろに下がったとすると、見ている物はどんどん大きくなり、ついに怪物のように大きく見えるようになる……。

注目すべきことだが、この文章は、三五〇年後にロンドンの評判の高い光学製品の会社が「ウィンドウ望遠鏡(6)」として売り出したものをまさに表わしている。一九二〇年代の高級な客間の窓に掛けられたこの直径一五インチ（三八センチ）のレンズは、「部屋の窓にかけて数フィート離れた場所に立つと、レンズ越しに遠くの風景が細部にわたって見え、玄関広間に置けば、遠くの車道からお客のやってくるのがわかる。時に、鳥やその他の生き物が見えることもある……」。

この「望遠鏡」といわれるものの使い方は極度に荒削りである。学校で習った物理学を思い出すと、凸レンズ——中央が縁より厚いレンズ——は、遠くの光景をカードのような平らなスクリーンに倒立像で写し出す。それは、遠くの物体からくる平行な光線が一点に収束する光線に変えられるためで、光線が一点に集まる位置にはっきりした像ができる。この時カードは焦点の位置にあるといわれ、レンズから焦点距離だけ離れている。

1920年代からあるウィンドウ望遠鏡

もし、カードの代わりに目を焦点の位置に置いたなら、レンズを通して見える光景はぼやけたものになる。これをブルネは「もやか水のようだ」といった。しかし、もし目をさらにレンズに寄せれば、遠くの光景の拡大像が現われる。でも、目は収束光線を受け取るようにできていないので、その像はやはりぼやけて見える。目は、平行光線や発散光線の方がずっと受け取りやすいのである。

でも、もしその収束する角度が小さければ（レンズの焦点距離が長ければ）、そして特に、もし観察者が遠視であれば（収束する光線が目で見える許容範囲にあることを意味する）、遠くの光景は、そこそこ識別できる拡大された正立像として見える。拡大はとても「怪物のように大きい」ものではなく、直接肉眼で見る場合のせいぜい二倍か三倍にすぎない。しかし、それは重要なことで、レンズが一つの望遠鏡になっているからである。

望遠鏡に関する二〇世紀中頃の偉大な歴史家ヘンリー・キングは、ブルネの説明から、彼は遠視で、[7]これはまさにその表われだと結論した。老眼になると遠視〔近くのものが見えにくくなる〕になるのは一般的な宿命である。不幸にも、一六世紀のウィンドウ望遠鏡に関するブルネ自身の記述は、そこから「かなり大きいよく磨かれた鏡」の紹介に移ってしまい、ある意味で完全に混乱しているので、彼は行なったことや観測したことを本当に正確に報告しているのか疑問を呈したくなる。望遠鏡の前史にまつわる他の多くの疑問と同様、私たちはその答えを決して知ることはない。

肉眼にまとうもの

もう一人の一六世紀の眼鏡職人の著作は、望遠鏡の説明を含むものとして有名である。しかし、ここで私たちは、ブルネの記述とはっきり基準の異なる光学部品に話を移すことにしよう。一六世紀に、大きい天日とりレンズ[8]（焦点距離の短い粗雑なつくりの凸レンズ）は完全によく知られたものだったが、ブルネの、大きい、焦点距離の長いレンズはきわめて珍しかったと思われる。その光学的性質——面精度とガラスの均一性——はかなりお粗末だったに違いない。これより小さく、より広範囲で製作されていたため品質がいくらかましだったものに、眼鏡のレンズがあった。

望遠鏡の起源と同様、眼鏡の初期の歴史は謎と推測に包まれている。[9]最も博識な人々によると、眼鏡がヨーロッパにはじめてお目見えしたのは一三世紀末のイタリアで、老眼——加齢によって近くに焦点が合わなくなり、ついにはブルネのように遠視になる——を矯正するものとして登場したという。

この修正には凸レンズが必要で、焦点を合わせることのできなくなった目に代わってただ拡大鏡の作用をするだけである。目に合った凸レンズを二つ並べて枠に収めれば、ほら、もう眼鏡である。もし、あなたが色模様や飾り字で彩飾された文書を苦労しながら筆写する老齢の修道士だったら、これは神からの贈り物だとして喜びの声を上げるだろう。

凹レンズ――真ん中が縁より薄いレンズ――は、老人とともに若者も抱える異なる種類の視力の悩みを解消するのに必要である。近視に悩む人々は、凹レンズを用いて平行光線を発散光線に変えないと、遠くの物体に焦点を合わせることができない。凹レンズの眼鏡は凸レンズより遅れて使われはじめたが、それは凸レンズより作るのがむずかしいためであった。この眼鏡が最初に使われはじめたのもまたイタリアだったが、多分一四五〇年頃である。北ヨーロッパに凹レンズの眼鏡が出現したのはさらにのちになる。

望遠鏡の発明の時期を一七世紀前に置きたいと考えている誰もの心臓を高鳴らせたものに、イタリア人の眼鏡師、ジョバンバプティスタ・デラ・ポルタ（一五三八―一六一五）の著作がある。この人物は、一五八九年に記念碑的なベストセラー *Magia naturalis*[10]（『自然の魔術』というまったく簡単なタイトルである）を出版した。そこには以下の文が含まれている。

凹レンズは遠く離れたものをたいへんはっきり見えるようにするが、凸レンズは手近にあるものをはっきり見えるようにする。だからあなたの目の必要に応じたものを使うとよい。凹レンズだと遠くの小さいものをはっきり見せ、凸レンズだと近くのものをさらに大きく見せるが、これはぼやけが伴なう。もし、両方をいっしょに組み合わせる方法を知っていれば、遠くのものも近く

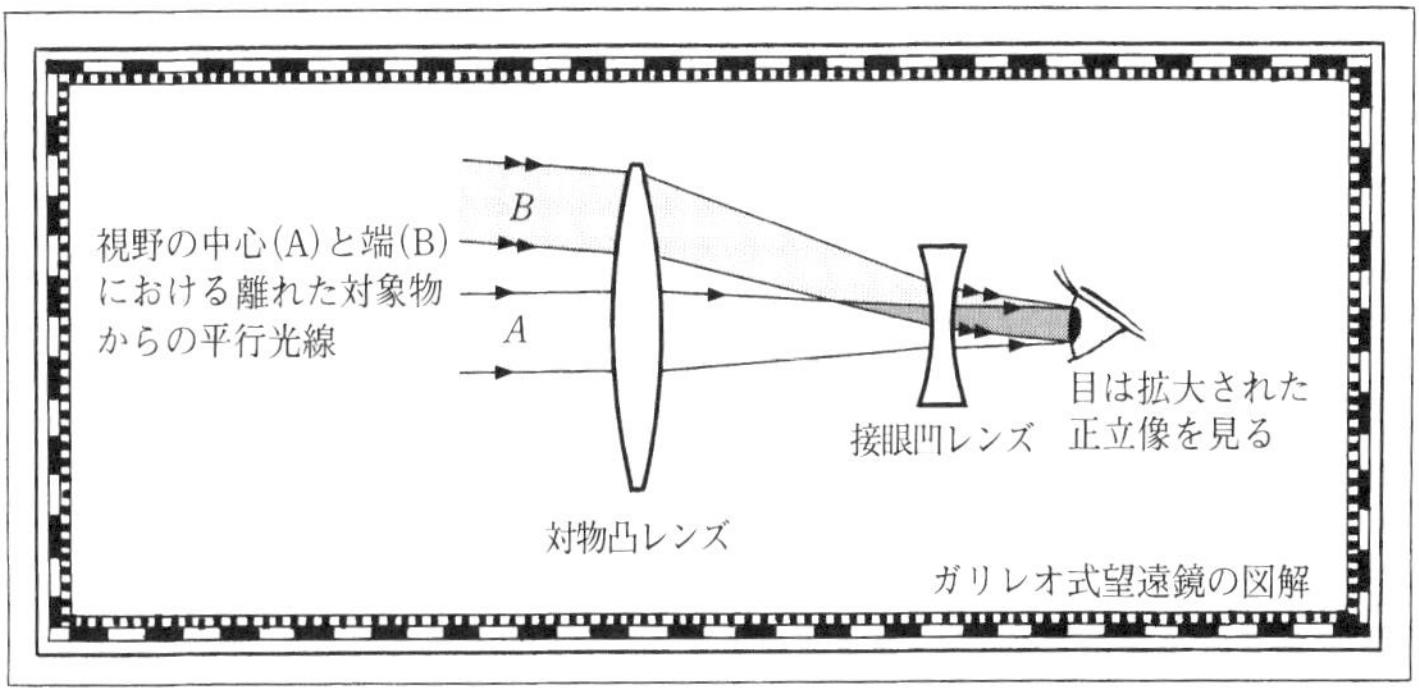

最初の本物の望遠鏡。小さい凹レンズによって普通視力の眼を人工的に遠視にすることで、遠くの像が完全に見えるようになる

のものも大きくはっきり見ることができる。私は、遠くのものがはっきり見えなかったり、近くのものがぼやけて見えたりする何人かの友人を助けた。彼らは何でもはっきり見えるようになった。

この文章がたいそう大きな興奮を起こさせるのは、一六〇八年の終わり近く、望遠鏡がついに議論の余地なく出現したとき、それが凸レンズと凹レンズの「両方をいっしょに組み合わせ」た形をとっていたからである。最終的な配置は、(はるかに小さいながらも)ブルネの「ウィンドウ望遠鏡」に似ていて、目は凸レンズ焦点のちょっと内側に位置する。しかし、正真正銘の望遠鏡になってはじめてつけ加えられたものは、目のすぐ前に置かれた湾曲の大きい凹レンズである。このレンズの効果は、普通の目を人工的に「遠視」にすることで、これはまさに、凸レンズの作る像を、はっきりとした、拡大した正立像として見るために必要なことである。今日私たちは、レンズのこの組み合わせをガリレオ式望遠鏡と呼んでいるが、ガリレオの役割は発明者というよりは改良者であった。この組み合わせは、今でもオペラグラスの形で残っている。

デラ・ポルタが望遠鏡について記述しているという考え方に冷水を浴びせるものは、彼の説明の状況である。明らかに彼はディッグスの「良い組み合わせのガラス」について解釈するより、視力の欠陥を修正することについて議論している。この点は、初期の望遠鏡に対する最も口やかましい研究者の一人であるアルバート・ヴァン・ヘルデンによってこれまでに指摘されたことである。ヴァン・ヘルデンは、デラ・ポルタの記述を、視力が著しく弱い人々を助けるために用いた貧弱なガリレオ式望遠鏡であると解釈している。[11] そして、二〇世紀後半により洗練された治療法が出現するまで、結果的にこの原理を使った不格好な眼鏡が、かなり一般に普及していたことも事実である。

しかし、もう一つ別の解釈もある。それはデラ・ポルタが実際に初歩的な二焦点レンズについて記述したというものである。二つのレンズを半分に切って「つなぎ合わせ」ると、近くを見るときも遠くを見るときも助けが必要な弱い近視の人に、並み外れた助けをもたらすであろう。二焦点レンズは、[12] 通常、ベンジャミン・フランクリンによって発明されたと考えられているが、デラ・ポルタが一五八九年以前にこのレンズを使って実験した可能性が、『自然の魔術』の中の文章で示唆されている。

どちらにせよ、通常の意味の望遠鏡に関しては、そこには何も示されていない。そして、実用的な望遠鏡の持つ軍事的あるいは科学的可能性を思えば、この結論はなんら驚くべきことではない。もし誰かが実際に望遠鏡をうまく作ったとしたら、そのニュースは一六〇八年のように、[13] 燎原の火のごとく伝わり、一六〇九年のようにすみやかに利用されたに違いない。そのような出来事が一六世紀に記録されていないことは、ディッグスの記述にあったような目を見張る装置は、単なるお話でしかなかったという結論にどうしてもなってしまう。

一六世紀の望遠鏡に関する最も理性的な言及は、おそらく、ルネサンス時代の最も偉大な人物の一人レオナルド・ダ・ヴィンチ（一四五二―一五一九）によるものである。レオナルドの芸術家としての伝説的な能力は、少なくとも部分的には自然界を観察する彼の鋭い目によるところがある。科学や技術の分野であげた目覚ましい業績[14]もそこに拠ることが多い。彼は本来、光の振る舞いに興味を持っていて、大気は星の光を曲げるのか、なぜ空は青いのかといった疑問について深く考察していた。

彼は常に正しい答えにたどり着いたわけではないが[15]、科学的な道具を自由に使える場合には、驚くほど正解に近い答えに到達した。少なくとも、天文現象の一つに対して彼は正解をぴたりと言い当てている[16]。それは、三日月のとき、月の陰の部分がかすかに光って見えるのは、地球からの光が反射されるためと最初に推論したことであった。

レオナルドのノートには、間違いなく望遠鏡を示すアイディアが何度も姿を現わしているが、それは常に仮定の言葉で表現されている。そして、ガリレオ式望遠鏡を作る秘訣の発見に近づいてはいたが、彼は結局それを作れなかった。もし作れていたとしたら、他ならぬ彼のこと、完成品になるまで改良し、その発見を得意の鏡文字で記録したであろう。しかし、自分用のメモ――ミラノのアンブロジアーナ図書館に保存されている『アトランティコ手稿』（*Codex Atlanticus*）――には、彼が成功しなかったことが漏らされ、そこには、「月を拡大して見るためのガラスの組み立て[17]」とある。

ある意味で、ルネサンス期やその後の一六世紀の自然哲学者には、望遠鏡を発明したと主張する一種の既得権があった。その機器は光学における「聖杯」で、そこには、古代には知られていたがその知識が失われてしまった、という広く知られた推測があった。事実、一六〇八年一〇月に最後に望遠鏡の特許を請願した一人のヤコブ・メティウス[18]は、出願書類の中で「ガラスの用途の中で、ある古老によって保持されてきた秘密の知識」を調べたと述べている。

このような隠れた知識を探究することは、今日でも当時と同様に魅惑的である。もし、一六世紀の著述家による証拠の解釈が私たちにとってそんなにむずかしいなら、より以前に書かれた言葉はさらにずっとむずかしいだろう――特に、光学に対する興味を公言すると、どのような形であれ魔術とか黒魔術とかいわれて非難される結果になりやすかったことを考えれば、なおのことである。

伝説とレンズ

デラ・ポルタが『自然の魔術』を書いたときより三〇〇年前、ある程度望遠鏡の知識があると信じられていたもう一人の科学者が、まさにその罪によって牢獄で日々を送っていた。フランシスコ会修道士でオックスフォードの学者であったロジャー・ベーコン（一二一四頃―一二九四）は、教皇クレメントⅣ世へまずい提案をして、そのなりゆき上、一二六七年頃に、自身の「偉大な著作」である『大著作』（*Opus maius*）を著すことになってしまった。

一二六六年、彼は教皇に手紙を書き、教会は科学に関する優れた百科事典を編纂するべきだと提案したのである。不幸にも、クレメントはこの提案を、ベーコン[19]はすでにその仕事をなしとげたものと解し、是非それを見たいといった。ベーコンはひどく驚いた。教皇に逆らえないと悟った彼は急いで三巻からなる見事な著作を著した。その第一巻が『大著作』であった。クレメントはそれ相応の好印象を持ったことだろう。

ロジャー・ベーコンにとっては不運なことであったが、どの教皇の時代も永遠に続くわけではなく、一〇年もしないうちに、彼は新しい組織となった教会からそしりを受け、死の間際まで牢獄に入れられることになった。『大著作』には異端と思われる箇所が数多く含まれていたからである。その中で私たちの興味を引くのは、ベーコンの以下の文章[20]である。

……したがって、透明な物体［レンズ］の形を整え、それらを私たちの視線と見ようとする物体に対してうまく配置すると、光線を望みの方向に屈折して曲げることができ、その物体をどんな向きにも、また、近くにも遠くにも、思いのままに見ることができる。だから、信じがたいほど遠くからごく小さい文字を読んだり、塵や砂つぶを数えたりすることができる。……

この大胆きわまりない文章が教会権威者の怒りを買ったことは疑いない。しかし、実をいえばここでベーコンは、彼の教師の一人であったロバート・グロステスト（一一六八頃─一二五三）の『虹』[21]（*De Iride*）という、虹に関する本の中で述べられていた言葉を、ただ繰り返していたにすぎない。グロステストは多数の科学的な論文を書き、枢機卿になる道を見事に避けて、一二三五年にリンカーンの司教になっている。私たちの観点から見ると、この文章は、この種の機器で何ができるか、また何を引き起こすかという点から望遠鏡を思い描く、二人の能力を表わしている。しかし、それがすべてだ。これらの言葉や、後の一六世紀のイギリスの科学者ロバート・レコードによる[22]、ベーコンの光学的研究が魔術とは関わっていないという証言のほかに、知識を持った修道士が実際に望遠鏡の作り方を知っていたという主張を裏づけるものは何もない。

さらに時代をさかのぼると、悪魔と取引きをした責めを負う運命にあった思想家がいた。この人物は、まさに教皇であったという事実で、投獄――あるいはもっと悪いこと――から逃れた。それでも、彼は同時代人から深い疑いの目で見られていた。フランス人であるオーリヤックのジェルベール(23)（九五〇?―一〇〇三）がその人で、一〇世紀後半に生き、九九九年にシルウェステルⅡ世として教皇に就任している。技術に対する彼の熱意、特にそろばんをヨーロッパへ導入したこと――当時はこんな程度だったが――により、現代の著述家から「最初の千年紀のビル・ゲイツ」の称号を与えられている。明らかに彼は博識家の資質を備えており、その広範な興味は音楽から数学、解剖学から天文学にまで及んでいた。

ジェルベールは天文時計を建設し、そこに「チューブ(24)」と呼ばれる観測装置を組み入れたが、これが望遠鏡ではなかったかと推測されている。しかしこれは、光学におけるジェルベールの業績が大したものでなかったことを踏まえると、とうてい信じがたい。より可能性が高いのは、これが単なる中空のチューブだったことである。というのも、チューブを通して覗けば視力が改善することは、少なくともアリストテレス（三八四―三二二BC）の時代――おそらくもっと前――から知られていたからである。

この考え方はそんなに馬鹿げたものではない。狭い領域へ視野を限定すると、まぶしい光を減らし、見るものへ集中を高めることができる。簡単に実験できて、その甲斐もある。この「チューブ・ビジョン」により、しばしばほのめかされるように日中に星を見ることはできないが、ティコ・ブラーエの完成品以前の荒削りな機器として、夜に、星の方向を定めることができたのは確かである。このような特長があるからこそ、覗きチューブを目に当てている人々が、古代の工芸品――それらのいくつかは最も初期の文明が繁栄した時代にまでさかのぼる――や文書に描かれているのである。

では、古代人自身はどうなのだろう。[25] 彼らは本当に望遠鏡の秘密を知っていて、後世にそれが失われたのか。レンズのことも知っていたのか。ともあれその古代人とはいったい誰だったのか。

ロジャー・ベーコンは、『大著作』の別の箇所で、紀元前五四年の侵攻に先立ち、ジュリアス・シーザーが光学機器を使ってイギリスの海岸線をゴールから入念に調べたと主張している。このように、ローマ人の古代文明には望遠鏡が存在したという風説がある。紀元前二世紀のギリシャの歴史家は、本人の時代より約二〇〇〇年前にカルタゴ人に侵入された当時、北アフリカとシシリーの西端とを隔てる一三四キロメートルの距離を越えて信号を送る並外れた離れ業があったと述べている。

それは、彼らが望遠鏡を使用していたことを示唆しているのだろうか。そしてさらにさかのぼると紀元前七五〇年頃に、古代アッシリア人は、くさび型文字を刻んだ粘土板に、彼らがレンズと金のチューブを持っていたと記している。[26] アッシリア人が土星を常に、ヘビたちの環に取り巻かれた神と描写している事実は、彼らの宮廷天文家たちが天空を観察するのに原始的な望遠鏡を用いていたことを告げているのだろうか。

すべての中で最も刺激的なのは、紀元前一世紀のギリシャの歴史家ディオドロスの著作にある曖昧な文章で、そこではるか遠くの北方浄土の神話的民族に言及している。その北方浄土の民族は、月を「地球からほんの少し離れ、地球と同様に表面に突起のある」天体と見ていた。ある学者たちの間に、北方浄土の民族は古代ブリトン人以外の何者でもないという暗黙の仮定がある。エイヴバリーやストーンヘンジを建てた人々[27]が紀元前二〇〇〇年紀に望遠鏡を知り得る可能性が、ほんの少しでもあったのだろうか？

これら古代人がなしたことには興味をそそられるが、その証拠はまったくない。そして、それらすべてに伴う困難がいくつもある。たとえば、イギリスの海岸線に関するシーザーの知識は、他の昔の歴史家によると、観察したものではなくスパイが調査によって得たものであるという。ロジャー・ベーコンの説明にも、シーザーがイギリスの町や野営地の注目すべき観察に鏡を使用したと述べている事実によって、さらなる疑いが投げかけられる。すでに述べたように、望遠鏡に使用する反射鏡を作るのは、レンズを作るよりはるかにむずかしいからである。

同様に、光学的信号を波のうねる地中海を越して何十キロメートルも送ることは、二〇世紀初頭の技術でも挑戦的課題であった。まして、紀元前四世紀の技術ではとうてい可能とは思えない。同様の反論は、一七世紀以前に土星の環が発見されたと主張する人々にも向けられる。一六五九年に土星の環の本当の性質[28]が明らかになるまで、望遠鏡はきわめて長期間にわたって進化の過程をたどらなければならなかった。月の観察者である北方浄土の民族の神話は？　なるほど、偉大な話であるが、神話でしかない。

しかし、研究者たちをじらすかのように、有史以前に望遠鏡が存在した証拠へつながる細い糸が一本残っていて、誰かがどこかで遠くのものを見る機器を作るのに成功したかもしれないという疑問を持たせ続けている。その証拠は、そう、古代人はレンズを持っていたというものである。彼らはレンズの作り方を知っていた。そして、そのレンズは、今日も世界中の古代歴史博物館にたくさん置かれている。

その中で最も有名なのは四二ミリ×三四ミリの楕円形の凸レンズであり、厚さは中央で六・二ミリ、縁で四・一ミリで、レイヤード・レンズ（発見者オースタン・ヘンリー・レイヤードにちなんで命名され、一八四九年、考古学の発掘で出土した）、あるいはニムルド・レンズ[29]（古代アッシリアの首都の名からきており、その遺跡から発見された）として知られている。それは紀元前七世紀以前のものと確実に決定され、大英博物館が所有している。いうまでもないが、その存在は、古代アッシリア人の望遠鏡を熱心に信奉する人々によって、議論に決着をつける証拠として引きあいに出されている。

ニムルド・レンズは水晶の結晶から作られている。水晶は天然に産出される無色の石英で、ガラスのように整形し磨くことができる。古代のレンズの多くは水晶でできているが、ガラス製のものも発見されている。事実、ガラスは古代からきわめてよく知られていた[30]。その製法はおそらく偶然発見されたのだろうが、メソポタミアでは、紀元前三〇〇〇年紀にさかのぼるガラスの破片が発掘されている。しかし、ガラスのレンズは天然の水晶に比べると化学的に不安定で、特に空気にさらされていると、考古学的タイムスケールでは不透明になりやすい。それらは、滑らかで丸い小石とほとんど区別がつかなくなる場合もある。

レンズは、エフェソス、カイロ、カルタゴ、トロイ、ミケーネ、ローマのヨーロッパ植民地といった、多くの古代世界の偉大な中心地で発掘されている。イギリスで発見されたものもいくつかある。そして、一一世紀頃にさかのぼってヴァイキングが大事に秘蔵した水晶レンズ[31]の宝庫が、ティコ・ブラーエのヴェーン島から四〇〇キロメートルも離れていない、バルト海のゴットランド島で発見されている。

それらは、ごくわずかな例外を除いて、すべてのレンズが同じタイプである。それは拡大鏡で、老眼の人が使用するには完璧な焦点距離数センチの凸レンズである。おそらく、そのレンズによって、持ち主は、古代の工芸品に細密な装飾を施すことができたのであろう。ニムルド・レンズも同じ種類に属する。望遠鏡への利用に関する限り、それらは種類の異なるレンズである。望遠鏡で像を結ばせる主要なレンズ――いわゆる対物レンズ――に必要な、焦点距離のかなり長いものは一つも発見されていない。そしてこれは驚くべきことではない。というのも、このようなレンズに要求される浅くカーブした面を作るのは、古代の職人の技術をはるかに超えるものであったからである（コラム「なぜ古代望遠鏡レンズは存在しないか」を参照）。

にもかかわらず、このようなレンズが存在したために、これまでに述べた伝説とあいまって、一部の現代の著述家は、古代望遠鏡の囁きをヒステリックな叫びに変えてしまった。彼らは、正気の人々がこの有無をいわせぬ証拠をどうして無視するのかといいたてているのである。しかし、客観的な理性の光に照らしてみると、これは非常にあいまいな状況証拠にすぎず、光学技術の発展について私たちが知っているすべての知識とまともに向き合えば、とうてい成り立つものではない。

当然のことながら、学問的な立証をする場合、声高な主張は好まれない。科学的に確証された証拠――たとえば、そっくりそのままの望遠鏡とか、出所に議論の余地のない明瞭な図面など――が現われるまで、一七世紀以前の望遠鏡の存在は認められないだろう。私たちがすでに知っていることから考えると、このようなものが出てくることはありえないように思われる。しかし、もしそうしたものが現われたら、昔の技術に関する私たちの理解にどれほど深い衝撃を与えるだろうか。

なぜ古代望遠鏡レンズは存在しないか

レンズは、徐々に細かい研磨材を使いながら、固い道具で材料をすり減らして作る。砂は初期のレンズで研磨材として使用された。最後の磨きには、なめし皮のように柔らかい材質（あるいは現代では松やに）とべんがら〔弁柄〕のような非常に細かい研磨材が用いられる。表面のカーブを作り出すのは簡単ではなく、[32]光学職人が望遠鏡の対物レンズに必要な浅いカーブを作る技術を開発したのは、一六世紀も終わりになる頃である。対照的に、古代のレンズにも見られる深くカーブした面は、粗雑な試行でも作れそうである。

もう一つ、より微妙な問題がある。[33]凸レンズが単に拡大鏡か眼鏡に用いられるとき、ある方向からきてレンズを通る光束は、それを受け取る瞳孔の幅と同じで、せいぜい数ミリメートルの大きさしかない。表面の曲率の違いといったレンズの不正確さは、単に、異なった方向を見たときのゆがみとして現われるだけである。しかし、望遠鏡の対物レンズでは、光束がレンズ全体を満たし、像のあらゆる点に反映する。したがって、表面の不正確さは像全体の質を下げることになる。

遠い昔、望遠鏡の対物レンズとして使用されたレンズは、どれも許容範囲をはるかに超えて像の質を悪くしていた。事実、現存する一七世紀初期の望遠鏡を見れば、対物レンズは当時ですらやっと満足できるものであったことがわかる。もっとよく見えるようにするには、レンズの外側の研磨の質が劣る部分を覆って使わなければならなかった。

第4章　曙光——望遠鏡の出現

望遠鏡を最終的に現実のものにしたのは、たとえばオーリヤックのジェルベール、レオナルド・ダ・ヴィンチ、ティコ・ブラーエといった偉大な知識人ではなく、国家の危機に素早く一儲けしようと考えた、仕事で汚れた手を持つ、取るに足りない職人たちであった。これらの人々は、眼鏡商、経験を積んだ眼鏡職人などで、一七世紀初頭のオランダでその職業をたくみに利用した人々であった。

結局、望遠鏡をどこからともなく出現させ、歴史の舞台へデビューさせるのに劇的な背景を提供したのは、宗教的論争である。(1)一四世紀から一五世紀にかけて、ローマ教会上層部に腐敗が認められたことで、教会に対する抵抗の高まりが見られた。一六世紀初期になると、抵抗者、つまりプロテスタントが宗教革命を起こして、新しい教会を形成した。それが宗教改革といわれるものである。そしてその改革が、カトリックが結束している南部からヨーロッパ北部を分離することになったのである。

神聖ローマ帝国の一部であったオランダの一七の管区は、プロテスタント教会を信奉していた。これに刺激されたスペインのフェリペⅡ世は、それらの改宗者に転向を撤回させようと、恐ろしい異端審問で脅した。しかし、オランダはそれを拒否して一五六八年にスペインとの戦争に突入した。こうして起こったこの争いは長く続き、今では八〇年戦争として知られている。それが最終的に解決したのは、一六四八年に、ヨーロッパ全土に対しウェストファリア条約が結ばれたときである。

オランダ南部の管区――今日のベルギーの大半を占める――は、戦争に入って一〇年目にスペインの圧力に屈したが、北部の七つの管区は、オランダ管区のハーグを中心とする独自の共和国を作って頑強に抵抗した。(2) このオランダ共和国(ネーデルランド共和国)は、総督を指導者とし、全国会議という立法議会によって統治されていた。オランダ北部のこの最高機関を維持した人々の中で最も成功したのは、マウリッツ・ナッサウ公である(同名だがもっと有名なバハマのナッサウと混同しないでほしい。また、今日のドイツのナッサウは、当時は神聖ローマ帝国の公国であった)。マウリッツは一五八五年から亡くなる一六二五年まで統治を行ない、一六〇八年九月の最後の週に、望遠鏡と確認できる最初のものが、権力者の彼の手に握られたのであった。

この出来事のタイミングも、望遠鏡を手中に収めた人も、偶然ではなかった。(3) マウリッツは総督であるだけでなく、オランダ共和国軍隊の最高司令官でもあり、スペインとの戦争では聡明な戦術家であることを示していた。彼はまた有能な外交官でもあり、一六〇八年の大半、彼はフランスを仲介者とする長く込み入った平和交渉の中でこの手腕を発揮していた。事実、ハーグは一七世紀ヨーロッパにおけるキャンプデーヴィッド〔アメリカ大統領の別荘〕になっていて、多くの国家の外交の代表者で満ちあふれていた。

最終的に彼らに独立の成功をもたらしたのは、一六〇九年に締結された一二年間の休戦協定であったが、一六〇八年九月には事態はきわめて深刻に思われていた。九月の最終日、交渉は、南オランダのスペイン軍の総司令官アンブロヒオ・スピノラが率いるスペイン代表が引き上げたことで、ほとんど暗礁に乗り上げていた。何とも驚くことに、その同じ週、マウリッツ公はだしぬけに、途轍もない戦略的重大さを持つ軍用品——最初の実用的望遠鏡——を提供されたのであった。

その望遠鏡を持って訪れたのは望遠鏡を作った者で、（シャムからきた大使によると）[4]「つつましく、敬虔な信心深い男」、リッペルスハイであった。彼は、オランダ南部のゼーラント州の州都、ミッデルブルクからやってきた。実のところリッペルスハイはドイツ生まれであったが、ミッデルブルクで眼鏡作りの事業を繁栄させ、そしてどういうわけか、ガリレオ式望遠鏡の秘密——第3章で述べたように、簡単だが賢明なレンズの組み合わせ——に遭遇したのであった。

この発見が偶然によるものか、彼自身の天才的素質によるものか、誰かが彼にやってみせたからかはおそらくわからない。これについてはすでに多くのことが書かれているが、もし適切なレンズが手元にあったらこの発見が容易であったことを考えると、偶然説は魅力的である。私は、個人的経験からそれを支持する。何十年も前の一一歳の子供のとき、私は、父の自家製の写真引き伸ばし機から取り出した二枚のレンズで遊んでいるうちに同じ秘密を見つけ、驚き、喜んだことがある。それはほとんど必然的な発見だったのである。

どのような成り行きであれ、鍵となる要素は、対物レンズとなる比較的弱い（焦点距離が長い）凸レンズと、いわゆる接眼鏡となる比較的強い（焦点距離の短い）凹レンズを入手することであった。第3章で見てきたように、眼鏡製作者が対物レンズになるような浅い曲面を作るのに必要な技術を開発したのは、やっと一七世紀に入る頃だった。同様に、カーブの深い接眼鏡を作るのは、それが凹レンズであるため、初期の眼鏡職人にとって大変な挑戦的作業だったはずである。

したがってその意味で、望遠鏡はまさに時代の産物だった。ハンス・リッペルスハイは、ただ適切なレンズを一組選んで筒にはめ込み、ハーグに発ちさえすればよかったのである。国家の安全がどちらに傾くかわからなかったとき、いかに彼がつつましくて敬虔で信仰心が厚かろうとも、これは大儲けに完璧なタイミングだと思ったに違いない。

　リッペルスハイは入念な準備を行ない、ゼーラントの議員からハーグの全国会議の代表へ宛てた手紙[5]を携えていた。それは「この書簡を携えた者は……」で始まっていた。

> この書簡を携えた者は、それを通して見れば、非常に遠くのすべての物があたかもすぐ近くにあるかのように見えるガラスの器具を持っており、それは彼が新しく発明したものだと主張しております。閣下［マウリッツ公］にこれをお伝え申し上げたいと望んでおります。あなた様より閣下にどうぞご推薦ください。その上、機会が訪れましたら、この道具についてのお考えにしたがいまして、彼に助力を与えてください……
>
> 敬具
>
> 一六〇八年九月二五日

　続いて起こった出来事から、リッペルスハイが本当に興味を持っていたのは、彼が発明したと主張している道具に対する特許か、それを供給することに対する政府の保護金であったことがはっきりわかる。しかし、彼はまずそれが役立つことを示さなければならず、九月二五日から三〇日の間に、この眼鏡職人は新しい道具を見せるため、偉大なる総督の御前に招かれた。望遠鏡をテストするため、マウリッツ公は、ビネンホフの地にある彼の住居――一三世紀の堂々とした建築物で、当時はオランダ議会が置かれ、今日でも式典場として残っている[6]――の塔に登った。そこから彼は望遠鏡で、行くのに一時間半かかるデルフトの時計台と、三時間半かかるライデンの教会の窓をはっきり見ることができたといわれている。

ハーグからこれらの都市までの直線距離は、実際には八・六キロメートルと一七・六キロメートルである。だから、この報告は、前世紀の仮想の望遠鏡でなされた非現実的な主張と同様にうさんくさいと考えられても仕方がない。事実、リッペルスハイが提示したレンズだと、彼の望遠鏡の倍率はせいぜい三倍で、つまり、この二つの目標は望遠鏡を通して見てもそれぞれ三キロメートルと六キロメートルの距離にあることに相当し、まだまだ遠く離れている。しかし、これらは「まさに」実在する建物であった。そして、時計の針が本当に読めたとは誰もいっていない……。

マウリッツ公が最初に望遠鏡を手にしたのは非常に劇的な瞬間で、国際的危機を背景にして歴史の転換点となった。技術がはじめて人類の知覚の一つを拡張したのである。今日私たちはその時を、軍事、科学、哲学に対する潜在的可能性をはらんだ瞬間だったと考えている。しかし、そのドラマは短命であった。時をおかずして劇は茶番となり、雲散霧消した。長く待ち望まれた望遠鏡は、世界の舞台へデビューしたものの、しくじりに満ちた喜劇の中で主演することがわかったのである。

主張と反論

それが外交上の儀礼によるものか、策略の誤りか、あるいは単なる手違いかを知るすべはない。(7) しかし、どういうわけか思いもよらないことが起こった。マウリッツ公が望遠鏡をテストしてから何日も経たないうち、あるいはおそらくその同じ日に、彼はそれをスピノラ侯爵に見せていた。九月三〇日、ハーグを発つその前に、敵軍の最高司令官は、戦争抑止力を持つ新しい道具を手に取ったのみならず、それを覗いたのである。

彼の反応は愉快なものだった。「今はもはや、私は安全でなくなった。というのも、あなたは遠くからでも私を見ているだろうから」と彼はマウリッツの異母弟であるフレデリック・ヘンリー公にいった。「心配しないでください」とフレデリック公は彼を安心させた。「部下にはあなたを撃つことを禁じますから」。皆笑ったことは間違いない。

数日後、ブリュッセルのカトリック体制側に到着すると、スピノラは、支配者であるアルバート大公とローマ教皇大使のグイード・ベンティボグリオに、その新発明の道具について詳細に物語った。この人物はローマとほぼ定期的に連絡をとっていたので、彼とのやり取りを通じてガリレオが望遠鏡のことを聞いた可能性がある。(8) 事実、一六〇九年四月にベンティボグリオは新発明品の一つをローマに送った。マウリッツが秘密を暴露したことはお笑いぐさだが、それが望遠鏡に関する科学の急速な発展に多大な影響を与えたのである。

ハーグでは、オランダ議会のメンバーたちも、マウリッツが受け取ったその驚くべき新機器を見たいと熱望した。マウリッツは、この助けがあれば「敵の策略が見えるはずだ」といって望遠鏡を彼らに渡した。しかし、敵もすでにその存在を知っているとはつけ加えなかったようである。その後の一〇月二日木曜日、リッペルスハイ自身もビネンホフの議会による聴聞を受けた。彼は自分の手の内を見せて、他の人に望遠鏡製作を許可しないという特許を三〇年間認めるよう要求した。それは不首尾に終わったが、代わりに彼は、国内でただ一人望遠鏡を製作するための保護金を年ごとに受け取ることで満足した。

担当書記は、オランダ議会の予想通りの反応を、後世の人々のためにきちんとした注意深い書体で記録している。(9) 当時ですら、次に何をすべきか決定する伝統ある方法が存在した。彼らは委員会を組

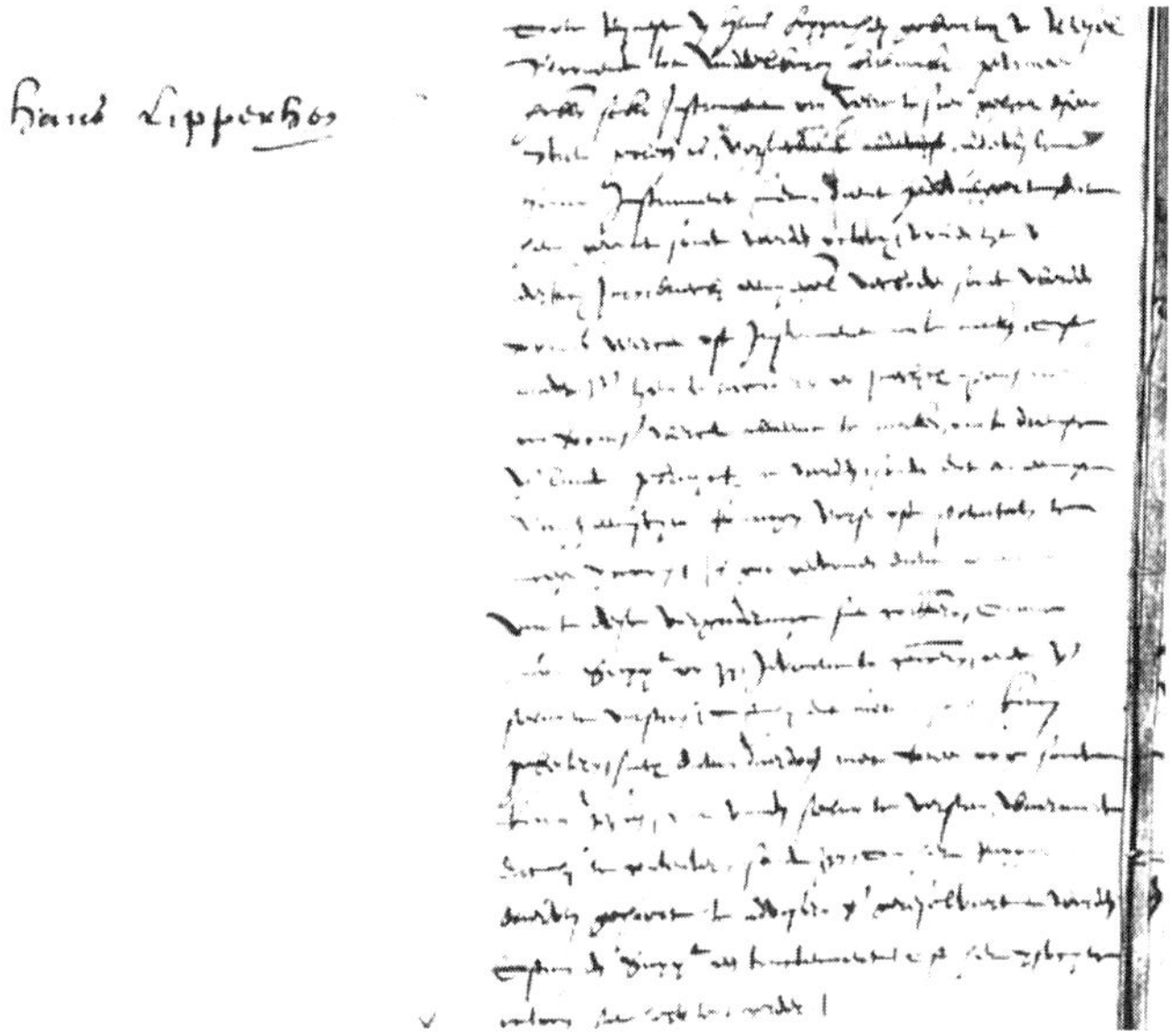

ハンス・リッペルスハイの望遠鏡の特許出願（1608年10月2日）が記録されているオランダ議会の議事録

織した。彼らは、リッペルスハイが発明した道具を両眼で使用できるように改良すべく努めなければならないという奇妙な要求も出した。これは私たちの目には、彼らが提示されたものの重要性を評価できなかったように見えるが、これが最初の現実の光学機器だったことを忘れてはならない。片目で接眼レンズをじっと見るやり方——今日では十分馴染み深いものだが——は、一七世紀初期には不自然でおかしいものに思われたのである。

当時、まだ望遠鏡には特定の名前がなかったことも記憶に留めておく価値がある。その後数日間にわたって、オランダ議会の委員会はリッペルスハイの特許出願をどうするか討論したが、その時、望遠鏡は「遠くを見る道具」「ヨハン「ママ」・リッペルスハイが発明した道具」「視界を伸ばす発明」などとさまざまに呼ばれた。
イタリアとギリシャの知識人によるある会員制グループが、ガリレオと彼の天文学的発見を讃える晩餐会を開いたとき、この新しい機器は「テレスコピウム」――遠くを見る道具――と命名された。[10]それは三年半も経ってからのことである。文字通りの意味で同様の名称が、ヨーロッパ中に現われた。たとえば、ドイツではフェルンロール（Fernrohr）、オランダではフェアレキカール（Verrekijker）である。しかし、イギリス海峡を越えて望遠鏡が一般に使用されるようになると、奇妙な名前がたくさん現われた。透視鏡（perspective glass）、スパイグラス（spyglass）、透視筒（perspective cylinder）、あるいはその由来に敬意を表して、オランダ筒などである。例によって「変わり者」のイギリスがそこに見て取れる。

オランダ議会の議事録には、リッペルスハイの特許の出願がまったく事務的に扱われ、彼の要求を即座に認める様子のなかったことが示されている。一〇月四日土曜日、彼は、水晶のレンズをはめ込んだ双眼鏡六個を一年以内に納めるよう要求されたと記録されている。翌日彼には、この野心的な機器に対する最初の分割金の三〇〇ギルダーが支払われ、納入後にさらに六〇〇ギルダーが支払われることになった。リッペルスハイは発明の秘密を誰にも明かさないよう警告されたものの、最終的には疑いなく、特許か保護金かのどちらかが与えられると楽観的に感じていたらしい。

しかしながら、二週間もしないうちに事態は再び茶番劇へと傾いて、彼の野望は打ち砕かれた。一〇月一七日金曜日、もう一人の男が望遠鏡とオランダ国会への書簡を携えてハーグに現われたからである。今回の人物は、オランダ北部アルクマールの道具作りの職人で、ヤコブ・アドリアンスゾーンといったが、ヤコブ・メティウスの名でもっとよく知られている。[11] 彼は、身分の低いリッペルスハイなどよりずっと押し出しの良い人物であり、父のアドリアンは以前のアルクマール市長で、兄（彼もアドリアンという）は、他ならぬティコ・ブラーエから学んだ数学と天文学の教授であった。
メティウスは自分の手紙の中で次のように証言している。

……請願者は約二年にわたって多忙でした。それは、この間本来の職を離れて、ガラスの使用に関し、古代に達成されていた可能性があるがいまだに隠されたある知識を探究していたことによります。そして、他の目的または他の意図で使用していたある道具を使って、この発見に到達しました。ある場所までの距離が遠く離れているために、まったく不明瞭にしか見えず、はっきり識別できないものでも、その器材があれば視界が伸び、物を非常にはっきりと見えるようにするものです。

換言すれば、彼は偶然望遠鏡を発見したのだ。同様のまわりくどい文章で、メティウスは、ミッデルブルクの眼鏡職人が作った望遠鏡のことを聞いたが、彼自身の試作品もそれと比べて試験をしたので、彼の発明も、その創意と多大な努力と手間（と神のご加護もあって）ゆえに特許に値すると文章を続けていた。
オランダ議会はさすがに委員会をもう一つ作ることは控えたが、メティウスには、「発明をより完成度の高いものにするため、さらなる努力をするように。その暁には、特許はしかるべき形で認められるであろう」といって、報奨金として一〇〇ギルダーを与えた。

ヨハネス・ストラダヌスによる眼鏡商の絵。それぞれごくありふれた服装をしている

オランダ議会のメンバーに、特許を与えるにはこの発明はすでに広く知れ渡りすぎているのではないかという疑いがあったとしたら、メティウスが現われるのとほぼ同時に、ミッデルブルクから届いた三通目の手紙——今度は使者はいなかった——によってその疑いは確信になったに違いない。一〇月一四日に書かれた手紙は、リッペルスハイに最初の推薦状を与えたゼーラント州の同じ議員からであった。その手紙には、ミッデルブルクには、遠くの物や場所があたかも近くにあるかのように見える技術を知る者が他にもいると書かれていた。特に、リッペルスハイのものと似た道具を使ってみせた若い男がいたという。オランダ議会はそのような連中に何をしてやれるというのだろう?

公然たる秘密

オランダ議会の返答は記録されていないが、これらの新しい機器があちこちで次々に現われたことは非常にはっきりしている。もう一人、以前にティコの友人であった有名な天文家、ジモン・マリウスが後に証言したところによると[12]（一六一四年）、彼は望遠鏡のことを、最初に後援者である貴族（ビンバッハのヨハン・フィリップ・フックス（Johann Philip Fuchs）という困った名前の人物〔英語圏では、Fuchs からは fuck を連想させる〕）から聞いたという。その望遠鏡は、一六〇八年九月にフランクフルトの秋の見本市で売りに出されていた。売り主は発明者と名乗るオランダ人だったが、レンズの一枚が割れていたのでフックスは購入しなかった。

リッペルスハイがマウリッツ公を訪れたのと同じ月に、望遠鏡がどのようにしてハーグから五〇〇キロも離れたフランクフルトに出現したかを説明するのは簡単ではない。ある研究者は、フランクフルトのオランダ人とミッデルブルクの議員が書いていた若い男は同一人物で、この人物が見本市から旅をしてミッデルブルクまでくるのに九月の終わりから一〇月の第二週までかかったのではないかと示唆している。

それでも、彼の息子と名乗るヨハネス・ザッハリアセンという男が述べた彼の様子が、同一人物かどうかを決めるヒントになる[13]。一六三四年、ヨハネスは友人に、望遠鏡を発明したのは父のザッハリアス・ヤンセンだと自慢していた。確かに彼の父は、ミッデルブルクに住む眼鏡職人であった。しかしながら、リッペルスハイとメティウスがたいへん誠実だったのとは違い、ヤンセンははなはだ後ろ暗い人物で、負債、脅迫、文書偽造などによる法律上の問題を起こし、最終的には死刑になる恐れもあった。彼は賢明にも、刑が執行される前に姿を隠してしまった。

もう一つ重要な証拠となるものがある。それは、ヤンセンの息子が、その望遠鏡は一六〇四年という早い時期に、あるイタリア人が持っていた望遠鏡を、そのケチないかさま師が模造したものと推測していることだ。(14)それには、「一[五]九〇年」の銘が刻まれていたという。歴史研究家アルバート・ヴァン・ヘルデンは、この謎に満ちた機器は、ジョバンバプティスタ・デラ・ポルタが一五八九年に『自然の魔術』(*Magia naturalis*)で述べている低機能望遠装置の一つだったというシナリオを提示している(第3章参照)。ミッデルブルクはイタリア人の難民を大勢受け入れたことで知られていた。彼らのほとんどは脱走兵で、オランダ共和国を支配しようとするスペインにつくのに嫌気がさした傭兵だった。おそらくヤンセンは実際に模造品を作り、拡大した像が実用になる程度に何とか改良したのだろう。

本当に望遠鏡を発明したのは誰か、確かなことは決してわからないという点で、現在は意見の一致を見ている。なぜ、それが曖昧模糊としたところから突然現われたのか——それも同時に何か所からも——という問いに対する答えも、同様に説明しにくい。しかし、これまで述べたように、望遠鏡出現に必要な材料はすべて整っていた。すなわち、光学の技術が進み、必要とされる質のレンズが今や製作可能になったこと、レンズが入手可能になりさえすればそれを正しく組み合わせる方法の発見が必然的であったこと、そして、国家間の危機により、その発明を製作者の手から欲しがっている政治家へ渡らせる圧力が存在したことである。

証拠の断片がもう一つある。たとえば、一七世紀最初のおよそ三〇年間に作られたいくつかの望遠鏡で現存しているものは、どれもそのレンズの原材料に(本来は鏡にする目的の)上質のヴェネチア・ガラスを使用していることである。(15)おそらくそれはガラスの形で船でオランダへ輸送され、それが一六〇八年に、今見られる一群のオランダの望遠鏡にされたと考えられるのだ。

何人かの眼鏡職人が一六〇〇年代初期に望遠鏡の秘密を知っていたことは、まず疑いない。その独創性についてのメティウスの主張が誠実に見えたとしても、彼の機器が最初ではなかったかもしれない。アルクマールは北オランダではかなり離れたところにあった。それに対しミッデルブルクは、ゼーラント州内でただ一か所の大きなガラス工場を町に持っていた。このオランダの小さな町は、おそらく最初の望遠鏡が生まれ出るのに最もふさわしい場所だったのである。

一六〇八年一二月一一日、ハンス・リッペルスハイは、製作を依頼されていた最初の双眼鏡をオランダ議会に持参した。それは水晶の結晶のレンズを使ったものであった。その双眼鏡は委員会の委員たちに調べられ、良好と認められた。さらに三〇〇ギルダーが四日後に支払われ、最終的な支払いをするためにあと二つを製作するよう彼は依頼された。

しかし、彼の特許出願はどうなったか？　その発明は今ではよく知られているという理由で拒絶と聞かされたリッペルスハイは、たとえ驚かなかったとしても失望したことは間違いない。にもかかわらず、彼はオランダ議会との約束を果たし、一六〇九年二月一三日に二つの優れた双眼鏡を納入した。その日のオランダ議会の会計帳簿に、彼への最後の支払いの三〇〇ギルダーが記された。(16)　それが一六一九年九月二六日、ミッデルブルクで彼の葬儀が行なわれたという悲しい知らせを受ける前に歴史に残された、最後のリッペルスハイの消息であった。

歴史は、リッペルスハイに望遠鏡の最初の発明者の名誉を与えはしなかったものの、望遠鏡を最初に世界の舞台に登場させた人物としての立場を認めている。全体を取り巻く状況が不確かなため、その名誉を主張するすべての人物に疑いが生じてしまうのだ。ただ、歴史はリッペルスハイの業績のある重要な側面についてひどく過小評価しており、それについての彼の貢献は、今日までほとんど認識されないままであった。

オランダ議会の記録から、ハンス・リッペルスハイが少なくとも一つ——そしておそらく三つ——の実験的な双眼鏡の製作に成功したことは確かである。いろいろの機器があったにせよ、それらは両眼で見る最初の光学機器だったといってほとんど間違いない。そこに明らかに荒削りのところはあったが、存在そのものが偉業の達成を物語っている。

今日私たちが双眼鏡と呼ぶ機器をうまく組み立てるには、二つの同じ望遠鏡の光軸を平行に並べ、その間隔を使う人の目の幅に合わせなくてはならない。その実現がたいそう困難だった[17]ため、その後二〇〇年もかかって、ほんの一握りの製作家が成功しただけであった。最初に商品としての双眼鏡の製作に成功したのは、一八二三年に、ウィーンのヨハン・フリードリヒ・フォクトレンダーがオペラグラスを作ったときである。そして、ガラスのプリズムで光路を曲げ、像を正しく揃える現代の双眼鏡が出現したのは、一八九四年であった。

リッペルスハイが実際に望遠鏡を発明したにせよしないにせよ、あるいは自分のしたことがよくわかっていなかったにせよ、彼は当時の光学機器製作の先駆者であった。その事実と双眼鏡の発明とによって、彼はこれまで認められていた以上に多くの賞賛を受けるに値する。

第5章　開花──天才の関わり

歴史が、もしハンス・リッペルスハイの名誉を認めなかったとしたら、明らかに、初期の望遠鏡に結びつくもう一人の偉大な名前をもっと大げさにいいたてたに違いない。しかし、これは驚くことではない。ヴェネチアに近いパドバ大学の数学教授であるガリレオ・ガリレイ[1]は、直接望遠鏡を手に入れるには、取るに足らない眼鏡製作者のいるけちな業界とは離れすぎた場所にいた。それでも、オランダ人の小さな製品をリレー競争のバトンのように受け取って、発見の機械へと変えたのは他ならぬ彼だった。彼は望遠鏡を使って、科学と哲学の世界を土台から揺さぶったのである。

今日なら、タブロイド紙が見出しで「三人の子の父、四五歳で望遠鏡を完成、宇宙を探査」と書き立てるだろう。彼が独身で情婦がいるというニュースも、間違いなく記事に趣向を加えたに違いない。しかし一六一〇年には、科学ニュースはもっと穏やかなものであった。ガリレオ自身は結論を大急ぎで小冊子に書き上げ、それによって彼は一気に国際的名声を得たのである。その本は、*Sidereus nuncius*──『星界の報告』[2]──というラテン語の名前で知られている。でも、翻訳書のタイトルページの方が、（少々冗長ではあるが）何が書かれているかを力強く物語っている。

星界の報告

非常に素晴らしい偉大なる眺めを明らかにし、
誰でも見られるように示した、
とりわけ哲学者と天文学者は必見である
フィレンツェの貴族でパドバ大学の評判の数学者、
ガリレオ・ガリレイ自らが、
最近製作したスパイグラスを使って観測したものは
月面、数え切れない恒星、天の川、星雲、
しかしとりわけ、
木星のまわりを異なる間隔と周期で驚くべき速さで飛び回る
今日まで誰にも知られなかった
四つの惑星は、
最初にその存在をつきとめた著者によって、
メディチ家の星と名づけられた。

ガリレオは抜け目がなかった。(3) 新しく発見された木星の四つの衛星に、地元フィレンツェの領主――メディチ家大公コジモII世――の名をつけ、威厳を与えることによって、ガリレオは公爵の支持を受けようとしたのである。特に彼は、大学でのポストに付随する教育の責務から開放されて、宮廷に登用されることを望んだ。

この企てはうまくいった。出版から四か月後の一六一〇年七月一二日、ガリレオは大公付きの哲学者および数学者、そしてピサ大学の主席数学者に任命されたのである。これは彼の生涯の中できわめて重大な変化だった。しかし、一七世紀イタリアの細分された領土では、これは、ヴェネチア共和国からも、彼がパドバにいたことにより一八年間与えられていた保護からも離れることを意味していた。その点を考慮すると、これは悪い方向の変化であった。

最初に望遠鏡を空へ向けたのがガリレオだと想像するのは誤りだろう。さかのぼって一六〇八年一〇月には、シャムの大使がリッペルスハイの最初の望遠鏡について、「光が小さくて弱いために普通私たちには見えない星々でさえも、この道具を使えば見える」といっている。したがって、誰か――名前はわからないが――が、おそらくスピノラがハーグを発つ前の数日間のきわめて早い時期に、望遠鏡が弱い光に対して目の感度を増大させることを断片的に記録しているのだ。

望遠鏡のニュースがオランダの外へ急速に広まるにつれて、望遠鏡を天文学で使用した報告が頻繁に現われるようになった。フランスの日記作家ピエール・ド・レトワルは、一六〇八年一一月一八日、リッペルスハイがオランダ議会に望遠鏡を提出したわずか六週後に、パリで新発明について聞いたと記している。[4] この作家は一六〇九年四月の終わりに「約三〇センチの」長さの望遠鏡がポン・マルシャン近くの眼鏡職人のところで売りに出されているのを見たと書いている。望遠鏡のニュースがイギリスに届いたのはおそらくパリ経由で、そのイギリスでは少なくとも一人の裕福な天文学者が望遠鏡を手にしていた。

この人物はトマス・ハリオット(一五六〇頃―一六二一)で、エリザベス時代の有名な科学者のウォルター・ローリー卿の家庭教師でもあった人物である。[5] ハリオット自身の記録から、彼は早くも一六

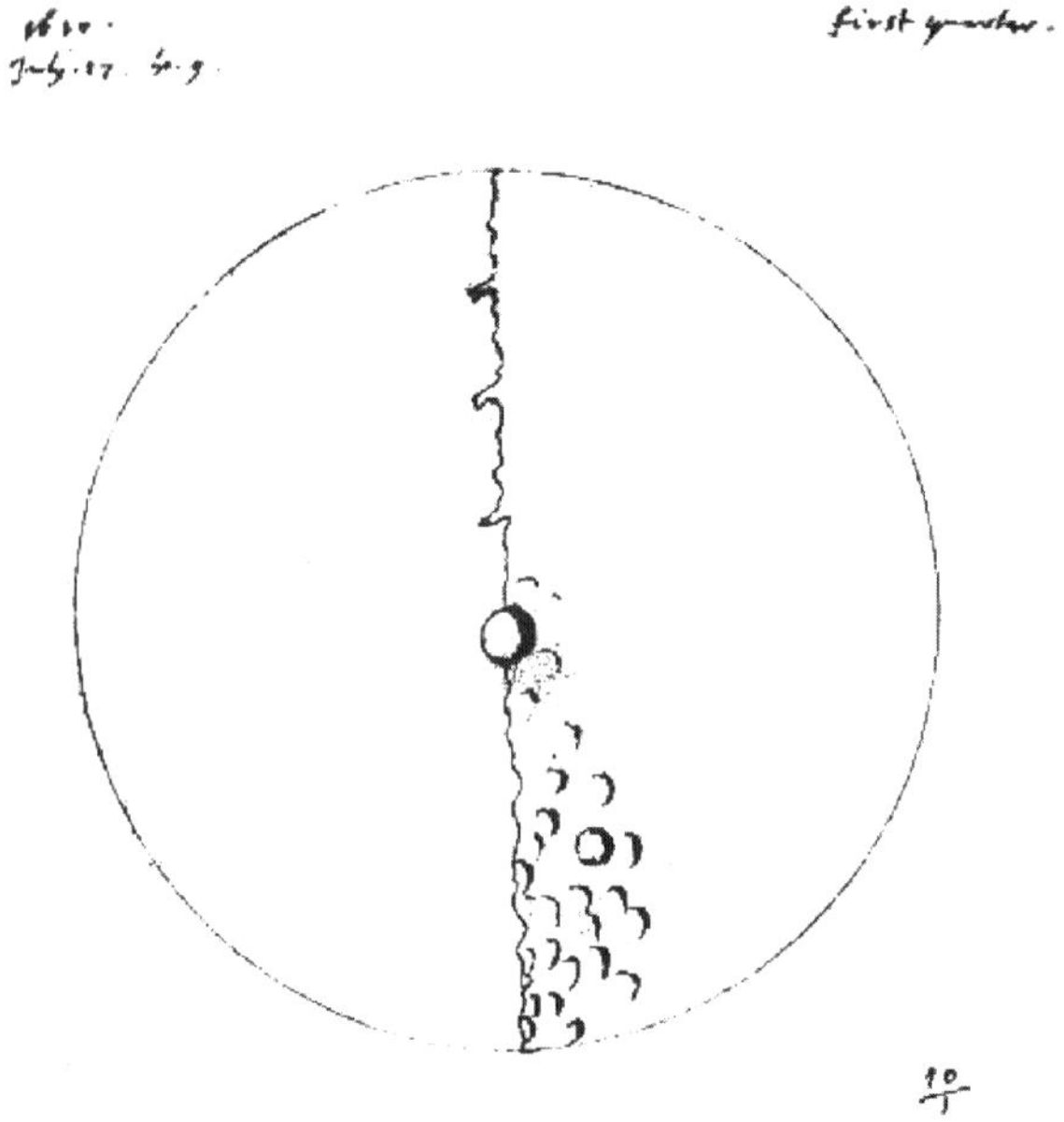

トマス・ハリオットによる1610年7月17日の日付のある月面の描写。彼が最初に月をスケッチした1年後である

○九年七月二六日に、ロンドンの近くの自宅で月を観測したことがわかっている。その夜、望遠鏡を使って、彼は知られているうちでは最も古い月面のスケッチを行なった。それは数枚の走り書き程度のものにすぎなかったが、クレーターの存在を示していることから見て、確かに単なる肉眼の観測ではなかった。彼の望遠鏡の出所については推測するしかないが、六倍の倍率があったこと、また、当時入手可能だったレンズを考慮すると、レトワルが書いていた三○センチよりはかなり長い道具が必要だったはずである。したがって、ハリオットのものは、パリで売りに出されていたものより明らかに優れた望遠鏡であった。おそらくこれは、雇っていた職人クリストファー・トゥックが、ハリオットのために特別に作ったものだったに違いない。

ハリオットにはウィリアム・ローワー卿という弟子がいて、彼もほぼ同じ時期に月を観測していた。

「きわめて独特な」ものを見たというローワーの話を歴史家のヘンリー・キングが書いているが、[6] その文章はローワーの調子のいい言い回しで書かれている。

（新月の）少し後、上隅の尖った部分の縁近くに、星のように輝いたところが現われ、そこは他の部分よりずっと明るかった。そして、縁全体が、航海に関するオランダの本にあった海岸のように見えた。満月になると、月は、料理人が先週作ってくれたタルトのように見えた。こちらには明るい筋状のものがあり、あちらは暗くて、すべてのものが乱雑に入り混じっている。これらはどれも、望遠鏡がなくては見えないといわなければならない。

この料理人は、見事なできばえのタルトが月面と比較されてどう思っただろうか。

少し後になってから、ドイツの天文学者ジモン・マリウスは、一六〇九年一一月に、木星が伴っている星々を見たか、少なくとも一六一四年の著作『木星の世界』の中でその事実を主張した。一六一〇年以前には木星の衛星を観測していなかったガリレオは、マリウスが彼の発見を横取りしようとしたと考え、結果的にマリウスとガリレオとの間に論争が起こった。[7] マリウスが最初、自分の見たものの重大性を認識していなかったことは明らかであったが、彼もガリレオとほぼ同時期に木星をより注意深く観測することはできたはずである。少なくともこのエピソードは、ガリレオが自分の発見を大急ぎで『星界の報告』として出版した理由の裏づけとなる。

このことは、一六〇九年半ばには、木星の衛星が十分見える良い望遠鏡がオランダで作られていた事実を示している。マリウスは『木星の世界』で、彼の支援者（ビンバッハのヨハン・フィリップ・

フックス）が、観測に適したレンズを作れる人が誰かドイツにいないかとできるだけ努力して探したけれど、結局、オランダからレンズを購入しなければならなかったと述べている。(8)「それが一六〇九年夏のことだった」とマリウスはいっていた。

初期の望遠鏡製作者が必要としたレンズは、月並みではない特殊なものであったことをもう一度強調しておこう。ドイツでは最高とされるニュルンベルクの熟練したレンズ磨きでさえ、その製品を作ることはできなかったのだ。

星界の報告

『星界の報告』の中で、最初にオランダの「スパイグラス」の噂を聞いたのは一六〇九年五月頃で、それを確かめたのはパリにいたかつての弟子のジャック・バドヴェールからの手紙だった、とガリレオは書いている。噂が彼に届いた経路は、少なくとも二通りが考えられる。(9)一つは、ローマ大学の友人、クリストファー・クラヴィウス経由のものである。この名高い学者は、一六〇九年四月、夜空を見るためにグイード・ベンティボグリオがローマに送った望遠鏡を使った四人のイエズス会数学者の一人だった。二つ目は同僚でも友人でもある別の人物、ヴェネチアのパウロ・サルピ経由のもので、彼は一六〇八年一二月には、二か月前にハーグで起きた出来事を知っていた。事実、サルピはフランスのバドヴェールに、その噂は本当であったという手紙を書き送っている。

どちらにせよガリレオの関心はかき立てられ、このような機器の基礎となる光学的原理を理解すべく即座に行動を起こした。しかし、彼に二枚のレンズを並置するチャンスは訪れなかった。数学者として、彼は屈折――ガラスレンズの前面のような透明な面を通るときの光線の曲がり――には通じていた（しかし、屈折についての最新の法則は知らなかった。その法則は一六二一年、ライデンのウィルブロード・スネル――またしてもティコのかつての同僚――によって発見され[10]、一六三七年に、ルネ・デカルトの出版物で彼の功績と認められている。実をいうと今日私たちは、トマス・ハリオットが一六〇一年七月にその法則を導き出したことを知っている[11]。しかしそれは出版されなかった）。

ガリレオは望遠鏡の基礎原理をすぐに発見し、おそらくその時に、倍率は単に二枚のレンズの焦点距離の比であるという結論に達したと思われる。彼はすぐに入手できた眼鏡レンズを鉛の筒にはめ込んで、最初の望遠鏡を作り上げた。その倍率は三倍だったと『星界の報告』で述べている。その後ガリレオは、自分でレンズを研磨する技術を完全に習得し、引き続く望遠鏡の改良に成功した[12]。倍率が八倍、二〇倍、ついには三〇倍の望遠鏡も現われ、この最後の二つの望遠鏡によって、博学な教授による画期的な観測がなされたのである。

『星界の報告』は、ガリレオが、新しい観測装置を使って、天空から発見につぐ発見を捕らえたときに感じた興奮を如実に物語っている。この小冊子は月と恒星の調査から始まり、中でも、月の山の高さは月の暗い部分にある太陽光を浴びた山頂の位置から計算できること、天の川は天のミルクではなく光の弱い星々からなることを明らかにしている。続いて、木星が四つの衛星を伴うという結論に達した劇的な観測が詳細に記されている。これらの観測は一六一〇年一月七日に始まり、本の出版のわずか一〇日前の三月二日まで続いている。ガリレオの話のこの新鮮さと直感の鋭さは、今日でも衝撃的である。

『星界の報告』は、バランスの取れたスタイルをもつという点で、一七世紀の大多数の出版物よりも現代の科学出版物と共通するものがある。たとえば、ガリレオの前書きをウィリアム・ローワーの月に関する記述と比較してみよう。

月の直径は……肉眼で観察する場合の三〇倍に見える。そして、月面は決して滑らかに磨かれているわけではなく、ちょうど地球の表面のようにでこぼこで高低があり、あちこちに大きな突起や深い割れ目、複雑な地形がひしめきあっていることが、誰でも感覚的にはっきりとわかる。

ガリレオはこれを（ローワーがトマス・ハリオットに宛てたように）友人に宛てて書いたのではなく、明らかに読者に向かって話しかけているのだが、両者の対比はこれ以上はないほど印象的である。

*

ケプラーの惑星運動の三法則[13]のうちの最初の二つ――惑星は太陽を焦点の一つとする楕円軌道上を動くことと、太陽と惑星を結ぶ直線は同一時間内に同じ面積を掃過すること――は、一六〇九年に出版された『新天文学』で発表された（第2章参照）。しかし、太陽を中心とするコペルニクスの思想は、広く受け入れられるにはほど遠かった。とりわけローマ・カトリック教会は、コペルニクスの思想の香りがするものは何であれ聖書の教義とは相容れないと宣言して、激しく対立していた。

当然のことながら、『星界の報告』はコペルニクスの思想を何一つ推奨していなかったが、木星のまわりを衛星が回るという考えは、地球がもはやすべての運動の中心とは見なされないことを意味していた。にもかかわらず、この本には、教会からの出版許可――異端審問や不敬審査省の代表者を含む教会の権威によって与えられる、本の発行を許可する免許――が与えられた。すべてはうまくいったのである。

一六一〇年の終わり、フィレンツェに引越して大公付き数学者という新しい仕事についた直後、ガリレオは望遠鏡を使ってもう一つ重要な発見をした。[14]金星がちょうど月と同じような位相の変化――細い三日月形から完全に丸い円まで――を見せることである。ガリレオの観測は、惑星は太陽の光を反射して輝くこと、また、少なくとも水星と金星は太陽のまわりを回っているのではないかというそれまでの疑いを確実なものにした。それらの事実は、他の惑星――地球も含めて――も同じ炎の太陽を中心とする軌道を描いているに違いないという彼の確信を強めた。しかし、このようにコペルニクス主義をあからさまにすることは危険であった。「太陽に狂った僧」ジョルダーノ・ブルーノ[15]が、異端思想を擁護したかどでローマの花の広場で火刑に処せられたのは、わずか一〇年前のことだったのである。

一六一三年に出版した新しい本[16]で、今度はコペルニクスの擁護を公然と表明したガリレオは、教会との衝突が避けがたくなった。一六一六年のローマ訪問の折、彼はコペルニクスの説の基礎的考え方を擁護したり支持したりしないよう警告されたが、彼はさらに本を出版した。結局、ガリレオは必然的に異端審問に呼び出されることになった。恐ろしい権力を前にして、ガリレオは自説を撤回した。

一六三三年、辛うじて命だけは救われたものの、彼は生涯自宅軟禁となった。彼は視力を失い、望遠鏡の仕事をする前に行なっていた研究に再び没頭した。そして、一六四二年一月八日に亡くなるまでに新しい力学理論を築き上げた。ガリレオには予測のしようもなかったが、彼の業績は、天才ニュートンが万有引力の法則を発見する道につながっていたのである。

太陽系の発見者であり、望遠鏡の改良者でもあるヨハネス・ケプラー

ティコの弟子

人に好かれるタイプのガリレオとは違って、ヨハネス・ケプラーは良い人間関係を保つのがむずかしい人物だった[17]。彼は、ちょっとした日常の雑談をしたり社交上の話をしたりすることがなかった。彼は絶えまなく歩き回っていた。時には恐ろしく傲慢になり、辛辣な皮肉をいって人をとがめた。そして何にもまして、自分を清潔に保つことにまったく無頓着だった。当時の基準でも、彼にまつわるきわめて強烈な臭いを無視することは困難だったろう。

洗濯嫌いではあったが、ケプラーは本当に注目すべき人物だった。その生涯には、病気、死別といったことから、年老いた母親が宗教的な訴追により恐ろしい魔女裁判にかけられる、一般の人には悲劇となるエピソードが訪れたが、それとは無関係に、彼は一七世紀初期の最も重要な知性の進歩に貢献して高く評価されている。彼は、その論理性と抽象的思考の明晰さにおいて並外れた力に恵まれていて、数学の巨人の一人と見なされている。また敬虔で、創造主に向かっては誠実で心からつつましかった。

一六〇〇年一〇月、ケプラーはプラハでティコ・ブラーエの仕事に参加し[18]――同年早くすでに彼のところを一応訪れていたが――、この時に関係を持ったことが、ケプラーの成功にとって決定的であった。その後、ほとんどは些細な事柄をめぐってであったが、傍目にもわかる激しい軋轢が生まれ、明らかに二人の初期の関係は損なわれた。それは、ケプラーの神経質な性格にもよるが、ティコの専制的な態度にもよっていた。しかし、一年後、この偉大な天文学者が死の床にあったとき、信頼を寄せたのはケプラーであった。そして、自分の生涯をかけた仕事が無駄にならないよう、惑星観測記録の解析をやりとげるようティコが頼んだのは、ケプラーだったのである。

一六〇一年一〇月二六日、主人の死の二日後、ケプラーはルドルフⅡ世の宮廷数学者に任命された。その時彼は二九歳だった。今や彼は――少なくともいっときは――自由と観測資料の両方を手にし、恒星の間を悠々と運行する惑星の運動を理解する作業に専念した。最初、ティコの観測記録は本来誰が所有すべきかという問題が生じたものの、ケプラーは観測記録を獲得し、ついには画期的な結論に到達して、一六〇九年に『新天文学』を書き上げた。

しかし、まさにその直後の一六一〇年三月、ガリレオが新しい望遠鏡を使い瞠目すべき発見をしたニュースを聞いて、彼の関心は方向を転じることになった[19]。ケプラーはガリレオに熱烈な手紙を書いて、特に木星の衛星の発見は太陽系についての彼自身の見解を強く支持すると述べた。彼はさらに続けた。

結論はきわめて明確です［と彼はガリレオに書いた］。私たちの月は私たちのために地球上空に存在し、他の天体のために存在するのではありません。それら四つの小さな衛星は木星のために存在し、私たちのために存在するのではありません……この理由から、木星には人が住んでいると非常に高い確率で推論できます。

ケプラーの大きな（しかし完全に間違った）想像の飛躍は、地球外生命の可能性について、おそらく当時最新の科学的推定の萌芽を表わすものであったろう。ガリレオの返事は非常に遅れ、慎重に言葉を選んだものだったが、彼は、新しい観測結果をケプラーが無条件に認めてくれたことを感謝していた。

ガリレオのニュースの興奮がいったん静まると、ケプラーは他の問題に関心を移し、独自にそれを解決した。ガリレオが発見をなしとげるのに使った望遠装置、ペルスピシルム（perspicillum）とはいったい何か。どんな作用をするのか？　改良はできるか？　ケプラーはすでに光学を学んでおり、今やその理論的能力を、レンズを通る光の道筋とレンズの組み合わせの研究に注ぐときだった。光学における彼の仕事はたいそう綿密であったから、博識なイタリアの教授の努力もほとんど子供だましに見えるほどだった。

ケプラーは彼の結論を、『屈折光学』（原題の *Dioptrice* は彼の造語である）と呼ばれる小冊子に著し、一六一一年に出版した。[20] それは、意図からいっても目的から見てもすべて光学機器に対する便覧であった。ガリレオはおそらく嫉妬に駆られたのだろう。彼は決してこの本の存在を認めず、この天賦の才に恵まれた著者との手紙のやり取りをすぐにやめてしまった。

『屈折光学』の核心部にある真の宝石は、オランダ（あるいはガリレオ）式の重大な欠点を克服するケプラーの考案した新種の望遠鏡の提示であった。第3章で見たように、ガリレオの望遠鏡は、比

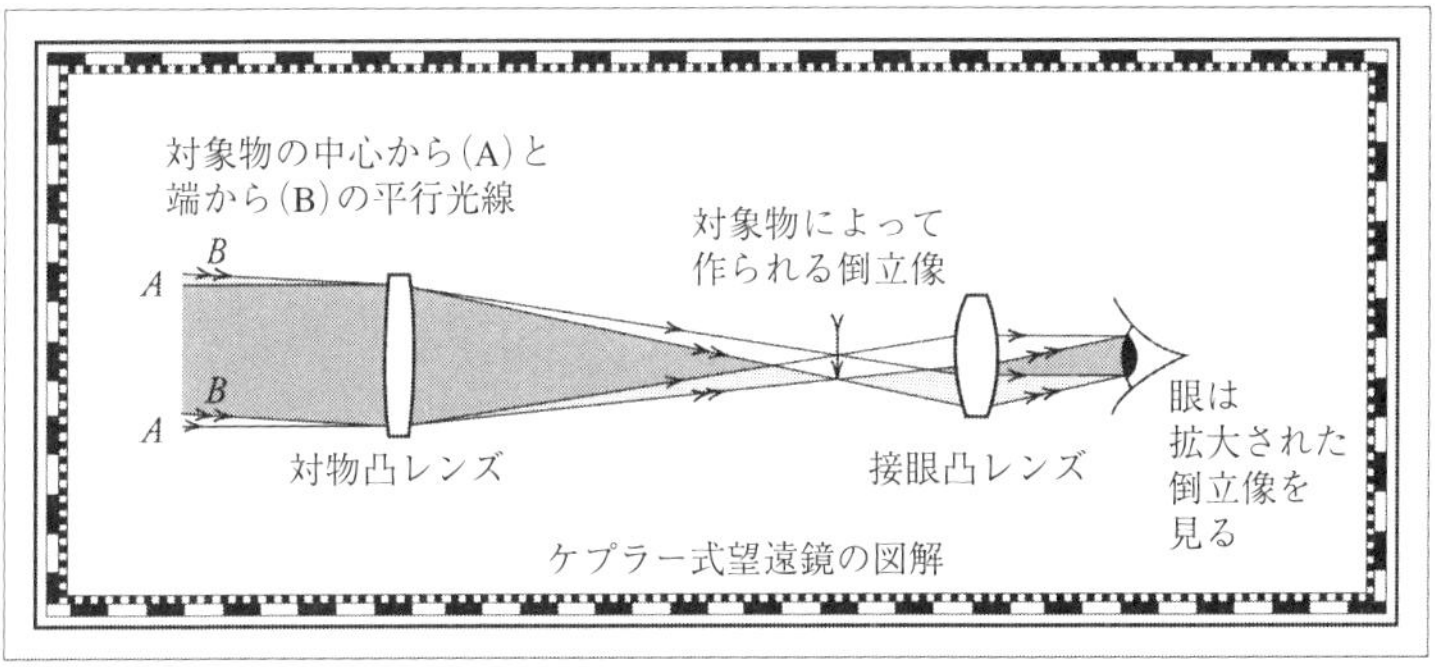

1611年のケプラー式望遠鏡の設計。凸レンズといわれる単純な拡大ガラスを通して、対物レンズによって作られる倒立像が見える

較的焦点距離の長い対物凸レンズと、その焦点のすぐ内側に置かれたカーブの鋭い接眼凹レンズからなっていた。接眼レンズは、収束する光線を焦点に到達する前に中断し、それらを再び平行光線にする（正確にいうと、平行光線にされるのは接眼レンズからくる一つ一つの光束であり、それはちょうど対物レンズに入ってくる光束と同じである。しかし、遠くの景色の異なる場所からくる光束間の角度は拡大される。そのため、像が大きく見えるのである）。

ガリレオ式の弱点は、機器を通して見る遠くの景色の範囲――いわゆる視野――が対物レンズの直径によって限定され、それがとても小さいことである。そして、拡大を大きくするほど視野は小さくなる。たとえば、ガリレオの三〇倍の望遠鏡で見る天空の視野は、ストローを通して見る視野と同じようなものである。

しかし、ケプラーはこれを回避する方法に気づいていた。ガリレオ式望遠鏡の接眼凹レンズを取り去ってみよう。すると、焦点距離の長い凸レンズが残り、遠くの景色が倒立像となって、ある平面に投影される（このように投影された像を「実像」という）。さて、その平面がトレーシングペーパーのように半透明で光を通すものだと考えると、その像は後方から見ることができる。そこで、虫眼鏡を使って（もう一つの凸レンズで、焦点距離が短いもの）、トレーシングペーパー上の像を拡大して見てみよう。これは何だろう？　そう、望遠鏡である。

実をいえば、像は同様に拡大されて単に空中に浮かんでいるだけなので、半透明のスクリーンは不要である。これはまさに、ケプラーが『屈折光学』の「原理八六」で示したことで、焦点距離の異なる二枚の凸レンズからなる望遠鏡である。対物レンズは接眼レンズより長い焦点距離を持ち、二枚のレンズの焦点距離の比がちょうど望遠鏡の倍率になる。

ケプラーの設計では、視野の大きさは対物レンズの直径とは無関係であるから、ガリレオ式よりもはるかに大きな視野がとれる。「ストロー効果」は消えるか、少なくともかなり緩和される。しかし、残念なことに代わりに他の欠点が生じる。接眼レンズを通して見る像が、今度は倒立するのである。もちろん、恒星や惑星を見るときにはほとんど問題にならないが、軍隊や兵士、あるいは、より平和な地上の物体を観察するには（文字通り）首を回せないのである。このために、ケプラーによる望遠鏡はしばしば天体望遠鏡、あるいは倒立式望遠鏡と呼ばれる。しかしそれは、発明者である偉大な人物の名を永遠に不滅とするよう――いくぶん陳腐ではあるが――単にケプラー式望遠鏡の名でもよく知られている。

ガリレオとは違ってケプラーは実験家ではなかったため、実際に望遠鏡を作ることはまったくなかった。どのみち彼は視力がたいへん弱かったため、望遠鏡を使って偉大な天文学的発見をすることはなさそうだった。おそらく、実際に完成した最初のケプラー式望遠鏡は、イエズス会の有名な天文学者で同郷人のクリストファー・シャイナー（一五七三―一六五〇）が数年後に作ったものである。(21) 彼は有名なガリレオの敵対者であった。その望遠鏡はまさにケプラーの予想した通りによく見えた。

『屈折光学』の出版後、ケプラーは光学の研究をやめて他の研究へ戻った。しかし、間もなくもっと大きな事件が彼を襲った。[22] 政情不安定によってルドルフⅡ世は、弟のマティアスの意向で一六一一年五月二三日、退位に追い込まれたのである。ケプラーはティコと同様、占星術師として高い地位にのぼっていたが、これらの出来事に関して進言するのは気が進まなかった。一年後、ルドルフの死の後、彼はドナウ川沿いのリンツに移り、そこで管区数学者になった。ここで彼は、太陽のまわりを回る惑星の公転周期と太陽からの平均距離との関係を示す惑星運動の第三法則を導き出し、惑星軌道に関する偉大な仕事を完成させた。[23]ケプラーの発表は彼特有の控えめなもので、その法則は一六一八年に出版された『世界の調和』の中にそっと収められた。

ケプラー式望遠鏡の実物を最初に作ったクリストファー・シャイナー

　さらなる研究によって、彼は、一六〇

一年からティコとともに始めた惑星位置表の拡張版を完成させた。[24] この『ルドルフ表』は一六二七年に出版された。そして、彼の偉大なる師匠になお忠実なケプラーは、一六三〇年一一月一五日に帝国都市レーゲンスブルクで亡くなるまで、ティコの観測記録の解析を懸命に行なっていた。享年五八歳であった。

第6章　進化――望遠鏡の目覚ましい進歩

『屈折光学』の中で、ケプラーが自分の望遠鏡の重大な欠点（倒立像であること）をどのように取り除くことができるかを説明しているのは、彼が光学理論をよく理解していたことを示している。[1]三枚目の凸レンズを他の二枚の間の正しい位置に挿入すると、像がもう一度逆さになり、目に見える像が正立する。このため、この第三のレンズはしばしば「正立レンズ」と呼ばれる。しかし、望遠鏡が長くなる、正確には、正立レンズの焦点距離の四倍の長さにするという代償を払わなければならない。これが、普通のドローチューブ（伸縮自在筒）式の望遠鏡（いまだに同じ基本原理が用いられている）が長くて扱いにくい理由である。

しかし、一六二〇年にさかのぼると、この望遠鏡がガリレオ式望遠鏡に即座にとって代わらなかったのは、その扱いにくさのためではなかった。いくつかの理由があったが、その筆頭はまさに、思わずびっくりするようなものだった。それは単に、『屈折光学』が、出版後すぐに事実上姿を消してしまったことである。[2]不思議なことに、この本はイギリスでは熱狂的に迎えられたものの、大陸ではほとんど無視された。それに加えて、像を再回転させるケプラーの方法を偶然知った眼鏡職人は誰もが、一六二〇年代の品質のレンズを光路にもう一枚組み入れると、レンズの質が不完全なため少しもいいことはなく、かえって像が悪くなることを発見したからである。[3]目に入る像は確かに正立するが、とても許容できないほどぼやけてしまうのである。したがって、しばらくの間は、ガリレオ式望遠鏡が、視野がストローのように狭いにもかかわらず、最先端の地位に留まり続けた。

私たちが見てきたように、ガリレオ式望遠鏡は最初一六〇八年、軍事への応用を意図して世に現われた。しかし驚くべきことに、望遠鏡は武器を持ち歩く人によって広く受け入れられたわけではなかった。たとえば、一六一四年一一月、フランスとポルトガルが植民地の支配権をめぐって戦ったとき、ブラジルのグアクサンドゥバ沖で海戦が起こった。戦いが小やみになったとき、ポルトガル軍の司令官が敵の動きをチェックするために望遠鏡を使った。しかし彼は、作戦を指揮するためにリスボンから査察にきた軍の高官によって仕事に連れ戻された。高官は頑固にいった。「こら！　望遠鏡を覗いているときではないぞ。そんなことをしたって私たちの仕事も敵の数も減らないんだからな」(4)。司令官の反応は想像するしかない。

結局、光学機器商人に、ケプラー式あるいは「倒立式」を開発するように圧力をかけたのは、司令官や提督よりも天文学者たちだった。一七世紀最初の数十年間における数々の天文学的発見は、自らを学者だと考えるすべての人々に、急いで望遠鏡を手に入れようという気にさせた(5)。驚きの発見は、木星の雲による縞模様（フランチェスコ・フォンターナと呼ばれるナポリの天文学者によって発見された）から、距離二二〇万光年という肉眼で見える最も遠い天体で、今日、アンドロメダ銀河として知られる天体にまでわたっていた。この暗くて不明瞭な天体を一六一二年一二月に最初に望遠鏡で観察したジモン・マリウスは、それを「角（つの）の中で光るろうそくのよう」と詩的に表現した。

これらの不思議な天体を自分で見ることができるように、そしておそらく、新しい天体を観測し、それを自分の発見として不朽の名声が得られるように、自称天文学者たちは、かってないほど倍率の高い望遠鏡を欲しがった。それはガリレオ式望遠鏡では視野を狭くすることであり、見ようとするものに望遠鏡を向けるのをますます困難にすることであった。それで、一六三〇年代の終わり以降、ケプラー式の倒立望遠鏡が現われはじめた。そして、その一六四〇年初期になると別の進展が起こったのである。

アントン・マリア・シルレ・デ・レイタ[6]（一五九七―一六六〇）という名のカプチン派の修道士が、新しく発明された望遠鏡を使って、木星のまわりにさらに衛星を発見したと報じた。彼の望遠鏡の詳細はずっと極秘にされていたが、一六四五年、彼は報告書を出版し、四枚もの凸レンズを持つ望遠鏡を公にした。商業的成功を見据えた彼はまた、彼の望遠鏡はすべてアウグスブルクの眼鏡職人ヨハネス・ウィーゼル（一五八三―一六六二）から購入できるとも述べた。もしレイタの望遠鏡を試してみたいなら、買わなければならない。お値段ははるだろう。なぜなら、ウィーゼルは第一級の製作者なのだから。

この進展には二重の意味があった。一つは、ウィーゼルや他の人々の手によってレンズ製作技術が進歩し、光路にレンズを加えても、製作時の瑕疵によって像の質が救いようのないほどには低下しなくなったことである。二番目には、これら追加のレンズを適当な位置に置くと、像に目覚ましい改善が見られるのをレイタが発見したことである。最後に、彼の二枚、および三枚レンズの望遠鏡は、それぞれ、まさにケプラーの「倒立式」および「正立式望遠鏡」そのものであることがわかった。しかし、四枚レンズのバージョンはまさに新しいものであった。それは、対物レンズ、正立レンズ、離れた二つのレンズによる接眼鏡からなっていた。

最後の二つのレンズは、今日私たちがそれぞれアイレンズ、視野レンズと呼んでいるものである。

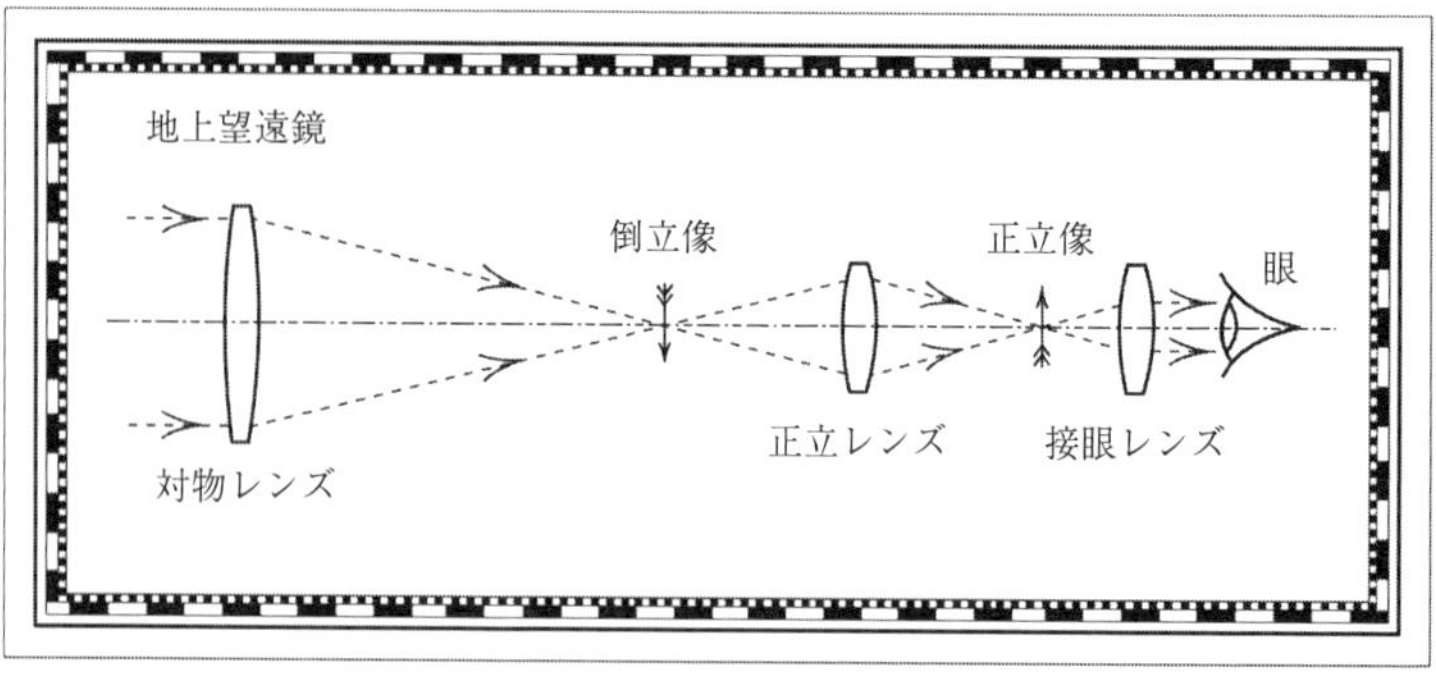

正立像にするために、ケプラーの倒立像の望遠鏡に凸レンズをもう1枚加えた地上望遠鏡

アイレンズは、ケプラー式望遠鏡の接眼鏡が常に果たしていた役割を果たす。すなわち、対物レンズ（あるいは、この場合は対物レンズと正立レンズとの組み合わせ）によって形成された実像を拡大する。しかし、もう少し対物レンズ側に寄せて置かれた視野レンズは、異なる役割を持つ。これは、標準的なケプラー式よりもさらに視野を広げる役割を果たす。これが「視野レンズ」の名の由来である。

ひたすら実験を行なうことによって、レイタは、ガリレオ式やケプラー式よりも性能の良いレンズの組み合わせに到達した。そして再びその新発明は、とりわけイギリス海峡を越えたところで熱烈に歓迎された。しかし、イギリスは当時、深い問題を抱えた土地であった。イギリス諸島全体に政治的、宗教的不満がくすぶり、それが革命へと燃え広がったのである。とどのつまり、緑あふれる快適なイギリスの土地は内戦の炎に巻き込まれた。

＊

チャールズI世の王党員（騎士党員）と下院議員（あるいは

円頭党員——彼らが労働者のように短髪にしていたことからの呼び名）との七年間の争いは、一六四九年、王党員の敗北と共和国の樹立によって終結した。[7] オリヴァー・クロムウェルの暫定軍事政権のもとに王は裁判にかけられ、国家反逆のかどで有罪となり、公衆の面前で斬首された。これが当時のイングランドの風潮であった。このような劇的な時代背景を考えれば、多くの著名な天文学者が命を失ったのもそれほど驚くことではない。

その中で最も重要だった人物は、おそらく、一六四四年に北イングランドのマーストン・ムーアの戦いでわずか二四歳で死んだウィリアム・ガスコインだろう。これより数年前のやや平和な時期、ガスコインは目覚ましい発見をしていた。ケプラー式望遠鏡を使用していたとき、彼は、クモが糸を引きながら対物レンズと接眼鏡の間に落ちるのを見た。[8] その場所は偶然にもちょうど接眼鏡の焦点であったため、ガスコインは望遠鏡で調べていた天体——この時見ていたのは最も危険な太陽であったが——を見るだけでなく、そこに重ね合わせて拡大されたクモの糸を見ることができた。

ガスコインは、二本の糸を望遠鏡の視野内に十字形に交差させて置けば、望遠鏡を正確に星に向けられることに気づいた。このようにして望遠鏡の照準をとると、星の位置の正確な測定に革命を引き起こすことになる。事実これは、ティコ・ブラーエの仕事以来、位置天文学の最も大きな進歩につながった。クモの糸は、その細さと均一な太さのため十字線として完璧であった。[9] しかし、このアイディアはガスコインの死とともに消滅してしまったようである。その後、望遠鏡の照準には、細い金属線や絹糸が用いられた。クモ糸を用いる方法は一八世紀後半に再発見され、すぐに採用された。クモ糸の利用は一九六〇年代が終わるまでの長期間続き、王立グリニッジ天文台周辺の低木の生け垣（それまではサセックスの田園地帯にあったから）は、望遠鏡に適したクモ糸を取るため定期的に刈って整備されていたのである。

ウィリアム・ガスコインはまた、太陽や月の角直径を測ったり、互いに接近した恒星間の角距離を測ったりするための装置（今回も接眼鏡の焦点で用いられた）も発明した。[10] それは「接眼マイクロメーター」として知られる装置の基礎となるものであり、接眼マイクロメーターはその後の三世紀の間、主要な天文台が必ず備えている標準装備の一つになった。この聡明な若者がもしマーストン・ムーアの血なまぐさい戦場で生き残っていたら、他にどんなことをなしとげただろうか。

星に満ちた円筒

その時の大内乱による犠牲者の中には、生き延びはしたものの大陸に逃亡した著名な天文学者も含まれる。このような天文学者の一人に、ガスコインの知り合いのチャールズ・キャベンディッシュ卿がいた。彼はマーストン・ムーアの戦いの直後にイギリスを離れた。新しいマルチレンズ方式の望遠鏡の知らせに興味をそそられて、彼はアントワープでレイタを探し出した。博学のこの修道僧は、新発見について記した自分の本の出版をそこで取りしきっていた。会合は短かったが、彼らは明らかに良好な関係を築き上げた。[11]

私たちはここで有名なカプチン派修道士、レイタと会いました。［彼はこの手紙をイギリスにいる数学者の友人に書いている］……私は、彼と一対一で十分話し合ったわけではありませんが、たくさんの質問をしました。明らかに彼は優れた人で、とても親切です。私と話し合っていて、彼が自由で開放的な人であることがわかりました。

チャールズ卿はまた、ウィーゼルの望遠鏡の価格を訊ね、製品は高価なものから安価なものまでさまざまであることを知った。その時に、ガリレオ式の最良の望遠鏡[12]は、長さが五フィート四インチ（一・六メートル）とすばらしく長大なものになっていた。実のところ、ウィーゼルは小型モデルである三フィート（〇・九メートル）の望遠鏡を六ダカットの特売価格で提示したが、それはおもちゃに毛の生えたようなものだった。彼の製作した本格的な望遠鏡のほとんどは、それよりはるかに長かった。一六四七年九月の価格表に、最大のものは約一四フィート（四・三メートル）と書かれている。価格は、ガリレオ式で五〇ダカット、ケプラー式で六〇ダカット、レイタが使っていた特製四枚レンズの地上用望遠鏡は一二〇ダカットもした。この最後の望遠鏡は、一七世紀半ばの光学製品の頂点を極めたものであった。

しかし、その特筆すべき長さにもかかわらず、その倍率はガリレオが使った三〇倍の望遠鏡と大して変わらなかった。また、レンズの大きさはガリレオのものと同様、眼鏡のレンズとほとんど変わらなかった。とすると、三〇年余りの期間にもたらされた大きな進歩はどこにあるのか？　答えは、ケプラー式にしても地上用にしても、視野がはるかに広くなったことである。しかし、何よりも大きいのは、得られる像の質や鮮明度がはるかに良くなったことであった。

こうして得られる像が明瞭になったのには二つの理由がある。一つは、すでに見てきたように、レンズ自体がガリレオの時代より良くなったことである。ガラスはより均質になり、表面はより正確に作られ、そして表面の汚れははるかに少なくなった。しかしもう一つ、より根本的な考え方の進歩があり、それは望遠鏡の長く細い形状と関連していた。

事実、当時の光学の専門家には、望遠鏡の対物レンズが完璧な像を作れないことがわかっていた。二つの誤差、つまり収差が、望遠鏡を通して見える像を不完全なものにしていた（コラム「レンズの収差の振る舞い」を参照）。その一つ――球面収差――はよくわかっていたが、当時の技術では修正不可能だった。他方、もう一つの色収差は完全に謎に包まれていた。専門家が誤って、色がぼやけることを球面収差のせいにしたため、非球面のレンズを作ろうとする努力にとらわれたこともあった。しかし、結局ニュートンによって、色収差――色により生ずる誤差――の原因が明らかにされ、その方が像にはるかに重大な影響を与えることが証明された（第9章参照）。

レンズの収差の振る舞い

一六三〇年以降、ルネ・デカルト（一五九六―一六五〇）の業績により、表面が球面の一部として作られた対物レンズは完璧な像を結ばないことが知られていた。つまり、星からやってくる光線が一点に集まらないのである。ケプラーはすでにこのことをほのめかしていたが、デカルトには、透明な表面を通るときの光の屈折を定めるウィルブロード・スネルの法則（一六二一）を知っている強みがあった。そして一六三七年の『光学』で、デカルトは球面レンズが常にぼやけた像を生じさせることを示した。この現象は、今日では球面収差――球面により生じる誤差――として知られている。

彼はこの効果を修正する表面の形についても述べ、事実、球面とはわずかに異なる双曲面がまさにそれであることを示した。レンズを球面で近似することは一六四〇年代には何とか行なえたが、双曲面を作り出すのは当時の技術を超えていた。デカルトの業績をよく知るチャールズ・キャベンディッシュ卿自身も、イギリスを離れる前に、このようなレンズの製作を試みたが(13)、彼も同僚もともに失敗した。それでも、非球面レンズを作りたいという気持ちが非常に強かったので、結局一六一一年、英国学士院は、どのようにしてそのレンズを作るかを考える特別委員会を立ち上げた。(14)

　しかし、最終的に得られる像をぼやけさせる大きな効果がもう一つある。白い光はレンズを通るときに分散し、さまざまな色のスペクトルへと分かれてゆく。その結果、それぞれの色は、隣の色とはわずかに異なる位置で結像する。紫はレンズに最も近い位置、赤はレンズから最も遠い位置といったように。したがって接眼鏡を通して見える物体は何であれ、まわりに色のついた縁ができる。この現象は、色収差——色により生ずる誤差（一六四頁の図を参照）——と呼ばれる。(15)今日私たちは、色収差も球面収差も、二枚以上のレンズを組み合わせて修正できることを知っている。


　一六四〇年代には、これらの問題を回避する方法がたった一つだけ知られていた。対物レンズの焦点距離を直径と比べて非常に長くし、その表面の曲率を小さくすれば、両方の収差を邪魔にならない程度に小さく抑えられるのだ。したがって、当時のひょろ長い望遠鏡は、根本的な光学の問題に対し現実的なアプローチをした結果であった。望遠鏡がヤード当たりいくらで売られていたことは不思議ではない。しかし当然のことながら、他の欠点がもたらされた。直径の小さい対物レンズから生まれた像は光が弱く、比較的明るい天体しか観測できないことである。それにもかかわらず、このひょろ長い望遠鏡はさらに長くなり、依然としてきゃしゃなまま長い年月が経った。

　結局のところ、レイタがチャールズ・キャベンディッシュ卿に勧めて、ウィーゼルの望遠鏡を一つ買わせたかどうかはわからないが、この高価な道具を作る光学職人は、あるイギリス人の顧客に少なくとも二つの望遠鏡を供給したことがはっきりしている。一六四九年一二月にウィーゼルが完成させた二つ目の「星の筒」(starry tubos) に欠かすことのできない取扱説明書（「指針」）が、当時のコピーとして保存されている[16]のだ。読んでみると、興味深く面白い。

閣下……私の最新作である星を見る望遠鏡は、ヘルン・フォン・シュテッテンに届け、閣下からのご注文に対し、彼から一〇〇リクスダラーを受け取り、今日お取引が成立しました。この望遠鏡に関しまして、どのように組み立てるかを示す大部の手引書を送りました。これがあれば、組み立てはまず問題ないと思われます。しかしなお、夜に星を見る望遠鏡として使うためには、もう一つ手引書が必要と思われます。

まず、一一本の筒やドローチューブがあり、それぞれにA、Bの印がついています。レンズは四枚あります。前回と同じように、小さい筒を大きい対物側の筒にねじ込みます。大きい皮の筒の中には、それより短い二枚の凸レンズを入れた筒があり、それは黒い木枠の中に強くねじこまれ……

こうして組み立ての詳細に関する説明が長々と続き、そのあと、買った人が機器を最高の状態に保つ方法が助言されている。

さて、長期間使用してレンズが汚れてしまった場合には、どのレンズも同様に、真白い亜麻の布でよく拭き、レンズに汚れがなくなったら、もう一度正しい位置にはめ込みます。

それからウィーゼルは、これが新型にした最初の望遠鏡であることを説明し、誇りに思っていると書いている。

閣下、これは、この方式で作った星を見るための最初の望遠鏡であることを保証いたします。他の製品のどれよりもたいへん良くできているため、私自身たいへん嬉しく思っています。最初に私がこの望遠鏡を覗いたとき、月は飛び抜けて大きく見え、目から一フィートも離れていないかのようでした。また、これまで観測したことのある他の天体も視界に入ってきたのに気づきました。私はまた昨日、一六四九年一二月一六日夜七時頃に、土星が模写したような形であるのを観察しました……

ウィーゼルの土星のスケッチは、この手紙のコピーに忠実に写されているが、この惑星の環の本当の性質が認められるまでには、さらに一〇年を要した。手紙の結びには、この新しい望遠鏡から最大限の結果を引き出す方法についてのさらなる助言があり、追伸で、機材はその長さのために「管全体がたわまないよう」浅い樋状の容器を用いて支えるように勧めている。一一本もあるドローチューブの中で、(最大ではなく) 最小のものに対物レンズをつけるというのは、おそらく良い助言であっただろう。

ウィーゼルの文章から、この「星を見る望遠鏡」が倒立望遠鏡、すなわちケプラー式であることは明らかである。それでも、レンズ(ガラス)の枚数は、通常の二枚や三枚ではなく四枚と書かれている。細部をつなぎ合わせて考えると、それらは対物レンズ、接眼鏡の視野レンズ、接近して置かれた

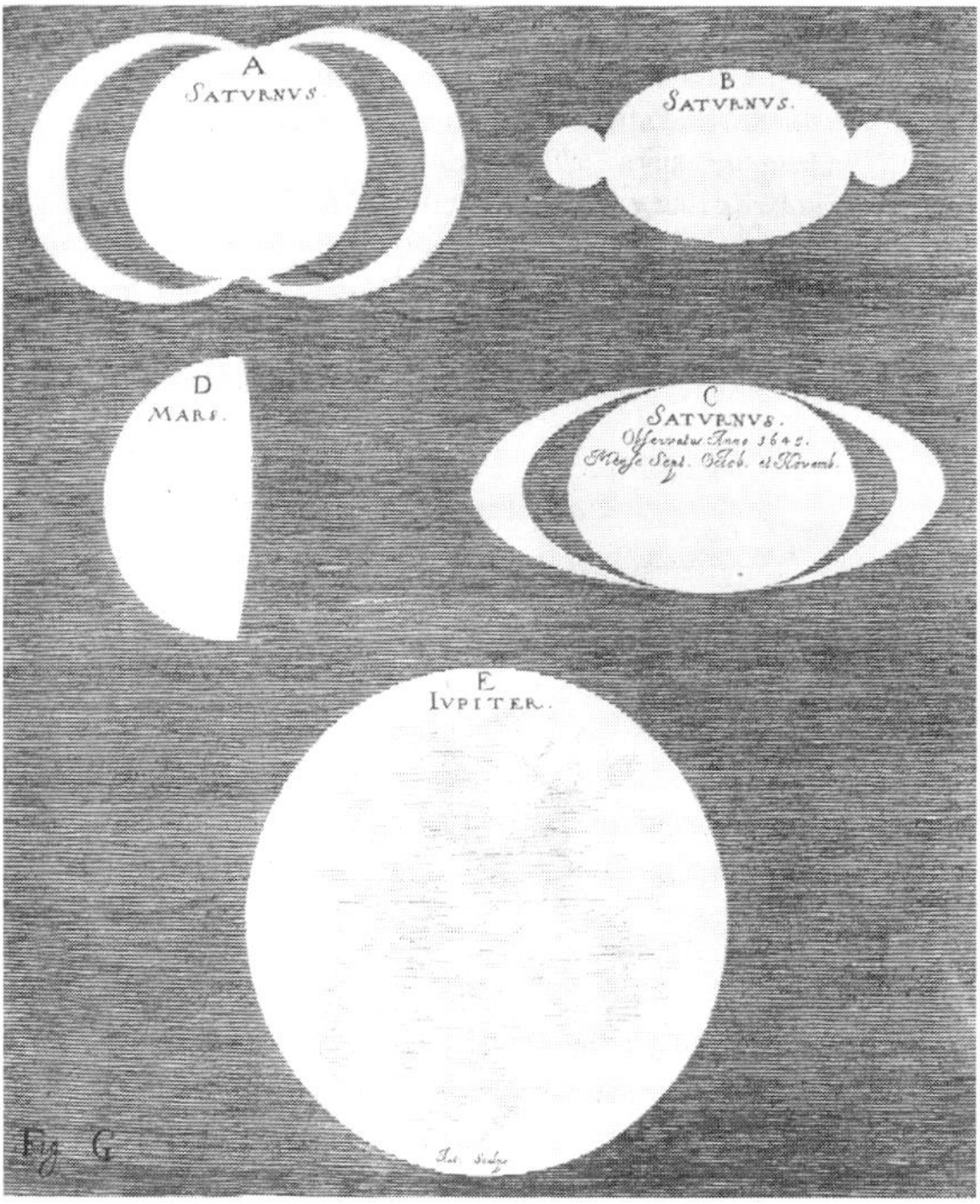

ヘヴェリウスによる1647年の土星のスケッチは、環の実態に当惑したのがウィーゼルだけではなかったことを示している

二枚のレンズからなるアイレンズであり、これはおそらく、合成焦点距離をごく短くするように（つまり高倍率が得られるように）互いを接触させたもののように思われる。すべてのレンズは凸レンズであるが、接眼鏡の三枚は片側が平らなレンズ（平凸レンズといい、製作が簡単なため初期のレンズによく見られる）であった。さらに、ウィーゼルは、これらのレンズはすべて、平らな面を目の方に向けなければならないと指定していた。

この商魂たくましい男は、おそらくレイタと協力して、あれこれ組み合わせを変えて接眼鏡のレンズの性能を注意深く調べたに違いない。同時代の他の光学職人も似たようなことを試みているが（ある人は、一つの望遠鏡に一九枚もの凸レンズを組み込むことに成功した[17]）、ウィーゼルは、接眼鏡の色収差が最小限になるよう最適化した配列に最も近づいていたように思われる。すでに明らかになっていることだが、今日私たちがこのレンズの配列の発見者としているのは、ヨハネス・ウィーゼルではなく、もう一人の偉大な実験家――土星の奇妙な形がいかなるものかを最終的に解き明かした人物――である。彼は高い身分であり天賦の才に恵まれたオランダ人で、一六二九年から一六九五年まで生きた。その名はクリスチャン・ホイヘンスであった。

技術革新

共和制で知られるイギリス共和国がついに活力を失って、イングランドは大きな喜びに満ちあふれた。クロムウェルの清教徒政権は、特に一六五九年の彼の死以降はどんどん人気を失い、下院が君主制回復の交渉を始めるまでにはいくらもかからなかった。

ここ窓の外には、はしからはしまで喜びに満ちた最も好ましいロンドンの町の様子が見えた……。鐘がそこかしこで鳴っていた。

日記作家のサムエル・ピープスは、共和国の終焉が宣言された一六六〇年二月二一日にこのように書いている。[18] 追放されていた君主チャールズⅡ世は、一六六〇年五月八日に王への即位を宣言し、一年後にロンドンで戴冠式を行なった。そうこうするうちに、イギリスの政治が大きな変貌をとげたことを皆に知らしめるただそれだけのために、クロムウェルの亡骸が掘り起こされ、絞首台にかけられて公衆の面前にさらされた。[19]

戴冠式当日のロンドンには、功なり名をとげたクリスチャン・ホイヘンスが故郷のハーグから遠路

1647年現在の最新式望遠鏡。15年間で、望遠鏡は馬鹿馬鹿しいほど長くなった

はるばるやってきていた。[20] しかし、ひとかどの人物なら誰もが式に招待されていたにもかかわらず（ホイヘンスも間違いなくひとかどの人物であった）、彼はその場にいなかった。同じ日に、天文学者にとってはより重大な出来事が起こったからである。それは水星の太陽面通過であった。そこで一六六一年四月二三日、他の数人の科学者とともに、ホイヘンスは人気の高いチャールズ王の即位式を気にとめず、リチャード・リーヴというイギリス人の望遠鏡製作家の家で、水星の太陽面通過を熱心に観測して過ごしていた。

ホイヘンスはすでに自分の望遠鏡を製作していて、最も目を引くのは長さ二三フィート（七メートル）、倍率一〇〇倍の巨大望遠鏡であった。それは基本的には、接眼鏡につける視野レンズのない、ケプラー式望遠鏡そのものであった。視野は一七分角——月の直径の約半分——に限定されていた。ガリレオ式よりはずっと視野が広かったものの、彼はさらに視野を広げたいと思っていた。

リーヴは三六フィート（一一メートル）の望遠鏡を商品として製作していた。さらに、彼はウィーゼルの仕事について聞いており、接眼鏡につける視野レンズの長所に気づいていた。一六六一年三月、彼は見込みのある顧客に手紙を書いて、このようなレンズを組み入れた彼の望遠鏡の一つは、同程度のガリレオ式の場合の「四〇倍の視野になる」と述べ、視野面積を拡大することは観測者にとってたいへん大きな利点になると述べている。

リーヴの家で見たものにホイヘンスが強い印象を受けたことは間違いない。ハーグに戻ると、彼は合成接眼鏡にどんな可能性があるかを調べる研究を始め、一六六二年一〇月には、パリにいる兄に、昼間の望遠鏡［地上望遠鏡］を鮮明にする新しい方法を発見し、長い望遠鏡［おそらく天体望遠鏡］にも同時に広い視野をもたらすという手紙を書いている。

彼が発見した方法の秘訣は、二枚の平凸レンズ（視野レンズとアイレンズ）の両方をその平らな面を目の方に向け、焦点距離の比とレンズの間隔をある特定の値にとれば、その性能が劇的に良くなるというものである(21)。視野が大きく広がるだけでなく、像の質も良くなる。それは、光学機器設計における重大な躍進であった。ここに至る道はレイタ、ウィーゼルその他の人々によって敷かれたが、今日これはホイヘンス式接眼鏡〔またはハイゲンス式接眼鏡〕と呼ばれている。

ホイヘンス自身の二三フィート望遠鏡に取りつけたとき、この新しい接眼鏡は視野を二倍に広げた。それは彼に、望遠鏡をもっと長くしても完全に実用になるという自信を与えた。というのも、この新しい接眼鏡を使うことで、観測者は、星々の間を進む道を何とか発見できそうに思われたからである。

彼は正しかった。結局、その後の製作者にとって望遠鏡の長さの限界を定めたのは、接眼鏡ではなかった。

興味深いのは、イングランドでは非常に長い望遠鏡が決して喜んで受け入れられたわけではなかったことである。リーヴやロンドンの他の望遠鏡製作者――クリストファー・コック、三人のジョン（ジョン・コックス、ジョン・マーシャル、ジョン・ヤーウェル）などの人々(22)――が、焦点距離六〇フィート（一八・三メートル）にも達する対物レンズを作ってはいたが、イギリスの天文学は他の方向に重点を移していた。

一七世紀後半、チャールズⅡ世の温かい庇護のもとに科学は繁栄した。一六六〇年には英国学士院（王立協会）が設立され、著名な科学者で満ちあふれた。ロバート・ボイル（一六二七―一六九一）、ロバート・フック（一六三五―一七〇三）、アイザック・ニュートン（一六四二―一七二七）、エドモンド・ハレー（一六五六―一七四二）は、当時イギリスで目覚ましい仕事をなしとげた指導的人物の一握りでしかない。しかし一般に、天文学は、天空の性質について語っている限り、国家の力や威信を高揚するものとしてたいへん高く評価されていた。一方、ヨーロッパ大陸ではルイXⅣ世が測地学――地球の形の研究――の発展を第一の目的として、一六六七年にパリ天文台を創設した。

一六七五年三月四日、星々を背景とした月の運動から海上で経度を決定する方法があるという考え方に応えて、チャールズⅡ世は、ジョン・フラムスティード（一六四六―一七一九）を天体観測員に任命し、「航海技術を完全にするため……ただちに、天体の運動と恒星の位置の表の改訂を、細心の注意と勤勉さによって行なうこと」を命じた。(23)最初の王立天文台長となったフラムスティードは、年に一〇〇ポンドを支払われることになり、また、天文学者で建築家のクリストファー・レン（一六三二—一七二三）によってグリニッジ公園に設計、建設される予定の小さな観測所を使用できることになった。

不運なことに、正確な位置観測を行なうための機器も熟達した助手も与えられなかったので、もし、それらを用意するためにフラムスティードが自分のポケット深く手を入れて資金を引き出してこなかったら、すべての企てはだめになってしまったかもしれない。仕事に着手したとき、彼の道具は、二つの時計、半径七フィート（二・一メートル）の鉄製の六分儀、その半分の大きさの四分儀、焦点距離がそれぞれ七フィート（二・一メートル）と一五フィート（四・六メートル）の二台の望遠鏡だけであった。のちに彼は、ヨークシャーの天文学者であり数学者であるエイブラハム・シャープ（一六五三—一七四二）が作ったティコ・ブラーエ式の目盛りつき円弧を追加した。この機器に対してシャープは一二〇ポンドを支払ってもらったが、この価格には、彼が生涯フラムスティードのために働くことも含まれていた。シャープは、この偉大な天文学者の死後何年間も、フラムスティードの星表となった『ブリタニカ星表』を完成させるために働いたのだ。

これが王立天文台の不運な始まりであった。それどころか、三世紀ほど後の一九九八年、王立天文台はイギリス政府によって閉鎖される同様な不運に見舞われた。それは、新世代巨大望遠鏡に国家として参加する資金をまかなうためであった。チャールズⅡ世によって開かれた天文台は、トニー・ブレアによって閉じられた。その間に、この地で天文学上の偉大な業績が引き続いてあげられたことには、疑問の余地がない。

時代遅れの無用の長物

たとえ、独り立ちしたばかりの王立天文台が望遠鏡の改良に関して際立った存在を示さなかったとしても、大陸には明らかに望遠鏡の進歩に貢献した何人かの人々がいた。ホイヘンスもその一人である。他に、バルト海沿いのダンツィヒの町の醸造業者で、ヨハネス・ヘヴェリウス[24]（一六一一—一六八七）と呼ばれる男がいた。当時の多くの天文学者と同様、ヘヴェリウスも厳密にいえばアマチュアであったが、彼は個人的な手段で趣味に対して巨額の投資をすることができた。一六四七年に出版された最初の著作は、彼自身の一二フィート（三・七メートル）望遠鏡の観察により詳細にわたって描かれた、豪華な月面図である。

このような人々の手によって、望遠鏡は今日の私たちの目から見るとまったく無駄と思われる進化の道をたどり、不可避的に袋小路へと入っていった[25]。とはいえ、この道筋には新発見もあった。木星や土星にさらに衛星が発見されたこと、金星の模様の発見、火星の自転周期の決定などである。そして一六七五年、パリ天文台の学者、ジャン・ドメニコ・カッシーニが土星の環に隙間があることを観測した。これらすべての発見は、どれも、並外れた長さという共通点を持つ屈折（レンズ）望遠鏡によってもたらされたのである。

焦点距離の長い対物レンズは像質が良く、ホイヘンスの接眼鏡は視野が広い。この組み合わせが、実用的な最長の望遠鏡建造競争にはずみをつけた。望遠鏡製作に関する一七世紀の雰囲気は、二一世紀初期のそれと驚くほどよく似ている。両時代に特徴的なのは、宇宙をかつてなかったほど深部まで探査しようとする望みに突き動かされて、この上なく巨大な望遠鏡を支持する天文学者たちである。そしてまた両時代とも、技術的にはとてつもない挑戦をしているのだ。

ヘヴェリウス天文台のひょろ長い望遠鏡。ダンツィヒの家々の屋根より高く突き出ている

偶然のことながら、実際の大きさの数字まで似ている。だが、ホイヘンスの時代は、それが十メートル単位で測った望遠鏡の長さであり、今日ではそれが望遠鏡の口径なのだ。現在、世界で考えられているCELT、SELT、OWLは、一七世紀の望遠鏡の長さくらいの口径を持っているのである。

ヘヴェリウスは一七世紀の望遠鏡スーパーリーグの初期の先導者だった。彼は望遠鏡を立てつづけに建造し、その頂点を極めた機器は、一六七〇年頃に焦点距離が一五〇フィート（四六メートル）にも達した。この驚異的な望遠鏡は、動作の方法が光学機器というよりは帆船の操帆と多くの共通点を持っていた。高さ九〇フィート（二七メートル）のマストからは望遠鏡の「鏡筒」がロープと滑車で吊られていた。鏡筒自体はL字型の断面を持つ長い厚板で作られ、その片端に対物レンズが、もう一方の端に接眼鏡がつけられていた。

この鏡筒はもちろん光を通すので、闇の中でなければ使用できなかった。暗闇の中でこのような珍妙な機器を操作すると、どんなに混乱や間違いが起こるか想像に難くない。滑車を操作して望遠鏡を正しい方向へ向けるには、大部隊の助手が必要であった。突然動かせば長い筒は決まって制御できないほど揺れるし、そよとでも風が吹けば観測は不可能であった。しかし、このような困難にもかかわらず、なだめすかされながら望遠鏡は何とか動き、ヘヴェリウスはこの望遠鏡で実際にかなりの観測をなしとげたのである。

ダンツィヒの醸造業者の野望はそこで止まらなかった。彼の著作『天文機械』（一六七三）には、中央に煉瓦造りの塔を建て、同時に四台の望遠鏡を支える観測所の計画が描かれている。[26] 塔のまわりには広々とした観測台がめぐらされ、そこでは何人もの天文学者たちが仕事に精を出している。その下にはさらにひょろ長い巨大望遠鏡を置くための空間があった。

ヘヴェリウスの計画は、不幸にも、彼の天文台をほとんど破壊した一六七九年の大火によって挫折した。後援者であるパリのルイXⅣ世に宛ててすべてを吐露した長い手紙には、事件の詳細が包み隠さず書かれている。[27]

その不運な夜［火事の前］に、私は予想しなかった恐怖を魂にひりひりと感じました。元気を取り戻そうと、私は夜の観測の忠実な助手である若い妻に、町の城壁の外にある田舎の別荘で夜を過ごそうと提案しました……

彼にはまさに元気の回復が望まれた。というのも、災難はすぐそこまで来ていたからである。

私の三軒の家をなめ尽くしたこの大火事は、高価な絵、麻、綿、絹の入った収納箱、銅や錫の器、銀の燭台、金や宝石の装飾品をことごとく焼き払いました。こんな大惨事を再び見ることが決してありませんように心から願っています。……残忍な炎は、長年の研究の結果考え出し建造した[天文の]機器や道具を、すべて灰燼に帰してしまいました。ああ、なんという多大な損失でしょう……

しかし、もう少し明るい調子のところもあった。

……もし神が風に向きを変えるよう命じていなかったら、ダンツィヒの旧市街は間違いなくすべて燃えてしまい、完全な焼け野原になっていたでしょう……神の思し召しによって、私の原稿は救われました。そこには、本人の息子から購入したケプラーの不朽の著作、私の恒星カタログ、新しく改良した天球儀、一三巻からなる私と世界中の賢者たちや王と女王の書簡集などがありました。

ヘヴェリウスはすでに六〇代後半に達しており、損失を取り戻すには一生懸命仕事をしなければならないことがわかっていた。

この損失は私を完全に打ちのめしました。白髪で余命いくばくもない私がそのことによる責めを負わされて、分別ある男としていることができるのでしょうか？

ヘヴェリウスより志気の劣る醸造業者だったら、酒で憂さ晴らしをしたかもしれないが、彼には強

「夜の観測の忠実な助手」エリザベータと仕事をするヘヴェリウス

靱な意志があったので、新しい機器を作り、それらを使って新しい観測を行なった。しかし結局、高齢となった彼は、この後さらに長い望遠鏡を作る元気も決断力も失っていた。

クリスチャン・ホイヘンスも同様にとてつもなく長い望遠鏡を作ったが、建造はそれを最小にすませる方策をとった。高い支柱を立てるのは同じであったが、それは、短い金属の筒に収めた対物レンズを支えるだけであり、そのレンズはボールジョイント〔自在継ぎ手〕の架台に乗せて、どこへでも必要な方向に向けることができた。接眼鏡は指で支えたり独自のスタンドに乗せたりしてあり、対物レンズとはぴんと張ったたった一本の糸でつないで、光路が直線になるようにしていた。

最低限必要なものだけを並べたこのスカスカの装置は、「空気望遠鏡」という婉曲な名前で知られている。ランタンで照らせば、レンズが正しく一列に並んだときには対物レンズの後ろにその反射光が見えるので、観測者の仕事は簡単になったと思われる。しかし、観測を成功させるためには、その観測者に楽観性、忍耐、ねばり強さが山ほど必要であったと想像される。

ホイヘンスの長焦点距離対物レンズのうち三枚は（実際には彼の兄のコンスタンチンの一六八六年の作だが）、今日も英国学士院が所有してロンドンに残っている。[28]直径はすべて約八インチ（二〇センチ）で、一六四〇年代の眼鏡のサイズから比べると目覚ましく大きくなっている。それ以降のレンズ製作は、ガラス自体の質はかなり粗末なままであったが、大きな進歩をとげた。それらの焦点距離は、直径から推測される以上に拡大競争が激しく、短いものでも一二三フィート（三七・五メートル）、最長のものでは掛け値なしに二一〇フィート（六四メートル）にも達した。このような長さの糸をうまくピンと張ったまま観測できる人がいるとは、とても想像できない。

一七世紀後半には、焦点距離がもっと長い対物レンズも確かに存在したが（なんと六〇〇フィートといわれているから、ほとんど〇・二キロメートルである）、それが使用された記録はない。こんな焦点距離では、たとえホイヘンスやヘヴェリウスのように不屈の熱意があっても、そのレンズでどうしたら観測できるか、いくら考えても方策がなかったに違いない。一六六八年、ロバート・フックにより、鏡を使って光路を曲げる方法が示唆され、数年後、望遠鏡を地面に固定したまま、可動式の鏡によって光を取り入れる別のアイディアが提示された。これらの方式に伴う問題は、その当時の技術では、満足できる精度を持つ平面鏡を作るのがまったく困難なことであった。

今日の視点で長い望遠鏡の時代を振り返って見ることは、恐竜の時代を振り返るのに似ている。このような生き物がかつて存在しえたことが私たちにとって驚異である以上に、当時の未発達の技術しか持っていなかった科学者たちが、それらの望遠鏡を働かせようと忍耐強く困難を切り開いていったことは驚異である。もちろん、恐竜たちが一気に忘却の彼方へ押しやられた宇宙的大激変とは異なるにしても、これらの装置のたどった進化の道筋は、最終的には途切れ、この種の望遠鏡は消滅してしまった。しかし、それらは一八世紀後半に優美に死に絶えたのである。その時まで技術は向上し続けた。そして、改良された新種の望遠鏡が進化の階段を上りはじめたのである。

第7章　反射望遠鏡について――望遠鏡製作のより良い道

イスラム世界は近年かなり悪く論評されている。ファトワ〔イスラム教指導者のイスラム法による裁断〕やジハード〔イスラム教徒の聖戦〕から、アルカイダやジュマ・イスラミーヤに至るまで、メディアは主として狂信者やテロリストに焦点を当てている。その一方メディアは、世界人口の五分の一の人々がこの古代からの信仰によって平和で調和のとれた気持ちで生活を営み、イスラムだけがかつての争いに満ちた世界に唯一の文明による影響を及ぼしていた事実には、口先だけで言及するにすぎない。(1)

一〇〇〇年前、イスラム文明はその当時の最も有能な思想家を生み出していた。本書の話と特に関連するのは、アラビアの科学者のアブ・アリ・アルハサン・イブン・アルハイサム(2)（九六五頃―一〇三九）で、研究者たちには、彼のファーストネームのラテン読み、つまりアルハゼンの名でよりよく知られている。この初期の数学者は光学を広く研究して著作を書き、空間の光の経路、鏡の反射、透明な表面における光の屈折（曲がり）に対する基本的原理を確立していた。

アルハゼンの著作(3)は彼の死後、ヴィテロと呼ばれるポーランドの学者――ロジャー・ベーコンと同時代人――に重んじられた（第3章参照）。驚くべきことに、ヴィテロ、アルハゼンの両者とも、初期イギリス文学に名を留めている。それは、一三八七年頃に書かれたジェフリー・チョーサーの『カンタベリー物語』に、魔法の鏡（おそらく想像上の望遠鏡）という魅惑的な言及があるからである。この注目すべき機器は、遠くの危険を警告したり、夫の裏切りを遠くから暴いたりすることができた。チョーサーとして登場する人物はその作用について推測している。(4)

……そしてそれは
反射の角度を巧妙に組み合わせれば、
自然にそうなるのだといわれた……
彼らは、アルハゼンとヴィテロ、
アリストテレスについて話していた
彼らはずっと、不思議な鏡や望遠鏡のことを書いていた……

リチャードⅡ世の宮廷における事実上の上級公務員であったチョーサーは、科学にもよく通じており、アルハゼンの先駆的研究の重大性をよく把握していた。しかし、最終的にアルハゼンの名を光学の歴史に刻むことになったのは、彼の著作がそのままラテン語に翻訳されたためで、その翻訳書は一五七二年にバーゼルで出版された。

曲がった鏡にレンズと類似した性質があることを明確にしたのは、おそらくアルハゼンであったろう。たとえば、凹んだ（皿状の）鏡が遠くの風景からやってくる平行光線を焦点に集める効果は、まさに凸レンズが結像する性質と似ている。両者はともに倒立した実像を作り、スクリーンに投影できる。当然、鏡では光線の向かう方向が逆になるというかなり大きな相違はあるが、これによって、初期の望遠鏡製作者たちが、凹面鏡の持つ可能性に目を閉ざすことはなかった。望遠鏡の対物鏡にレンズを用いることができるのなら、代わりに鏡が使えないことがあるだろうか？

＊

望遠鏡が出現した最初の二〇年間、何人かの学者たちの間でたくさんの手紙のやり取りが行なわれ、この魅力的なアイディアが検討された。話し合いの中心人物が他ならぬガリレオ・ガリレイだったことは、おそらく驚くに当たらないだろう。ガリレオとその友人ジャン・フランセスコ・サグレド（一五七一―一六二〇）との手紙でも鏡を使った望遠鏡が議論され、他方セサル・マルシリは、一六二六年七月ガリレオに、もう一人のセサル――ボローニャのセサル・カラバッジ――が作ったと報じられた鏡を使った望遠鏡のことで手紙を書いていた。カラバッジ自身は当時すでに亡くなっていたが、ガリレオとマルシリはこの望遠鏡のことでさらに手紙のやり取りをしたのである。(5)

実のところ、この紳士たちは全員、ローマのイエズス会の学者に先手を打たれてしまった。ローマ大学数学教授のニコロ・ズッキ（一五八六―一六七〇）は、一六五二年のその著作『光学哲学』の中で、一六一六年当時に、ガリレオ式望遠鏡の対物凸レンズを青銅製の凹面鏡に変えようとしたことを書いている。(6) 彼は、望遠鏡の接眼鏡――凹レンズ――を持って、背後の遠景が拡大された像となって見えることを期待し、鏡を覗いた。すると即座に、視界が彼自身の頭でさえぎられないようにするには、鏡を傾けなければならないことがわかった。しかし、それによって、像の質が識別できないほどはなはだしく悪化することは、原理的にはないはずである。

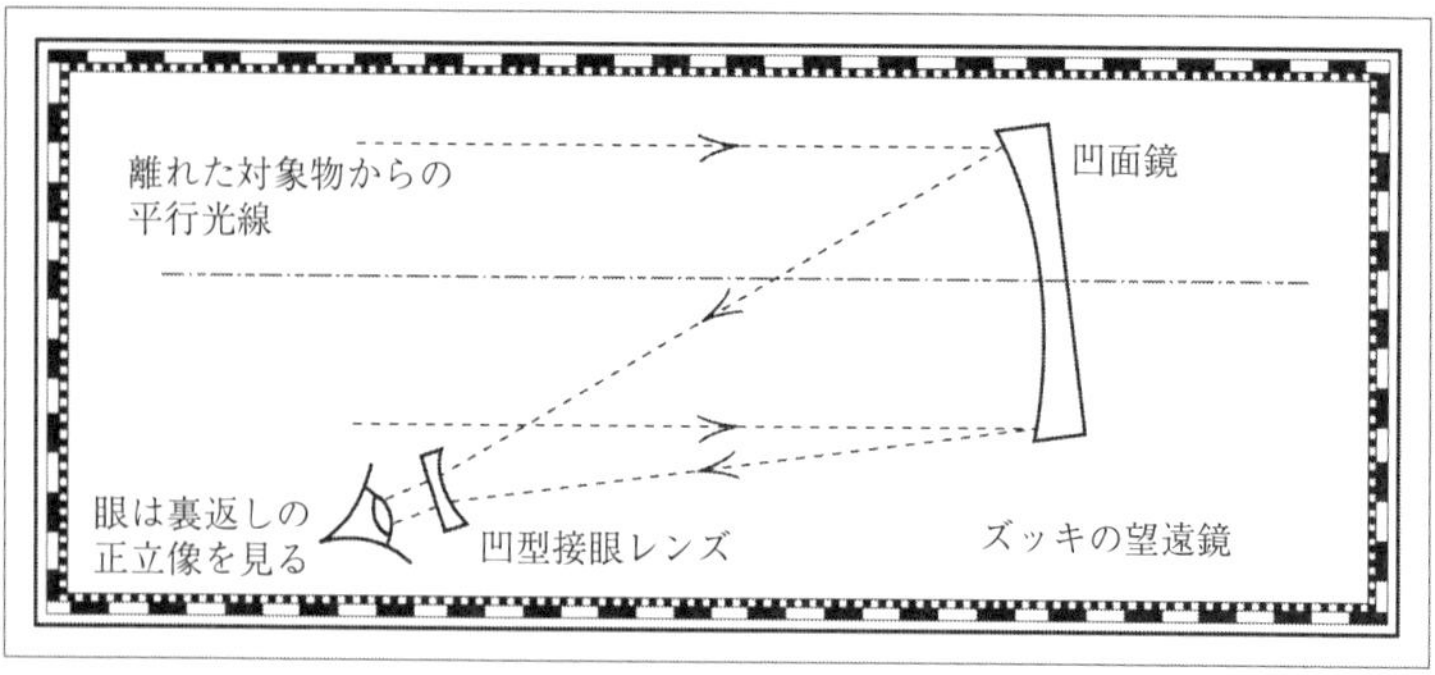

ガリレオ式接眼鏡を使って銅製主鏡を傾け、反射望遠鏡を作ろうとしたズッキの試み（1616）。この望遠鏡は役に立たなかった

しかし、ズッキが見たものは「ぼやけた像」であった。彼の鏡は「一流の職人が作った」にもかかわらず、満足のいく像を生み出すほど良いものでなかったのだ。理論上実験はうまくいくはずだったが、鏡の光学的性質が悪かったために失敗した。鏡を作った職人は、疑う余地なく第一級の望遠鏡レンズを製作していたのだから、この実験に失敗したことは、ズッキ師にはやや不思議に思われたに違いない。

彼が、聖職者にふさわしい不満の言葉を職人に述べたかどうか、歴史に記録はない。実際には、この身分の低い職人は答えを述べられる立場になかった。一六一六年にズッキが十分わかっていなかったのは、正確な鏡を作るのは正確なレンズを作るより約四倍困難なことであった[7]。そしてこの単純な事実が、実用に耐える反射望遠鏡の製作を半世紀以上も遅らせることになったのである。

一見したところ、鏡にこのような特別厄介な性質があることは、完全な矛盾に思われる。望遠鏡の鏡は光を前面で反射し、光は鏡の材質を透過しない。したがって、レンズなら前面と後面の両方を磨かなければならないのに対し、鏡は一面だけを光学的に磨けばよい。さらに、レンズは光を通す必要があるため、レンズを作るガラスはそれなりに透明で均質でなければならないが、鏡はその必要がない。しかし、小さいレンズなら均質性はあまり問題にならないことがわかっていた（一六〇〇年代に入手できた粗末なガラスでもよかった）。鏡の製作をたいへん困難にしている根本的原因は、まさに屈折と反射の法則以外の何ものでもなかったのだ。

ガラス面の一部にわずかに傾きの異なる場所があり、そこに光線が当たる場合を想像してみよう。光がガラスに入って屈折する（曲げられる）場合、その進行方向は傾きの誤差の影響を受けるが、それは傾きの誤差の三分の一程度に留まる。しかし光が反射する場合には、誤差の倍の影響が生ずる。つまり、光学的表面に同程度の不正確さがあっても、反射光の場合には屈折光の六倍もの影響が生じるのだ。

このとらえにくい現象を実演する、誰にでもできる簡単な実験がある。浴槽に水を半分はり（無駄にしないためには暖かい湯でもよい）、風呂の上の縁の反射像と、底の屈折像とを比較することだ。水の屈折率はガラスよりやや小さいため、表面のさざ波で生ずる屈折光線の進行方向のずれは、反射光線のずれの八分の一にすぎない。だから、表面がかき乱されても、風呂底の物体は簡単に見えるが、風呂の側面の反射像は、すぐに意味をなさないぼんやりした形にくだけてしまう。これで、望遠鏡の反射鏡をうまく作ることがどれほどむずかしいかが強く記憶に留められるだろう（もちろん、四歳の活発な子供を風呂に入れたら最後、とるべき策はない）。

レンズでは、最初の面で屈折した光はガラスを通り、二番目の面で外に出るが、その表面にもさらに不正確さがあるため、もう一つ誤差が重なる。しかし、この二番目の誤差を考慮しても、統計的に見た性能は依然としてレンズが有利である。同程度の光学的性能を得るには、反射鏡の表面精度を同等のレンズ面の約四倍良くしなければならない。この結論は避けようがないのである。

一六四〇年代になっても、光学面の研磨技術はかなり貧弱だったので、直径が約二〇ミリを超えるレンズは、望遠鏡の対物レンズとしては使い物にならなかったことが知られている。この程度の技術水準では、望遠鏡の反射鏡を作る人にどんなチャンスがあったというのだろうか？ 哀れな老ズッキ。彼には成功の望みがなく、それがなぜかもわからなかった。失望し、そしておそらく大いに不機嫌になって、彼はレンズを使用する望遠鏡に戻っていった。実用的な反射望遠鏡を作るアイディアは、少なくともさしあたり、あまりにもむずかしいので放り出されてしまったのである。[8]

想像上の望遠鏡

ズッキが実験を行なった頃、鏡を使った望遠鏡を作ろうという動機は、単にそれができるかどうかを知りたいためだけであった。お忘れかもしれないが、どんな望遠鏡にしても、生まれてからたった八年しか経っていないのだから。しかし、一七世紀が進むと、屈折（レンズ）望遠鏡の限界が目につきはじめた。特に第6章で見たように、望遠鏡を馬鹿馬鹿しいほどひょろ長くしなければ、色収差という不思議な現象によって不要の色がついたぼやけた像ができてしまうからである。

この派手に色がつく効果は、レンズを通る際の光の屈折が原因であると考えられ、それは正しかった。しかし鏡を使えば、光は単に最初の面で跳ね返されるだけで、不要な虹の色に光が分散することはない。こうして、色収差を避けるためにも反射望遠鏡を成功させる必要性が高まった。それにより、初期の望遠鏡製作における最も興味深いパラドックスの一つが生まれたのである。[9]

一七世紀を通じて、屈折望遠鏡が、経験的な、そして実用的な経路をたどって進歩したことはすでに見た通りである。それに直接たずさわった人々は、現象を理論的に理解することはほとんどなかったけれど、さまざまなレンズをいろいろと細工し続けているうちに、満足のいく結果を得るようになった。他方、反射望遠鏡に使える良質の鏡は、一七世紀中はほとんど作ることができなかった。それでも、当時最先端の数学者たちの頭の中のみの話ではあったが、仮想の反射望遠鏡がこの時代に大きく発達したのである。そして、それは目覚ましい成功をとげた。今日、最も著名な望遠鏡設計者の一人であるレイ・ウィルソンは、反射望遠鏡の理論は一六七二年までにすべて完成していて、一九〇五年にカール・シュワルツシルト（一八七三―一九一六）が業績をあげるまで、それ以上の進歩はなかったと述べている。

仮想の望遠鏡を発明し完成させるというとてつもないゲームに参加したのは、誰だったのか？　一つの集団として、彼らは互いに奇妙なほど親しいように見えた。一人のイギリス人、一人のスコットランド人、それから三人のフランス人。ずっとのちにアイルランド人が加わった。

そのメンバーの中にはまず、フランスの偉大な数学者ルネ・デカルトがいた。彼は第6章ですでにちょっと出てきている。彼の科学的興味は広範囲にわたり、それらに新たに展開した解析幾何学を応用して大きな成功を収めた。今日、科学のどの分野も彼に敬意を表して「デカルト座標」を使用している。これは、相互に垂直な二つの軸を基準にして空間内の位置を示す方式である。朝一一時までベッドで過ごすというデカルトの生涯にわたる習慣[10]はそれほど有名ではないが、この習慣は、人生の最後に、彼の後援者であるスウェーデンのクリスティーナ女王が朝五時に仕事につくよう彼に強く望んで、破られた。ストックホルムの冬の朝はとても寒く、デカルトはあっという間に肺炎を患い、一六五〇年二月に亡くなった。享年五三歳であった。

しかし、私たちに関係があるのは、デカルトの光学上の業績[11]である。二冊の著作『世界論（光学概論）』（一六三四年に書かれたが、出版されたのは彼の死後であった）と『屈折光学』（一六三七）で、彼は鏡とレンズの球面誤差——球面収差——をどうすれば除去できるかを、数学的に詳細に解き明かしている。レンズに関する彼の著作についてはすでに述べた（第6章参照）が、望遠鏡の反射鏡についても似たような結論を得たのは驚くに当たらない。デカルトの理論は、球面の一部として作った浅い反射鏡では、恒星や他の遠くの目標の姿の完全な像は得られないことを予測していた。完全な像を得るには、反射鏡は放物面——放物線を軸のまわりに回転して得られる面——でなくてはならない。今日の私たちには、フラッシュランプの反射面や衛星通信用のアンテナでお馴染みの形だ。放物面鏡は、望遠鏡では球面収差のない像を作る。

実をいうと、いくぶん数学的エレガントさには欠けるが、このことはすでに放物面の性質に関する研究からよく知られていた。デカルトは、球面ではない面（今日では一般的に「非球面」といわれる）をうまく作り出す新しい機械を組み立てることに注意を向けたけれど、どのみち放物面も球面も達成不可能であり、実用面では大差のないものであった。

しかし、デカルトの研究の功績は、曲がった鏡の組み合わせが作り出す新たな可能性に、もう一人のフランス人数学者の目を向けさせたことであった。フランシスコ会修道士のマラン・メルセンヌ（一五八八—一六四八）は、望遠鏡の問題でデカルトと親密に連絡を取り合っていた。『宇宙の調和』（一六三六）と呼ばれる本の中でメルセンヌは、すべての光学部品が放物面鏡である新種の望遠鏡を提案した。そこでメルセンヌは、望遠鏡を作り出す問題を解決するのに、すべての光学部品を反射面

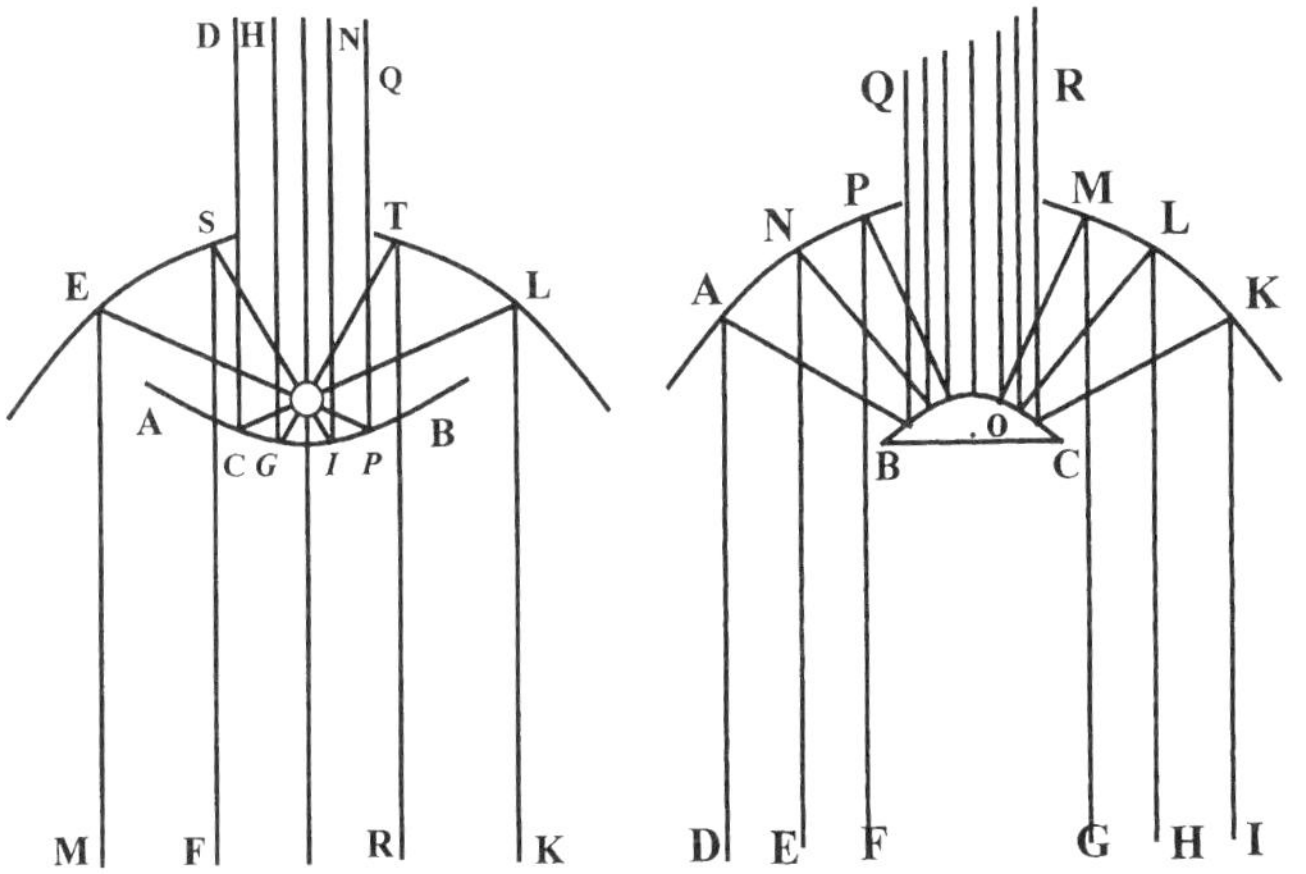

鏡だけを使ったメルセンヌの望遠鏡のアイディア。『宇宙の調和』(*l'Harmonie universelle*, 1636)より

にする方法を示しただけでなく、頭で光路を妨げずに反射望遠鏡を使うという、ズッキにつきまとっていた問題の一つを巧妙に解決した。

皿状の凹面が遠くの風景に向いている放物面鏡を想像してみよう。その風景からの平行光は鏡で反射され、鏡から一定距離離れた前方に、遠くの景色の倒立実像を作り出す（その距離が鏡の焦点距離で、像は焦点の位置にできる）。さて、焦点でスクリーンに投影するのではなく、そのまま光線が進み続け、第二のより小さい鏡――これも放物面鏡で、その焦点が最初の鏡の焦点と同じ位置になるように配置されている――に当たるとしよう。

すると、何ということだろう！　光線は小さい鏡で反射されて再び平行になり、さらにもう一度最初の方向へ進むようになるのだ。メルセンヌの突破口は、観測者が二番目の鏡を覗けるように、第一の鏡の真ん中に穴をあけるのを思いついたことだ。そこには遠方の景色の倒立像が見える。もし、第二の鏡の焦点距離が第一の鏡の焦点距離より短ければ、像はその焦点距離の比で拡大される。

メルセンヌが発明したこの望遠鏡は、まさに第5章で述べたケプラーの倒立望遠鏡に相当する反射望遠鏡だった。対物レンズと接眼鏡とに二枚の凸レンズを使う代わりに、ここでは、レンズと同じ機能を持つ二枚の凹面鏡を使っている。もしそれを作ることができたら、ホイヘンス型の視野レンズに相当する光学部品がないので視野は小さいだろうが、そうだとしてもとてもよく見えるはずだ。しかしそれより重要なのは、最も広い視野を得るには目を二枚の鏡の間に入れなければならないことで、それは明らかに不可能だった。

ここまで読み進んだ読者は、間違いなく、メルセンヌの考え方から生ずるもう一つの可能性に気づくだろう。もし、反射鏡の組み合わせだけでケプラー式屈折望遠鏡に相当する望遠鏡が設計できるなら、どうして、すべてが反射鏡でできたガリレオ式望遠鏡はできないのか？　メルセンヌも同じことに気づいた。そこで、彼が設計した別の反射望遠鏡は、接眼鏡が凹レンズで対物レンズが凸レンズの、ガリレオ式望遠鏡に対応するものであった。それはメルセンヌが最初に設計した望遠鏡同様、対物鏡は凹面鏡であったが、像を形作る前に主鏡が集めた光線をさえぎるように置かれたのは、今度は「接眼鏡用の凸面鏡」であった。ここで再び、観測者は主鏡の穴を通して像を見ることになる。この望遠鏡は、ガリレオ式と同様に遠景の正立像を生成するが、再び視野は非常に狭くなってしまう。

ちなみに、メルセンヌの望遠鏡はどちらも、想像されるように、第二の鏡の影が視野の中央に暗い斑点を作ることはない。なぜかというと、望遠鏡を見るときには目の焦点を無限大の距離に合わせるから、その影が見えなくなるのである。

残念なことにデカルトは、新しい望遠鏡を設計した発明の才に富む友人を賞賛せず、彼に数々の難点を指摘する手紙を書いた(12)。その内容でただ一つ価値があったのは視野の大きさの問題だったが、他は特に役立つものではなかった。デカルトは、メルセンヌの設計の示した可能性の重大さに全然気づかなかったのである。実際、そこにはさらに広く応用できるアイディアがあった。大きい「第一」凹面鏡を、それより小さい「第二」鏡と組み合わせた反射望遠鏡は、最も重要な天文機器としていまだに存在しているのだ。

これらの可能性にデカルトが気づかなかったのは、メルセンヌの望遠鏡が、平行な光が一方の鏡に入ってもう一方の鏡からやはり平行なまま出てくる「無焦点」望遠鏡だったためかもしれない。もちろんそれは、景色を見る望遠鏡には必要なことであった。しかし、反射鏡を使った組み合わせ型(つまり部品が複数の)望遠鏡で何ができるかを考えるときにより興味深いのは、「焦点を結ばせる」設計なのだ。その場合、鏡は実像を結ばせる目的で組み合わされる。実像ができさえすれば、その像は普通のレンズの接眼鏡を使って拡大できる。このような光学機器を最初に作り出す役割が回ってきたのは、ジェームズ・グレゴリーという名のスコットランド人であった。

第8章　鏡の像——反射望遠鏡の実現

ファイフ州のイースト・ヌーク〔東の辺境地〕は、スコットランド東南部にあって、テイ川の河口域とフォース川とを隔てる広く肥沃な岬である。そこは北海に突き出していて、ビリー・コノリーがかつて「別の名を持つ北極海」という有名な言葉で表わした厳しい水域が広がっている。嵐の冬の夜には、海岸の内側を走る漁村の通りが、のこぎりの歯のようにぎざぎざな岩に当たって砕ける波の轟きをこだまさせ、穏やかな夏の日には、旅行客が美しさの保たれた浜辺に集まる。一六世紀にスコットランドのジェームズV世は、これを「金で縁取りした乞食の外套」と描写したが、この浜辺は野原と金色の砂をパッチワークにしたような形で今日も残っている。

ヌーク海岸北東部の広い湾には、スコットランドの勅許自治都市であるセントアンドルーズがある。波瀾万丈の歴史に浸されたこの古代都市は、イギリスの最も壮観で最大の教会の一つがある場所というより、今日では、ゴルフの発祥地として知られている。中世におけるセントアンドルーズ聖堂は、今日、古い巡礼コースとして人を引きつけるのと同じくらいに、国を越えて巡礼者を引きつけていた。(1)しかし一五五九年六月、宗教改革がセントアンドルーズに及び、聖堂は略奪され、その後二度と礼拝式に使用されることはなかった。その壊れた壁と尖塔は今でも町を支配し、一二世紀の創立者によるその規模と高くそびえる光景で、いまだに来訪者を驚嘆させている。

スコットランドの偉大な数学者、ジェームズ・グレゴリー

最初の頃の聖堂は、スコットランドで最初の大学と結びついていて、それによって物事はむしろうまく進んでいた。聖堂は、王族を大学の学生として迎え入れただけでなく（最近ではウィリアム王子がいる）、多岐にわたる学問において非常に高いレベルを維持し、二一世紀まで繁栄を続けてきた。その中には数学も含まれていた。私たちの物語を、再びセントアンドルーズ大学の数学教室から始めよう。

一九六〇年代、私がセントアンドルーズ大学の学生だったときに数学の欽定教授職にあったのは、エドワード・コプソン[2]という気さくな人で、『複素変数関数論』というあまりベストセラーにはなりそうもない著作でよく知られていた。ほぼ三〇〇年前、最初にその同じ職についていた若い人物は、その短い生涯でおそらく最も生産的な時期にさしかかっていた。ジェームズ・グレゴリー（一六三八―一六七五）は、一六六八年後半に、二九歳でセントアンドルーズ大学の数学教授となった。このアバディーンシャーの牧師の息子は生涯にわたって数学に秀で、明晰で高度に革新的な科学的思考力を持っていた。

私たちが感謝しなければならない彼の才能は、あまり広くは知られていない。それはおそらく彼自身の性格によるものである。なぜかというと、彼は成果を出版する際に、その知見に深く敬意を表していた同時代の若き人物アイザック・ニュートンに、いつも栄誉を譲っていたからだ。にもかかわらず、多くの数学者の中にあって、微積分や級数展開といった基本分野での彼の貢献は、今日でも広く認められている。(3)

セントアンドルーズにいた六年間、グレゴリーは種々の研究を行なった。その中には、自分の天文観測で経度を決定することや、カモメの羽を通した光が虹の色に分散するという発見――カモメの羽は、現代の天文学者がガラスのプリズムに代えて用いる回折格子の先駆的存在――などがあった。この発見について彼は単に、「ニュートン氏がそれを思いついたと聞いて嬉しく思っている」と書いただけで、またもや知識の大きな進歩に対する貢献を認められそこなった。

しかし、グレゴリーは機略に富まないわけではなかった。(4) セントアンドルーズに天文台を建てようとして資金不足に直面したとき、彼はアバディーンの家に帰り、教会入口のすぐ外のところで教区民からお金を集めた。驚くべきことにそれは成功し、一六七三年七月、ジョン・フラムスティードにどんな機器を買ったらよいか意見を求めている。しかし、一六七四年に彼がセントアンドルーズを去るまでに、天文台が完成したかどうかは疑わしい。

グレゴリーの天文学への関心は、彼がまだアバディーンにいた二〇代初期にさかのぼり、反射望遠鏡の研究をしたのはこの土地であった。彼は、自分の研究の基礎をアルハゼンとヴィテロの研究に置いたが、それは、一五七二年に翻訳された彼らの著書を手に入れたからであった。デカルトの『光学』は手に入らなかったが、最初の原理からいくつもの同じ結論に到達したことは注目に値する。彼はその成果を『光学の進歩』という本に著し、出版を監督するため、一六六二年にロンドンへ旅立った。

このようにしてグレゴリーは数学の発見の旅をスタートさせた。まず一六六三年二月、彼はパリに行ってクリスチャン・ホイヘンスに会おうとした。不運なことに、このオランダの科学者は到着が間に合わず、グレゴリーは、新しく出版した本を一冊彼のために置いていくことで満足して、五年間滞在することになるイタリアのパドバ大学に旅立った。一六六八年、彼がロンドンに戻ると、イタリアでの彼の研究の科学的業績によって大いに賞賛を浴びた。セントアンドルーズで新しいポストにつくためにスコットランドに移る直前の六月、彼は英国学士院のメンバーに選ばれた。

本書でグレゴリーにこれほど焦点を当てているのは、彼にどのような業績があるからだろうか？答えは、彼の出版した『光学の進歩』の中の望遠鏡についての洞察力に富む革新的研究にある。[5] その注意深い分析は、三種の機器の長所の比較考察に特に重きを置いている。三種の機器とはすなわち、ガリレオ、ケプラー、ホイヘンス型のレンズだけを使った望遠鏡、（メルセンヌの研究のことは知らなかったようであるが）メルセンヌ型の鏡だけを使った望遠鏡、レンズと鏡を組み合わせた新型望遠鏡である。（その記録によると、これら三つの型はそれぞれ、ギリシャ語でレンズや鏡を意味する言葉にちなんで屈折光学（dioptric）式、反射光学（catoptric）式、反射屈折（catadioptric）式として知られている。）

『光学の進歩』の中で最も優れている部分は、現代の反射望遠鏡の特性をすべて備えている最後の型についての詳細な設計図が存在することである。それは、グレゴリーが単に設計しただけでなく、製作しようと果敢に努力したことによるもので、今日、それはグレゴリー式反射望遠鏡として知られている。

グレゴリー式望遠鏡の機能を理解するには、一つは大きく（中央に穴があいている）、もう一つは

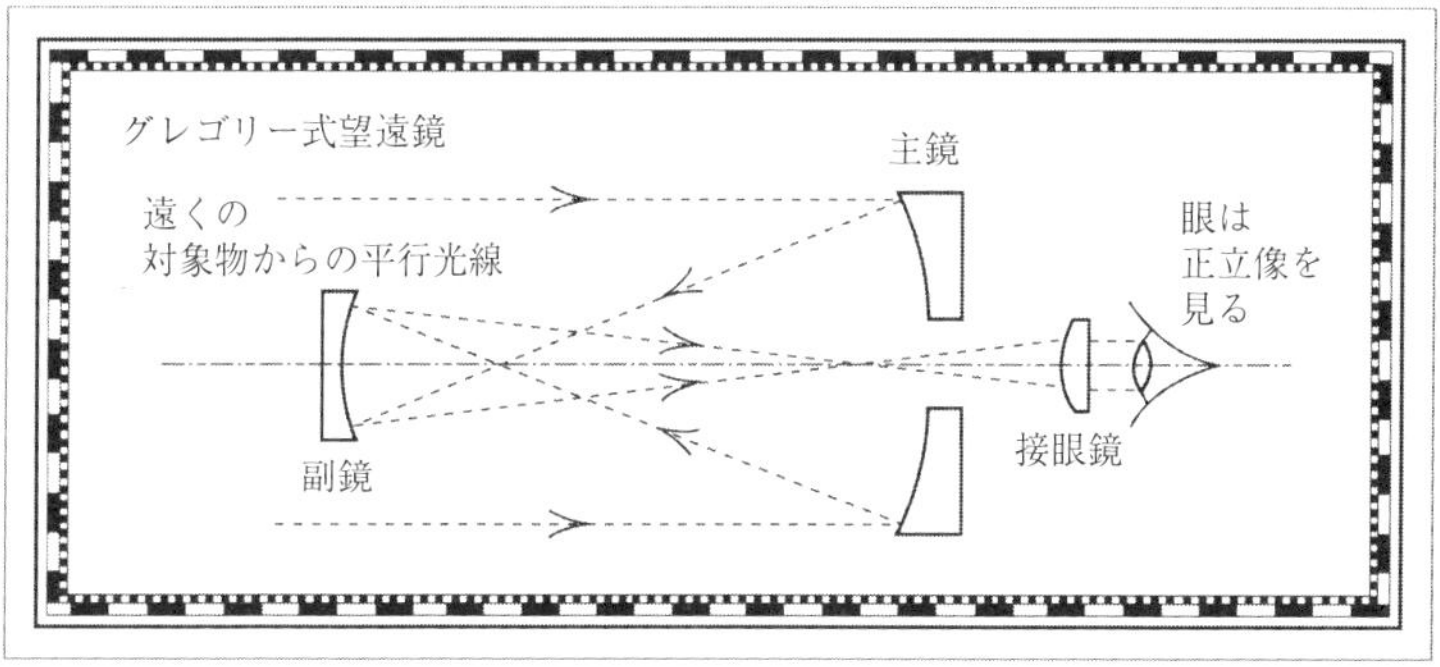

実用的なグレゴリー式望遠鏡の図。主鏡と副鏡が凹面鏡なのがわかる

小さい二枚の凹面鏡が互いに向き合った、メルセンヌの設計図を想像するとよい。メルセンヌの配置では、鏡を遠くの対象に向けたときに平行光線が出てくるが、もし、その鏡の間隔をほんのわずか離せば、平行光は収束するようになる。すると、遠くの対象の実像ができ、それをレンズ型の接眼鏡で拡大することができる。メルセンヌの設計とは異なり、今度は目を置く位置が主鏡の後ろになり、望遠鏡はかなりの視野を持つようになる。さらにそれは正立像になる。

　グレゴリー式望遠鏡は、球面収差を完全に排除し、色収差をほとんどなくす（接眼鏡のレンズのみが不要の色を出す）など、すべての長所を備えていた。当然価格は高かったが、結局、それはさほど重要なことではなかった。小さい二番目の鏡は、放物面とは少々形の異なる楕円面をとる必要があった。しかし、これらの非球面はどっちみち製作不可能であり、実用的にはどれも大した違いはなかった。

　新しい設計をテストするため、グレゴリーは、一六六二年のロンドン滞在中、リチャード・リーヴに必要な鏡を作ってくれるよう依頼した。リーヴは、特に一六六一年の水星の太陽面通過（第6章参照）以後はひっぱりだこの機器製作者だったが、鏡を作る試みはすぐには成功しなかった。これは、放物面や楕円面が製作不可能だったことより、むしろ、どのようなものであれ、正確な反射面を作るのが依然として困難であったことによる。グレゴリーはすでに、当時の屈折望遠鏡でうまく機能していたことから、球面が十分使用に値するその近似面であることを理解していた。

助手のクリストファー・コックとともに、リーヴは、主鏡として焦点距離三フィート（九一センチ）の金属凹面鏡と、それより小さいいくつかの副鏡を作った。しかし、主鏡の研磨はグレゴリーを満足させることができず、(6)リーヴとコックは「その望遠鏡のため、より小さいスペキュラム合金の鏡の研磨に着手した」（すなわち、同じ焦点距離でより小さい直径の鏡を彼のために作ることにした）。しかし、グレゴリーは「海外に行こうとしているので、私はこれ以上このことで苦労してもしようがないと思う」と、これを断った。(7)

グレゴリーは、成功に非常に近いところまできていたのに、「望遠鏡をちょっと覗いてみただけ」だった。彼は、急いでヨーロッパ旅行に出発するためにテストを打ち切ったのだ。現代の歴史学者アレン・シンプソンは、そのように推論している。確かなのは、彼の鏡がリチャード・リーヴの手もとに残り、その鏡は、その後ロバート・フックによって実験的に使われたことである。テストは再び失敗したが、一六七二年にフックはその事実を示し、望遠鏡の凹面鏡を作ろうとしたのはニュートンが最初ではないといって、英国学士院の注目を引いた。これは、彼とニュートンとの長く苦い確執の始まりであった。事実、二年ほどのちにグレゴリー式望遠鏡の実用化に最初に成功したのは、ロバート・フックだったのである。(8)

グレゴリーが実験結果に失望したのは間違いないが、大陸での新しい数学的展望に元気づけられ、一六六三年のはじめに、自分の新しい望遠鏡の実現に背を向けた。しかし、それは永遠の決別ではなかった。一〇年近く後になって、彼は、自分にとってかつての英雄であったアイザック・ニュートンの批判に対し、面と向かって防御の戦いをしなければならなくなったからである。

天才と技能

リチャード・リーヴは優れた職人であっただけでなく、ロンドンの光学業界の草分け的存在であった。[9] たとえば、レイタにはウィーゼルがいたし、パリではカッシーニにイタリアの天才的光学職人ジュゼッペ・カンパーニがいたように、大陸では、学究的な科学者が光学職人といっしょになって仕事をする見事な伝統があった。しかし、イギリスはそうではなかった。ただし、リーヴは、チャールズ・キャベンディッシュ卿のために双曲面レンズを作ろうとした一六四一年から、最先端の科学者たちとともに地味に仕事をしてきた（第6章のコラム参照）。リーヴの革新的技術や、クリストファー・コックのような弟子への指導などから、ロンドンには新種の職業的光学機器製作者が現われてきた。しかし、アレン・シンプソンが「イギリスのカンパーニ」と称したように、リーヴ自身は依然として傑出した存在であった。

不幸なことに、リーヴは人生の最後に大変な困難に陥った。おそらくふとしたはずみだろうが、愚かにも妻を殺してしまったのである。一六六四年のロバート・ボイルへの手紙でフックは次のようにいっている。

おそらく、あなたはこのことをお聞きになっているでしょうが、そうでなければ手短かに述べます。偶然と怒りの狭間で、彼は妻を殺してしまいました。先日土曜日に、彼女は彼の振り下ろしたナイフの傷で亡くなったのです。陪審はこれを意図的殺人と見たため、彼はすべての財産を差し押さえられました。これは彼にとって過酷なことと思われます。

実際にその措置がなされたのは短かい間であり、過去の光学的業績が彼を救った。この恐るべき事件の何年か前、リーヴは長い屈折望遠鏡を新たに復位したチャールズⅡ世のために製作し、王は大変な興味を持ってそれを受け取ったのであった。彼の妻の死の約六か月後、検事に対するリチャード・リーヴの裁判は王の恩赦により消滅した。そのことに大した不思議はない。しかし、リーヴが自由になったのは短い間だった。一六六六年のはじめに彼は亡くなった。一六六四年から一六六六年の間に首都の住民四〇万人の四分の一を殺した恐ろしい疫病〔ペスト〕の犠牲になったと思われる。

望遠鏡の反射鏡を作ってもらおうとしてリーヴに近づいたグレゴリーは、科学と、それに必要な装置を作る職業的製作家との新しい関係に気づいていた。しかし、商売になる水準に技術が到達していなかったことにより、グレゴリーの実験は失敗した。反射望遠鏡になる十分良質の鏡を最初に作るには単なる熟達以上のものが必要で、そのためには、リチャード・リーヴをしのぐ、数学的才能と経験的技術とが見事に融合したものを持たなければならなかった。このような特別な才能を持つ人がたった一人だけいた。もちろんそれはアイザック・ニュートンであった。

ガリレオが亡くなった一六四二年、クリスマスの日に生まれたニュートンは、一六六〇年代後半までに学問において輝かしい経歴を見せはじめていた。[10] 彼は一六六九年にケンブリッジで数学のルーカス教授になったが、その数年前に、未出版の光学の研究によってすでに顕著な存在になっていた。ケンブリッジで彼は運動の三法則を公式化し、最も偉大な業績である万有引力の法則の基礎を築いた。これは結局、それまでに書かれた書物の中で最も応用の広い科学書である『自然哲学の数学的原理』として具体的な形をとり、一六八七年に出版された。

今日では一般に『プリンキピア』という簡単な名で知られるこの驚くべき著作は、ティコ、ケプラー、ガリレオが観測した惑星や衛星の運動を説明しただけでなく、空気中や水中の物体の運動、銃から発射された弾丸、振り子、彗星、潮汐、そしてもっと複雑な地球や月の運動にまで研究を広げていた。

最初の反射望遠鏡の製作に見事に成功した天才的望遠鏡製作者、アイザック・ニュートン

完璧な洞察力でニュートンは、地球を周回する人工衛星の可能性から、あらゆる天体は相互に引きつけ合っているという考えにまで結論を広げていた。『プリンキピア』はその影響を与える中枢の位置にあった。それは、未解決の天文学の問題をほとんど一挙に解決し、その後二〇〇年間にわたる科学の基礎的研究の道筋を示したのである。

しかし一六六六年には、それら

はすべて将来のことであった。一六六六年は、若いアイザック・ニュートンが、三角プリズムに太陽光を当てる最初の実験をした年であった[11]。白色光は、実は虹の色の混ぜ合わさったもの――はじめて「スペクトル」の言葉が使われた――であるというのは、彼の最も有名な発見の一つであった。同様に推論して、彼は、レンズを通る光は常にスペクトルに分離されるから、色収差のないレンズを作るのは不可能であるというたいへん有名な誤りにたどり着いた。第9章で見るように、この結論は明らかに誤っていた。しかし、この言明がニュートンのような権威者によるものだったので、人々はそれをすんなりと信じた。このため、屈折望遠鏡の進歩がその後約五〇年間停滞したのである。

色収差のない望遠鏡レンズはできないと確信して[12]（「絶望的な」問題と彼はいった）、ニュートンは、反射望遠鏡の製作が可能かどうかを検討する研究を始めた。数学者として、彼はすぐに第7章で述べた鏡製作上の根本的問題に目を向けた。一七〇四年の『光学』でのさりげない文体は、彼が、リーヴのような当時の「ロンドンの芸術家」については何もいわず、すべての先人につきまとっていた問題に完全に気づいていることを物語っていた[13]。

ガラス面の不均一性によって生じる反射光の誤差は、同じ不均一性によって生じる屈折光線の誤差の約六倍もある。

この困難と真っ向から向き合うため、彼は最初に、鏡を作る原材料のスペキュラムについて実験で調べはじめた（スペキュラムの言葉は、今日、当時と若干異なった意味を含んでいる。というのも、この言葉は膣内を広げて診察する医療機器のことも指すからである。しかしそれまでの二〇〇年間は、望遠鏡の鏡を表わす言葉として認められてきた)。彼は銅と錫の合金を作り[14]、そこに、悪い評判を持つ物質の砒素と、色を白くする少量の薬剤を加えた。それはもろい金属の反射率を高め、研磨しやすくするためであった。ほどなく、似たような金属の混ぜ合わせはどれもスペキュラム金属といわれるようになった。

次にニュートンは、要求される精度に表面を磨き上げる方法を解決しなければならなかった[15]。ここで彼は本当の大発見をなしとげたと思われる。皮や布を研磨に用いる代わりに、ニュートンはピッチを試してみた。ピッチを溶かして研磨機の上にたらしたのである。ピッチは細かい研磨材(ニュートンはパテの粉を用いた)を含んだ懸濁液となり、研磨材は鏡面へ均一に供給されるようになった。その結果、すり減らす金属の量、つまり鏡面の最終的な形を、かつてないほどの精度で制御できるようになったのである。カーブの湾曲は、どの場所でも約〇・〇〇〇一ミリ以内の精度でなければならなかったので、これは大変な前進であった。現在の光学工場では、研磨材として普通べんがらや酸化セリウムも用いているが、ピッチによる研磨は今日でも行なわれている。

これらの材料とたいへんな辛抱強さによって、ニュートンは望遠鏡の鏡を作る際に生ずる問題を克服する作業に取り組んだ。唯一残った問題は、彼の望遠鏡で光学部品をどのように配置するかであった。ここに彼の天性の実用主義が見てとれる。メルセンヌやグレゴリーが提案したような曲面の複雑な組み合わせをやめて、ニュートンはできる限り簡単な設計、すなわち、実像を作る凹面鏡に、その像を横に曲げる小さな平面鏡をつけたものを採用した。これで、観測者の頭が光をさえぎることなく、普通のレンズ接眼鏡でその像を詳しく調べることができる。以来、この配置の望遠鏡はニュートン式と呼ばれ、その単純さのため、アマチュアの望遠鏡製作家に熱狂的に支持されている。

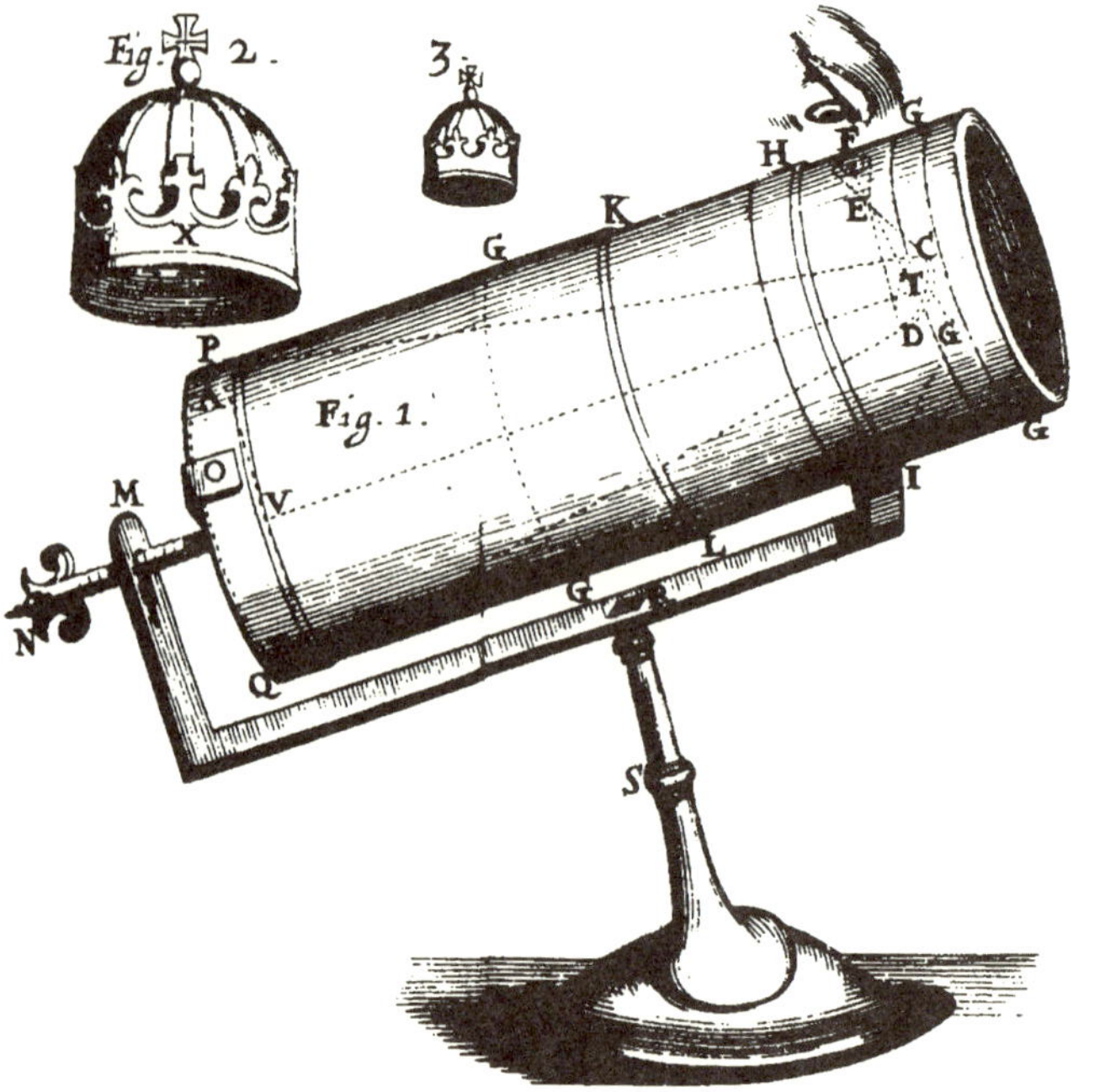

ニュートンの作った望遠鏡。傾けられた平面鏡Tで、鏡筒の横から像を見ることができる

一六六八年に作ったニュートン式の最初の望遠鏡[16]は、小型の試作品にすぎなかった。『光学』で彼は述べている。

凹面鏡に研磨される金属の球面としての直径は約二五英インチ（六三センチ）で、したがって機器の長さは約六インチ四分の一（一六センチ）になる。接眼鏡は、平凸レンズ（一面が平面）で、研磨される凸面の球の直径は約五分の一インチ（五ミリメートル）、あるいはもう少し小さい。したがって、倍率は三〇倍と四〇倍の間になる。他の方法で測定してみたら、倍率は約三五倍であることがわかった。

主鏡面が球面の一部分であることに注意しよう。グレゴリーと同様ニュートンは、焦点距離に比して直径が小さければ、球面が放物面の代用となることに気づいていた。続いてニュートンは、主鏡は「口径が一インチと三分の一」、つまり直径三四ミリであると述べている。

次にニュートンは、この小さな望遠鏡と標準的なガリレオ式屈折望遠鏡との性能を比べてみた。

その望遠鏡を、凹レンズの接眼鏡を持つ長さ四フィート（一・二メートル）のかなり質の良い小型望遠鏡〔ガリレオ式屈折望遠鏡〕と比較した。私の装置の方がその望遠鏡よりも遠い距離で文字を読むことができた。しかし、私の望遠鏡の方が対象がずっと暗く見えた。その理由の一部は、レンズで屈折するよりも金属で反射される方が多くの光が失われるためである。また一部は、私の装置の倍率が高すぎるためである。もし拡大倍率が三〇倍か二五倍くらいならば、対象はもっとくっきりと良く見えただろう。

ここにニュートンの時代の反射望遠鏡の欠点の一つがあった。鏡の材質の反射率が低いため、像の光が弱くなってしまうのだ。

最初、ニュートンは新発明の望遠鏡のことを他人にほとんど話さなかった。しかし、二つ目の望遠鏡を作ると、一六七二年一月一一日に彼はそれを英国学士院で披露し、それによって彼は即座に正会員に任命された。(17) 二つ目の装置の一部は、古びた銘板に「一六七一年アイザック・ニュートンによって発明され、彼自身の手によって製作された」と明記され、一八世紀の複製品と考えられる望遠鏡の中に組み入れられて、現存している。最初の機器の命運はまったくわかっていない。

理論の完成

これが、屈折望遠鏡に相当するものとして長い間探し求められてきた反射望遠鏡が、六〇年後に実現したいきさつである。その発明者はニュートンか、デカルトか、それともメルセンヌか、グレゴリーか？　洗練された光学面研磨技術にニュートンの偉大な業績が存在するのは間違いないが、彼はまた洞察力によって独創性に富む設計に到達したのである。今日彼は、確かに「反射望遠鏡の父」として認められているが、これまで見てきたように、この言い方には多くの但し書きがついている。

一六七二年のはじめ、想像上の反射望遠鏡は最後の転換を迎えた。それはデベルセという科学者が、フランス学士院に、新型の反射望遠鏡が発明されたと報じたことによった。[18] ただ、発明者はシャルトルのカセグレン氏と述べられただけだった。しかしその後三〇〇年以上もの間、そのカセグレンについてはほとんど何も知られず、ファーストネームすら定かではなかった。[19] 何人かの権威者は、彼の名はニコラスで、一六二五年に生まれて一七一二年に亡くなったらしいといったが、他に、その名はジャンかギョームだという人もいた。

その後、一九九七年になって、彼の身元を調べる注目に値する研究がなされ、二人のフランス人天文学者（アンドレ・バランヌとフランソワ・ラウネ）が当時の記録を掘り起こし、彼がローレン・カセグレンという人物であることをつきとめた。[20] 彼は一六二九年頃にシャルトルで生まれ、そこで司祭になり、結局、大学教授にもなった。一六八五年になるまでに彼はショドン村（ウールエロワール県）

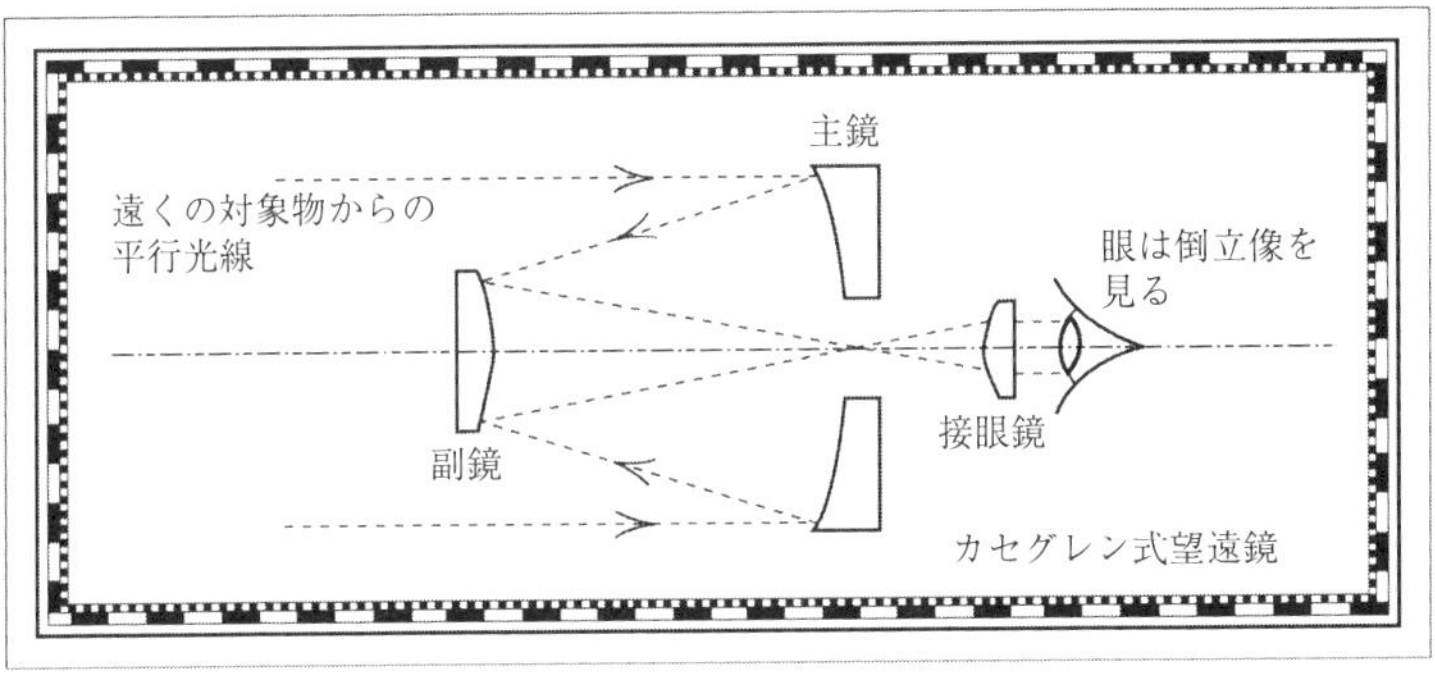

実用的なカセグレン式望遠鏡。主鏡は凹面鏡で、副鏡は凸面鏡である

に移り、一六九三年八月三一日に亡くなっていた。

　カセグレンの発明は、今日でもたぐいまれな重要性を持っている。というのも、世界の大望遠鏡のほとんどすべてが、まさにこの設計を採用しているからである。それはグレゴリーの設計と同様、主鏡は穴をあけた放物面で、その中央にあけた穴から光を取り入れるために曲面の副鏡を使用するメルセンヌの形から派生したものであった。ただし、凹面鏡を副鏡に持つグレゴリー式とは違い、カセグレンの設計では、放物面の主鏡からの光線を結像する前にさえぎって、凸面の副鏡を置く。これにより、主鏡の穴を通って出てくる光は収束光線となって焦点を結び、実像を作る。これは、主鏡のすぐ後ろに置いた普通のレンズ接眼鏡で拡大することができる。

　この副鏡が、当時の標準ではまったく実現不可能な斬新な形であるのは明らかで、それを指摘するのはたやすいことである。実は、それは双曲面であった。さらに驚くのは、カセグレンの新望遠鏡をデベルセが報じるほぼ一〇年前に、ジェームズ・グレゴリーがその製作を実際に試みていたことである。[21] リチャード・リーヴがロンドンで彼のために作った試作品には、凹型と凸型の両方の副鏡があり、このスコットランド人の数学者が、正直なところ完全にフランスの仲間に先手を打っていたのは明らかであった。

カセグレンの設計の出現で、基本的な反射望遠鏡の型は完全に出尽くし、その理論は十分に理解され、その後二世紀以上にわたってそれ以上の改善はなかった。しかし、それが皮肉な状態なのは明らかであった。一六七二年になっても、実用になった反射望遠鏡は世界中にたった二つしかなく、その二つともアイザック・ニュートンのものだったのだ。

ニュートンがカセグレンの発明のニュースに辛辣な言葉で応じて、彼が主張を正当化したのはまさにこの点だったのである。[22]

したがって私は、カセグレン氏が秘密を明らかにする前に、製作を試みることを望みます。もっと満足するには、今後も製作してみることです。実用にならない限り、このような計画はほとんど意味のないことが彼にもわかるだろうと私は思います。


一つだけの本当に妥当な批判ではあったものの、ニュートンが英国学士院事務局長ヘンリー・オルデンバーグへ宛てた書簡は、この設計に関する他の批判的なコメントをすべてなぎ倒している。一方彼はまた、カセグレン式やグレゴリー式は類似の原理をもとにしているから、グレゴリーが実用となる望遠鏡の製作に失敗したなら、明らかに他の望遠鏡もうまくいかないと指摘している。ニュートンのこの書簡は英国学士院の雑誌『哲学紀要』で出版された。

セントアンドルーズでは、グレゴリーがこれを聞いてやや失望し、自分の発明を擁護するため英国学士院と書簡のやり取りを始めた。[23] ニュートンとの議論の骨子は、グレゴリーの一六六二年の試作望遠鏡が失敗したのは、それが球面だったため（非球面にするべきだったのにそうしなかったため）か、あるいは研磨が不正確だったためか、どちらかということだった。この問題は完全には解決しなかった。悲しいことに、二人の偉大な数学者は互いに意見が対立したままであった。

その時までにニュートンは、当時の主導的科学者の一人と認められ、さまざまな研究でさらに自分を有名にしてきた。しかし、その後の彼の経歴は、同時代の人々との数多くの激しい議論で損なわれ、これらが結果的に彼の精神を不安定にした。一六九三年、『プリンキピア』出版の約六年後、彼は科学者を引退して文官になった。王立造幣局で彼は、最初は監督官（一六九六）として、それから長官（一六九九）として権威を持ち続けた。一七〇五年、アン女王によって彼にナイト爵位が授与されたが、科学への貢献に対しこのような名誉が与えられたのはこれが最初であった。一七二七年、彼は八四歳の高齢で亡くなった。

ジェームズ・グレゴリーには、このような長い人生のたそがれが待ち受けていたわけではなかった。一六七〇年代初期、セントアンドルーズ大学で彼は「現代的な」授業を行なえないことに幻滅を感じていた。グレゴリーの頃にすでに創立二五〇年を超えていた大学は、いろいろな点で古色蒼然としていたのである。(24)

セントアンドルーズ天文台の事態は［とグレゴリーは書いている］非常に悪い状態にあります。その理由は、教えようとする数学に対し大学の教師たちの偏見があることです。一部の学生は、それまで自分たちが勉強してきた数学と異なる教材や説明を見つけると、その教師を馬鹿にし、一部の者を公然とあざ笑ったりするのです。

一六七四年一〇月、グレゴリーはエディンバラ大学で数学教授になるために旅立った。しかし、その一年後のわずか三六歳のとき、彼は弟子といっしょに木星の衛星を観測中、脳卒中に襲われた。数日後に彼は亡くなった。もしもっと長生きしていたら、その才能によって、間違いなく現在歴史が与えているよりはるかに大きな地位を彼は獲得していただろう。

初期の反射望遠鏡の歴史には、最後にいくぶん予想外の奇妙なことが一つ起こった。第7章で述べたように、本書の主な登場人物は、イギリス人（ニュートン）、スコットランド人（グレゴリー）、三人のフランス人（デカルト、メルセンヌ、カセグレン）である。これらの数学者たちは、一六三四年（デカルトの『世界論』）から一六七二年（デベルセによるカセグレン望遠鏡の発表）の間にそれぞれの貢献をした。しかしその前の一六三二年に、イタリアで驚くべき書物が出版されていた。(25) それは、これらすべての発明を予告するかのようなものだったのである。

その著者、ボナヴェンチュラ・フランチェスコ・カヴァリエリ（一五九八―一六四七）は、イエズス会修道士で、ガリレオの弟子と自称していた。彼は今日でいう積分学に重要な貢献をして、一六二九年、ボローニャ大学の数学教授に任命された。ここで彼は『物を燃やす鏡』を著した。この表題は、鏡を使って、離れたところから可燃物質に点火するアイディアを示すものであった。

このぱっとしない表題にもかかわらず、この著作は本質的には曲面鏡の光学の専門書であった。それは、デカルトが研究したような放物面鏡の結像性を探るものであった。そして、メルセンヌのものと同じ特性を持ち、（穴をあけられた主鏡を含めて）グレゴリーやカセグレンのものとも非常に近い鏡の組み合わせをそこに示していた。これらの鏡は、望遠鏡というより物に火をつけることを意図していたものの、ニュートンの望遠鏡と同様だというと非常に疑わしく思われるが、この本はまた反射望遠鏡の考えをはっきりと示していた。そしてそれは、ニュートンが生まれる一〇年前であった。

歴史家のピエロ・アリオッティが一九七五年に科学史年表にはっきりと載せるまで、反射望遠鏡の発展に対するカヴァリエリの貢献は、なぜほとんど無視されていたのか？　その答えは、部分的には『物を燃やす鏡』が、物を燃やすだけでなく、熱や音を反射する鏡までも含む広範囲な領域を扱っていたために違いない。

しかしカヴァリエリは、図らずも自分で自分の足をすくってしまったのかもしれない。『物を燃やす鏡』の中で、彼は反射望遠鏡について次のように述べていた。

この機会に私は、いわばパンよりケーキを熱望する軽薄な人々に満足を与えるため、単なる気まぐれでしかない考えを述べる。というのも、私の見解では、誰かが試したいと思った鏡の組み合わせでは、そこにレンズを追加しようと、屈折望遠鏡のすばらしさには決して及ばないと気づくに違いないからである。私はそう確信する。

当然のことながら彼は間違っていた。が、反射望遠鏡に関する多くの問題についてはデカルトやニュートンも間違っていたのだ。ボナヴェンチュラ・カヴァリエリは、歴史上ゆゆしいまでに過小評価されてきた。もし、ニュートンが「反射望遠鏡の父」と呼ばれるなら、カヴァリエリは確かに反射望遠鏡の名づけ親に違いない。

第9章　スキャンダル——法廷に持ち込まれた望遠鏡

一八世紀にさしかかろうとするとき、イングランドではロンドンのニューゲート刑務所ほどおぞましいところはなかった。私たちが二一世紀からのタイムトラベラーになったとしても、その気味悪い壁の背後を支配する不潔さや暴力を想像することは困難だ。その刑務所は、一六六六年九月のロンドン大火後に再建されたものの、改善された様子はまるで見られず、被収容者の生活の質を高める手段は皆無といってよいほどわずかだった。[1]

驚くべきことに、この不幸な人々は、洗っていない体から生ずる体臭と、いつも存在する発疹チフスの恐怖との中で生活することに、金銭を支払わなければならなかった。入所すると、他の囚人たちが暴力をちらつかせながら「心付け」と呼ばれる前払いの入所金を要求した。それから、宿泊設備代や食事代が当局から徴収され、囚人の支払い能力によって宿泊や食事の内容が変わった。裕福な者は看守部屋を寝場所にすることもできたが、他方、下層の監房の囚人たちは、有罪を宣告されたある追いはぎ[2]が生き生きと描写したように、「筆舌に尽くせないほど汚いところで、ボロ布のような毛布に横たわり、足元にはシラミが活発にはい回っている」状況であった。

多くの囚人たちにとってニューゲート刑務所の外に出る道は一本しかなく、それはタイバーンの絞首台に続いていた。しばしばその道をたどるのは、ほんの些細な規則違反のためであった。しかし、おそらくもっと惨めなのは債務を負う者たちの窮状であった。自らを養う財産がない彼らは、時に監房で捕らえたドブネズミやハツカネズミで細々と命をつないだ。彼らの悲惨な状況は、八方ふさがりを描いた古典的な小説『キャッチ22』に輪をかけたものであった。刑期を終えると、出所前に、囚人はすべて、開放されるためのお金を払わなければならなかった。しかし、債務者たちは何も持たないから、自由になる権利をとっくに獲得しているにもかかわらず、監獄で死を迎えなければならなかった。これが、卑しく、頽廃しきった一八世紀の更生機関の状況であった。

一八世紀後半にロンドンの最も著名な光学業者の何人かにつきまとったのは、この債務者たちの牢獄の亡霊であった。逆説的だが、彼らは、望遠鏡の大きな進歩の直接的結果としてその可能性と向かい合うことになったのだ。その技術的飛躍が、偶然にも、とげとげしい対立やスキャンダルを呼び込んだのである。

これらの不幸な出来事の根本にあったのは、当時の最も偉大な科学者、アイザック・ニュートン卿の思慮の足りない判定であった。光学という科学は、彼の行なった屈折（光が曲がること）や分光（光が虹色に分かれていくこと）の研究だけでなく、波としての光の性質に関連するより複雑な現象の研究も含まれ、彼の手のうちで変質していった。そして、望遠鏡への彼の貢献は、単に最初の実用的反射望遠鏡を製作しただけではない。彼はまた、屈折望遠鏡についても驚くべき発見をしたのであった。(3)

球面のガラスレンズから生じる誤差（球面収差）は、光線の屈折率の差から生じる最も目立つ誤差（色収差）に比べれば、最大でも、たった一二〇〇分の一にすぎない。そしてこれは、完全な望遠鏡を作る妨げとなっているのが、ガラスレンズを球面にしたためではなく、光線の屈折率に違いがあるためであることを十分に示しているのだ。

言い換えれば、望遠鏡レンズの球面収差が像を損なう効果は、色が多色になる色収差と比較するとごくわずかなのだ（第6章参照）。ニュートンは、反射望遠鏡の悪い点はすべてレンズを非球面にすれば直せるという、長く信じられてきた概念を一蹴してしまった。彼はまた、「屈折のみを利用する望遠鏡では、同時代のすべての人々がまさに行なってきた望遠鏡の長さを長くすること以外に改善の手段はない」といって(4)、その他の解決法を探す望みも同時に断ち切ってしまった。しかしこれは誤りであったのだ。

それが本当かどうかをあえて検討し、ニュートンが何か見落としているかもしれないことをほのめかしたのは、ジェームズ・グレゴリーの甥にあたるスコットランド人であった。デヴィッド・グレゴリー（一六五九―一七〇八）は、叔父のジェームズと同様エディンバラ大学の若き数学教授であった(5)。一六九一年、彼はオックスフォード大学でサヴィリア数学教授になったが、この任命はニュートン自身の影響に大きく拠っていた。彼はまた同年、英国学士院の正会員にも選出された。

デヴィッドは、新望遠鏡のアイディアを開拓するグレゴリー家の伝統にのっとって、一六九五年にその研究を『球面の反射と屈折の光学』という本に著した。ここで彼は、人間の目は波長の異なる色の影響を受けずに像を形成する点でかなり優れていて、それはレンズでもうまくいくのではないかと注目している。彼は、いくつかの異なった透明な材質で構成される目の複雑な構造が、望遠鏡の対物

レンズの手本になるかもしれないことを示唆しているのだ。(6)

像を眼底（背後）にこのように鮮明に描くために目の構造がどうなっているかを理解することは、おそらく、（それに隣接している他の媒質とは）異なる媒質から対物レンズを作るのに役立つだろう。

事実、この考え方をニュートンが見過ごすことはなく、『光学』で彼は、間に水をはさんだ二枚のガラスレンズによる対物レンズのことを書いている。(7) しかしおそらく、この偉大な人物は、すでにこの議論の弱点——実際にそれはあった——を発見していた。今日、目の中のさまざまな物質だけでは、それらの屈折率の差で色収差を十分に修正できないことがわかっている。したがって、「眼底に描かれ」た像は、実際は色収差の悪影響を受けている。それを処理するのは光学ではなく、ヒトの脳の驚くべき処理能力によっているのだ。

どのみちそれは大した問題ではなかった。グレゴリーの偉大な研究は科学の主流派からはほとんど無視されたものの、異なる物質のレンズを組み合わせるアイディアは出現したのだ。(8) 事態はそこで約三〇年間停滞したが、その後、このレンズの組み合わせの問題は、優秀な数学者たちの心の中からロンドンのある法廷弁護士に移って、彼が余暇に熟考するという興味深い展開を見せたのである。なぜ法廷弁護士がそんなことをしたのか？

事実、彼は、イングランドの四法学院の一つであるイナーテンプル法学院で仕事に精を出す、かなり成功した法律家であった。しかし、彼は楽しみとして光学に思いをめぐらせていた。このチェスター・

ムア・ホール（一七六七年没）は、変わった趣味にたいそう本気で取り組み、エセックスの自宅に光学実験をする研究室を建てた。さらに彼は、色収差のない望遠鏡の対物レンズを作る考えに取りつかれた。それはおそらくニュートンの『光学』を読み、この偉大な人物がそれを作ることができなかったのを知ったあとであった。[9]

ホールがデヴィッド・グレゴリーの研究を知っていたかどうかはわからない。ニュートンの死の二年後であるが、一七二九年に彼が提案した方法は、基本的にはスコットランドの教授と同じものであった。対物レンズが一枚のガラスではなく、一枚をもう一枚の後ろにくっつけて二枚重ねにした組み合わせレンズであるとしよう。もし、これがそれぞれ性質の異なるガラスの組み合わせで、一枚が凸レンズ（中央が最も厚い）、もう一枚が凹レンズ（中央が最も薄い）なら、おそらく――おそらくでしかないが――それぞれの色収差を相殺できる。このように組み合わせたレンズが結ぶ像は、色収差のないものになるであろう。これは、光学者たちから「アクロマート」（色消し）と呼ばれる状態である。

ニュートン自身もおそらく似たように推論したのだろうが、自分の実験から彼は、異なる性質のガラスでも、白色光はまったく同程度にそれを構成する虹の色へ分散すると信じた。[10] 換言すれば、すべてのガラスは同じ分散力を持つので、そのため色収差の修正は不可能になるというのである。しかし、彼のこの結論は間違っていた。

ホールは、自分の実験に、手に入る範囲で最も種類の異なる二つのガラス[11]――クラウンガラス（王冠ガラス）という立派な名のガラス（ブロー・アンド・スピン法という製作法にちなんで名づけられた、基本的には普通の窓ガラスに使うガラス）と、天然の水晶の密度と輝きを持ち、比較的新しく発

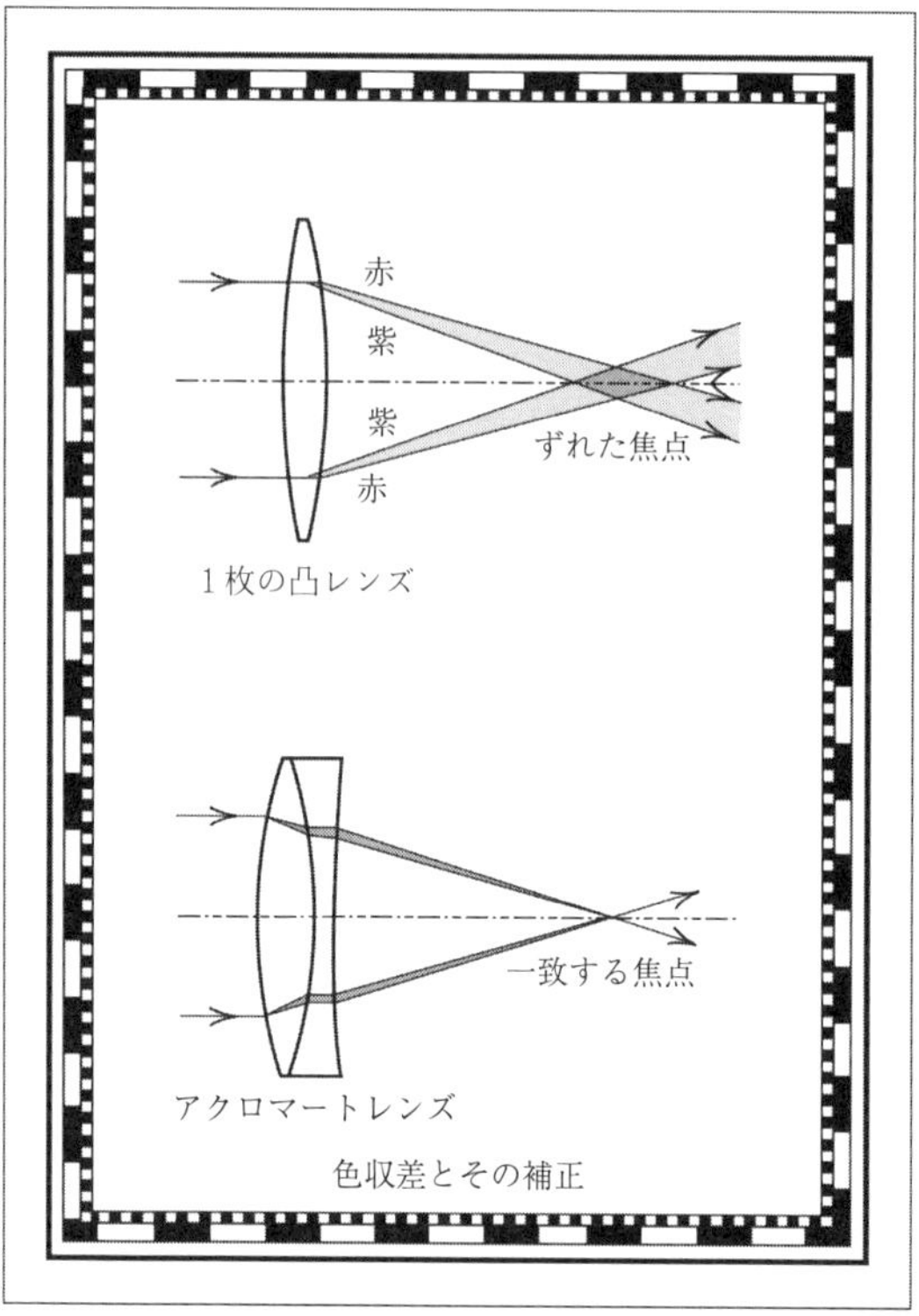

色収差とアクロマートレンズ。違う種類のガラスを組み合わせると、色収差のない像を結ぶレンズを作ることができる

明されたフリントガラスとを選んだ。この二つの材料は、光学的特性が十分に異なっているから、クラウンガラスの凸レンズとフリントガラスの凹レンズを光学的処方に沿って正しく組み合わせるとアクロマートレンズになる。これはともかくチェスター・ムア・ホールの直感であった。彼はそれをテストしたいと思った。

ホールはニュートンのような技能には恵まれていなかったので、光学製品の研磨はレンズ製作の専門の職人に任せた。しかし、同じ直径——試作品で二・五インチ（六三ミリ）——のレンズを二枚同じ職人に注文することは、彼が企図していることを明らかにしすぎるのではないか、そして、秘密が漏れたら発明の優先権を主張するのに費用がかかるのではないかという疑念が生じた。そこで彼は賢明にも、一枚をソーホーのエドワード・スカーレットに、もう一枚をラドゲート通りのジェームズ・マンに注文し、懐手をして待っていた。

スカーレットとマンはロンドンでは一流の光学職人であった。[12] より年配のスカーレットは、職人としての系統がクリストファー・コックを通じて偉大なるリチャード・リーヴにつながる人であり、他方マンは二代目の光学職人で、自分の徒弟をとる直前であった。二人とも忙しい人で、ホールのレンズのような一回限りの小さな仕事を引き受ける時間はほとんどなかった。したがって、彼らがその仕事を下請けに出すと決めたのは当然であった。

誰も――とりわけチェスター・ムア・ホールは――予想しなかったことだが、彼らはレンズの研磨に同じ職人を選んでしまった。彼らはどちらもその仕事を、ジョージ・バス（一六九二頃―一七六八）という名のブライドウェルにいる職人に送った。それは特筆すべき偶然の一致であったが、運命的なものでもあった。これは、不運なバスを結果的に論争の嵐のまっただ中に放り込んだだけでなく、最終的には他の事情も重なって、望遠鏡製作に対する名誉ある地位をホールから奪うことになった。

成功と影

続く出来事では、劇中のヒーローと悪役があっけなくごたまぜになり、ともかく役割の区別ははっきりしなかった。が、幸いにも、ほぼ同時代のもう一人の熟練した光学職人の説明があった。彼は、このちに自分自身が泥沼に深く入り込むと脅かされるような個人的状況にあったにもかかわらず、この論争を達観視できる公平な人物であった。

この人物はジェシー・ラムスデン[13]（一七三五―一八〇〇）で、ハリファックスに生まれ、機械製作者の徒弟となるため二〇代でロンドンにやってきた織物職人であった。彼はエイブラハム・シャープの甥の息子で、数学におけるシャープの精力的な研究は、フラムスティードの著作『ブリタニカ星表』（一般的には『フラムスティード星表』）を彼の死後の一七二五年に完成させる助けとなっている（第6章参照）。ラムスデンは結局、当時最も偉大な機器製作者となったが、今日最も記憶に留められているのは、おそらく望遠鏡用接眼鏡の設計だろう。その接眼鏡は、簡潔さと性能の良さにおいてホイヘンスの接眼鏡と並ぶものである。しかし、一七九五年に英国学士院の最高の賞であるコプリー・メダルを彼にもたらしたのは、天文学、航海、測量に用いる位置測定機器に対する革新的な業績であった。

今日英国学士院図書館に保存されている注目すべき手書き原稿で、ラムスデンは、アクロマートレンズについて、一七三〇年代初期のチェスター・ムア・ホールの発明後の事情を説明している。そう、ホールの実験がうまくいったのは本当である。バスによって作られた二枚のレンズは、エドワード・スカーレットとジェームズ・マンを通じて、待っているホールのもとに別々に戻されると、いっしょに組み込まれ、ある接眼鏡を使ってテストされた。それは、色収差によるぼやけのない見事な像を結んだ。一〇〇年以上にわたる望遠鏡製作者たちによる苦労が、この大規模な躍進につながったのだ。

英国学士院の文献[14]で（そのタイトルは控えめに「アクロマート式望遠鏡の発明における所見」となっている）、ラムスデンはホールのことを、「このたぐいまれな美点を備えた人物は、仕事からの引退を切望し、有名人になりたい希望もなかったから、学問の世界でも彼の業績に値する知名度を得ていない」と述べている。ラムスデンはさらに以下のように続けている。

エセックス州のチェスター・ムア・ホール氏は、私がいつもアクロマート対物レンズの最初の発明者と考えていた人物である。私は彼を、一七六七年に亡くなる数年前から個人的に知っていた。

今日アクロマート式望遠鏡と呼ばれるものを彼が最初に思いついたのは、目の構造を考えたからだと彼は話してくれた。

しかしながら問題は、ホールがさらにレンズを試作しこの発明を完成させたのち、それに関して何をしようとしたかである。英国学士院への書簡や特許申請書から想像すると、彼はもっと野心的な人物に思われるが、ホールはその考えを、何かに使えるかもしれないと考えた光学職人に伝えただけであった。結局彼は法律家で、この些細な光学上の問題を解いてしまった今、それ以上これを個人的に利用する考えはなかった。ラムスデンは詳細を書いている。

ホール氏は、自分の発明の実用性に満足してから、それを役立てようと、望遠鏡製作の手引書を故バード氏へ送った。これはその時自ら語ったことである。しかし三年ほど後に、バード氏が、この事業を遂行するには大きな機器の製作にあまりにも関わりすぎていることがわかったので、彼は同じ手引書をアイスコー氏にも送った。しかし、当時アイスコー氏の事業はあまりうまくいっていなかったと思われる。彼は間もなく破産した。

これが経済的なもめごとの最初の兆しであった。このことは、この段階ではアクロマートレンズ自体とは無関係に思われた。どのみち、ロンドンの有名なこの二人の機器製作者、ジョン・バードとジェームズ・アイスコーは、彼らに与えられたものの恐るべき重要性に気づかなかった——少なくともそれを利用しそこなったのである。

新しい状況証拠は、一七三五年頃ジェームズ・マン（アイスコーが助手を務めていたことのある）の作った望遠鏡が、ホールの設計によるアクロマートレンズを使用していたことを示している。[15] ラムスデンは、アイスコー所有の望遠鏡は長さがたった一八インチ（四六センチ）だが、木星の衛星がはっきり見えたとも述べている。[16] アクロマートでない当時の望遠鏡は、像質が著しく劣るため、同じ性能を示すには三倍の長さが必要であった。色収差のない新しいレンズが出現したことは、明らかに、観測天文学でまだ主要な地位を占めているひょろ長い屈折望遠鏡にとって、それが不要になる不吉な前兆であった。

しかしそうはならなかった。少なくともまだその時は。あれやこれやホールの見かけ上の成功の例はあったものの、ありえないことが起きたように思われる。バードとアイスコーは完全にホールの期待に背き、時が経つにつれ、アクロマート対物レンズの発明は、驚くべきことにうやむやに消えてしまったのである。

＊

それを再発見し、ロンドンの光学製品の商いで面倒を引き起こしたのは、織物職人から光学職人に変わったもう一人の人物である。ジョン・ドロンド[17]（一七〇六―一七六一）はフランスのプロテスタントであるユグノー教徒の出で、ナントの勅令が廃止になった一六八五年のあとにイングランドに逃れてきた。彼は父親と同じ絹織り職人だったが、若いときに光学に対する興味を開花させ、チェスター・ムア・ホールの向こうを張れる力を持っていた。

ホールと同様、ドロンドも本業を維持し、光学の研究は余暇に残しておいた。しかし、ホールと違って、光学の専門家や職人たちと広く連絡を取り合い、一七三〇年代から一七四〇年代にわたって、光学全般に関する権威者として人もうらやむ評価を獲得した。同時期に、彼と妻のエリザベスは子供を育て、息子のピーター（一七三一―一八二〇）が一七五〇年に職についたが、その時、絹織り職人ではなく、光学を職業に選んだことには何の不思議もなかった。それより驚きだったのは、二年後、彼の父も絹織りをやめて光を紡ぐ人になったことだ。彼もその事業に加わったのである。このようにしてドロンドと息子の会社がスタートした。その名は今日でもイギリスの有名な光学機器のチェーン店、ドロンド・アンド・エイチソンとなって残っている。

生まれたばかりの会社は、間もなく革新的で高品質の装置を作る評判を確立した。天文学者の顧客に対しては、二重星の間隔のような小さい角度を測るための新しい正確な測微計を作る会社という地位を、苦労して獲得した。これらの一つ「分割対物レンズ付き測微計」（太陽儀）は、一七六九年に起こった金星の太陽面通過（太陽の表面を惑星が横切ること）を観測し、太陽系の大きさを測定するために、キャプテン・クックが携帯した。これは、クックが画期的な太平洋航海をなしとげた際のことである。この航海中に、クックはまた遠くの海岸線を偶然発見し、「ニューサウスウェールズ」という気まぐれな名前をつけている。(18)

一七五〇年代が経過するにつれて、ジョン・ドロンドは、彼自身は知らない人物であったが、チェスター・ムア・ホールが二五年ほど前に取りつかれたのと同じ考えにとらわれるようになった。望遠鏡用に色収差のない対物レンズを作る問題はどうして解決すればよいのだろう？　ドロンドが同時代の光学に通じ、光学の専門家と親しかったにもかかわらず、彼はホールの発明をまったく知らなかったばかりか、ホールのことすら知らなかった。それはある程度、ホールの野心が欠けていたことによる。

ドロンドの文通相手には、ベルリンのレオンハルト・オイラー（一七〇七―一七八三）やスウェーデン・ウプサラのサムエル・クリンゲンスティルナ（一六九八―一七六五）など、大陸で先端を行く数学者が何人か含まれていた。この二人の科学者はともに、色収差のないレンズの製作は不可能というニュートンの断定は誤りだと確信していた。他に、ドロンドの親友で、エディンバラ生まれで一七三八年にロンドンに移ってきた光学の専門家ジェームズ・ショート[19]（一七一〇―一七六八）も、この意見に共感していた。ショート自身、きわめて上等なグレゴリー式反射望遠鏡（第10章参照）というただ一つの製品を作り上げたことで、人もうらやむ評判をとっていた。それにもかかわらず彼はアクロマートレンズの問題に関心を持っていた。これらすべての議論がジョン・ドロンドの激しい情熱をかき立て、そしてついにある日、避けがたい出来事が起こったのである。

再びジェシー・ラムスデンによる明確な説明を読むことにしよう。

ドロンド氏は……色収差なく対象が見える対物レンズを作ろうとしたがうまくいかず、現在のところ彼は、この特性を持つレンズの製作を断念していた。このしばらく後に、故ヨーク公爵からドロンド氏に読書用眼鏡の注文があった。彼は、先に述べたお抱えのレンズ作り職人であるバスにこの注文を下請けに出した。バスはいくつか作ってみせ、ドロンド氏は、その鮮明さと透明さから、フリントガラスで作った一枚を気に入ったようであった。が、バスは彼にこのガラスの欠点を話した。このガラスを通して見た文字は、クラウンガラスを加えた場合に比べて端に行くほ

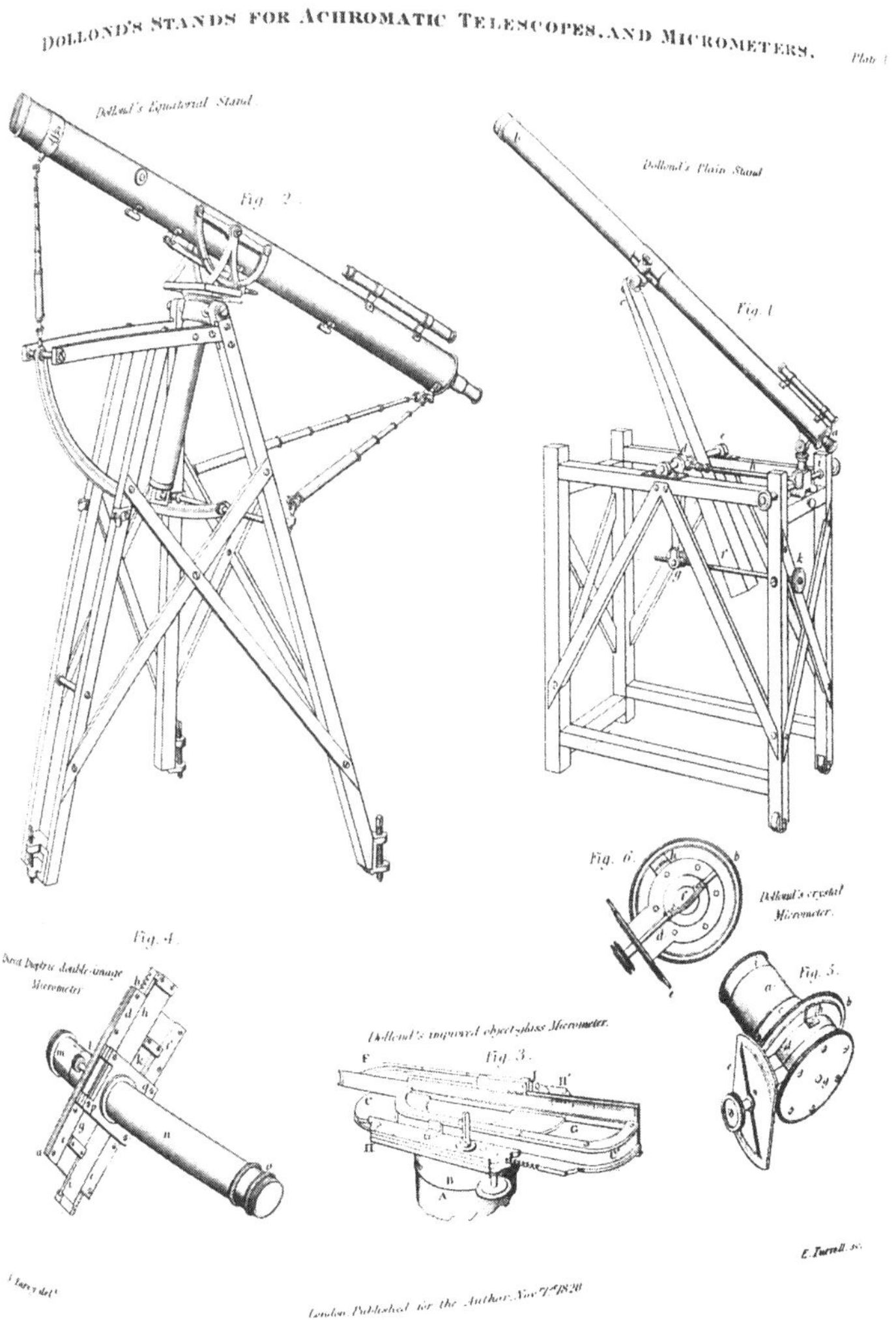

ドロンドのアクロマート望遠鏡と付属品

ど色がつくのである。また彼は、ホール氏用に対物レンズとして凹レンズを作ったことがあり、そのガラスがフリントガラスであったことを話した。

ブライドウェルにあるジョージ・バスの粗末な仕事場に立つジョン・ドロンドの心中で、警鐘の鳴り始めたのが聞こえそうだ。フリントガラスの凹レンズ？　ホール氏の対物レンズ？　そこで彼は本当にそのことを聞いたのだろうか？

ドロンドがストランド街のはずれにあるエクセター・エクスチェンジ〔建物の名称〕の近くの屋敷に戻ったとき、その内容を理解していたことは間違いない。[20]彼はすぐにクラウンガラスの凸レンズをフリントガラスの凹レンズを組み合わせて、ホールの結果を再現する仕事に着手した。その後さらに実験を重ね、結果に十分自信を得た彼は、一七五八年に、かなり詳しい結果を記した手紙をジェームズ・ショートに書いた。今度はショートがこの手紙を英国学士院に送り、その手紙は『哲学紀要』に掲載された。ついに、長く探し求められていたアクロマートレンズの秘密が公になったのである。

際限なき対立

しかし、この時が問題の始まりだった。[21]ショートへの手紙では、ドロンドはオイラーやクリンゲンスティルナの研究にまったく触れず、最悪なことに、以前のチェスター・ムア・ホールの成功も書かなかった。この紳士ホールはエセックスでまだ隠遁生活を送っていたが、ドロンドは彼に連絡をとろうとはしなかったようである。これを剽窃と呼んでよいかどうかは疑わしいが、もっと悪いことが起ころうとしていた。ジョンはドロンドのグループでは光学の天才であったが、息子のピーターは明らかに事業家の才覚を持っていた。アクロマートレンズの特許を出願するよう父を熱心に促したのはピーターで、その特許は一七五八年四月、ジョージⅡ世によって与えられた。その時から、ドロンド家のみに伝説のダブレット〔二枚組レンズ〕の製作が許可されたのである。

彼らは儲けた。世界中の人々がドロンド家の扉を叩いたといっても過言ではない。最も著名な天文学者の何人か、たとえばグリニッジのネヴィル・マスケリン（第五代グリニッジ天文台長）やトゥールーズのアントワーヌ・ダークワイアは、ドロンドのアクロマートレンズを入手できるようになるやいなやそれを買った。ドロンドのアクロマート式望遠鏡は、航海用六分儀にもうまく使えることがわかり、航海者たちにも恩恵をもたらした。英国学士院はこの優れた成功を認め、すぐにジョン・ドロンドにコプリー・メダルを与え、一七六一年、彼を正会員にした。

王の支援は続き、新しい君主ジョージⅢ世（一七六〇年一〇月に祖父の後を継承）は、ドロンドを「陛下指定の光学機器商」に任命した。結局ドロンドは、トマス・ジェファソン、フリードリヒ大王、彼の顧客として名を連ねていたオーストリアのアマチュア天文家、レオポルド・モーツァルト（さらに天分に恵まれた息子が、音楽家のヴォルフガング・アマデウス・モーツァルト）などの著名人と並ぶ、裕福で有名なえり抜きの光学機器商となった。

しかし、誰がドロンドの競争相手だったのだろうか。最初はあまりいいたてられなかったが、特許が与えられたいきさつについては、ほぼ世界中に不満が存在していた。一部の光学業者たちは、特許侵害で訴追されるのを覚悟で特許を無視した。結局、ジョン・ドロンドの研究の詳細が出版されたおかげで、アクロマートレンズの作り方は広く知られるようになった。しかし、それ以前のチェスター・ムア・ホールの研究のうわさが知れ渡るにつれて、ロンドンの光学機器商人たちの憤りが高まりはじめた。

もし、この問題でドロンド家と渡り合う企てがあったとしても、その人々は、一七六一年一一月に突然ジョンが亡くなるという悲しい知らせによって裏をかかれた気持ちになったろう。彼はたった五五歳で脳卒中に冒されて世を去り、一二月六日にセント・マーティン教会の墓地に葬られた。その際、悲しみに暮れたたくさんの職人仲間に見送られたことは間違いない。ピーターはただ一人の事業主になり、繁栄を続けたが、再び競争相手の怒りを買った。結局、避けがたくして事は起こった。

ピーターとその父は、仕事の急増のため、一七五八年にフランシス・ワトキンスという男を雇い入れていた。その男が、自分の名でアクロマート式望遠鏡を製作し販売していたことが発見された。ピーターは特許侵害で訴訟を起こし、勝訴した。さらに彼は、同様の行為を行なった者とは誰であれ対決することを明らかにした。この時、反乱が起こった。ロンドンの三五人の光学業者が、眼鏡職人組合の支持を得て、一七六四年六月、ドロンドの特許の取消しを枢密院に申請したのである。ここで彼らは、チェスター・ムア・ホールの業績や一七五八年以前にロンドンでアクロマート式望遠鏡が販売されていた事実を引用した。

哀れな老人バスは、七〇代になった今、この訴訟の証人として引き出された。彼は、三五年近く前に起こったこの奇妙な事件について忠実に述べると宣誓したに違いない。スカーレット氏とマン氏から二枚のレンズが別々に彼の仕事場に注文されたこと。それらが明らかにつながりを持つとわかったこと。作り上げたレンズを合わせてみて、その目的がわかったこと。そして、この二人の光学職人たちから、どのようにしてもとのアイディアの持ち主がホール氏であるかを特定したかということを彼は話した。それは明々白々の出来事だった。

しかしそれは何の役にも立たなかった。枢密院はその訴追を退け、ビジネスは平常に戻り、ピーターは同業の光学業者たちにさらに厳しい方針を示した。ドロンドがなしとげたことにどのような意見を持っている人であっても、それら業者たちには多少の同情を感じたに違いない。というのも、もしアクロマート式望遠鏡を売らなければ、商売は失敗する運命にあるし、もし望遠鏡を売れば、訴訟を覚悟せねばならなかったからである。債務を負って牢獄にいた者の亡霊が、彼らの脳裏に気味悪く浮かんだことは間違いない。

一連の訴訟が後に続き、一七六六年、試金石となる判例があった。ピーターが、アクロマートレンズ製作のかどでコーンヒルのジェームズ・チャンプニーを訴えたときのことである。チャンプニーは、三五人の光学業者たちとともに似たような路線で強く反論した（彼も三五人の中に入っていた）。裁判所は、本当はホールがレンズの発明者であることには同意したものの、被告に対し相当手厳しい言葉を述べた。民事訴訟裁判所の裁判長であったカムデン卿は、判決要旨に、「このような発明の特許で利益を上げるべきは、書き物机に発明をしまっておく人物ではなく、公益のために差し出す人物であるべきだ」と記したのである。こうして彼はチャンプニーに不利な判決を下した。チャンプニーは、アクロマート式望遠鏡を売ったことで与えた損害と特許権使用料を支払わなければならず、すぐさま破産した。

ピーター・ドロンドを支持する通達としてこれ以上はっきりしたものはなく、これを武器に彼は訴訟活動を始め、アディソン・スミス、フランシス・マシューズ、ヘンリー・パイフィンチ、そして再び哀れなフランシス・ワトキンスが完敗するのを見ていた。彼らは皆かなり著名な人々であり、この衝撃的な出来事で光学業者のなめた辛酸を強調しすぎることはない。しかし、冷酷なピーターはますます強力になっていった。罰を受けずにドロンド家の特許に挑戦する者は皆無だった。

それで、この恐るべき日々の間、ジェシー・ラムスデンはどうしていたのだろう？　枢密院への原告の中で、彼は注目すべき欠席者であった。彼の見解はきわめて明確に『アクロマート式望遠鏡の発明についてのいくつかの所見』で述べられている。

（ジョン）ドロンド氏がバスから受けた暗示を利用した方法は、彼の非常な賢明さの証拠で、私が述べている事実が、彼の真価を——少なくとも、この件に関して彼自身が身につけた真価を——軽減すると考えられるはずがない。というのも、彼はいつでも私との会話の中で、彼より前にホール氏がアクロマート式望遠鏡を作ったことを認めていたからである。私は喜んで、故ドロンド氏の人となりを公平に評したいと思う。当時彼は、必要な知識を持ち、光学的、数学的機器の改善を望んだロンドンでは唯一の人物であり、状況の許す限り最も寛大な心を持って両機器の開発に費用を惜しまなかった。彼は即座に二種類のガラスの用途を見抜き、……有能な光学業者として、この望遠鏡が一般的に利用されるようになるまで時間を要さなかった。

この見解は、チャンプニー裁判で民事訴訟裁判所がとった見解に本質的なところで反映した。この事件に関するジェシー・ラムスデンの見解が一方的であった理由は、裁判の前年に彼がピーター・ドロンドの妹のサラと結婚した事実にあると指摘する者もあった。(22) 確かにこの一家との結婚によって、彼は特許権使用料を得る立場になった。しかし、ラムスデンはジョン・ドロンドの仕事を補助したものの、後の証拠によると、この問題をめぐってはジェシーと義理の兄との間に緊張があり、そこには、ピーターの取った容赦のない方針にラムスデンが心から反対したためであることがほのめかされている。

他のすべての点では同じ志を持つ人々を引き離すことになったこの論争の中にあって、互いの心を癒すのに時の経過以上のものはない。この場合にそれは驚くほど早く作用した。色収差のないレンズの設計で、ピーターは自分自身が父とほぼ同等の能力があることを示した。クラウンガラスの凸レンズとフリントガラスの凹レンズの二種類の光学部品から完全なアクロマートレンズを作るまでには、長い道のりがあったが、それを本当に完全なものにするにしても、たった三枚のレンズしか必要としない。このレンズは非常な高倍率でも役立ち、それでも明るい鮮明な像を作る。[23]ピーターは、この三枚レンズを一七六三年にはじめて作り上げた。

三枚のレンズを合わせた現代のトリプレットレンズは、特殊なガラスを用い、精巧な設計技術を使っていて、レンズ二枚を合わせた普通の「アクロマート」と区別するため「アポクロマート」と呼ばれる。しかしピーターの時代には、光学ガラスを製作する方法が未熟であったため、ともかくもその役割を果たすレンズはかなり小さいものでなければならなかった。彼による三枚レンズの望遠鏡は、最大のもので口径（レンズの直径）わずか三・七五インチ（九・五センチ）であったが、それでも当時としては最良の屈折望遠鏡だった。焦点距離は約一メートルであったが、それ以前の長くきゃしゃな望遠鏡に比べると、比較にならないほど扱いやすかった。ピーターが作った最大の望遠鏡は、口径五インチ（一二・七センチ）の二枚レンズのアクロマート、焦点距離は一〇フィート（三メートル）であり、グリニッジ王立天文台に設置されたものである。
ピーター・ドロンドの同業者の間でも、不承不承ながらもこの優れた機器が認められ、彼らの傷つけられた感情も結局は和らいでいった。眼鏡職人組合は一七六九年にピーターを副役員に選出し、早くも彼との和解の姿勢を示した。そして、一七七二年に論争に満ちたジョン・ドロンドの特許の期限が切れる頃には、二〇年前の父とまったく同じように、ピーターは光学業者や機器愛好家たちの広い交友関係の中心となっていた。

ドロンドの会社はさらに大型の天文用機器を作るとともに、紙を上質の皮紙で覆った旧型の筒に代わって、斬新な伸縮式の真鍮の筒を用いた小型のアクロマート望遠鏡を普及させ、ますます繁栄した。ドロンドの望遠鏡はトラファルガー海戦で、また、世評によるとワーテルローの戦いでも使われた。(24)ピーター自身は一七七四年、眼鏡職人組合の組合長に就任し、合計三期を務めた。一八一七年、彼は八六歳まで充実した活動的な生涯を過ごし、「光学の業務で次第に視力を失って」引退した。

その三年後に彼は死去し、二〇世紀近くまで会社を推進する一族を後に残した。ドロンドの物語は、望遠鏡の歴史全体の中で最も心を痛める話から、予測もできなかったハッピーエンドをもたらした。そのことに異論を唱える人はほとんどいないだろう。

第10章　天へ至る道——反射望遠鏡時代の到来

一六七二年、アイザック・ニュートンが、新設計のすばらしい反射望遠鏡を実用化しようとしている謎のフランス人カセグレン氏に長手袋を投げて挑戦状をつきつけたとき、彼は自分が安全地帯に立っていることを知っていた。[1] ニュートンは、十分な性能を持つ反射望遠鏡用の鏡を実際に製作するむずかしさを誰にもまして熟知していた。これに対しカセグレンは何も答えず、長手袋がほこりにまみれたのは何の不思議もない。カセグレンは大いに非難を浴びて、忘却の彼方へ沈んだ。科学史家たちが、彼が何者だったかをつきとめるのにその後の三世紀を費やしたのは、残念なことであった。

一六七二年には、けんか好きなニュートンは、望遠鏡の凹面鏡を磨く厄介な仕事に成功した唯一の人物であった。そして、彼の研磨技術の情報はかなり自由に公開されていたにもかかわらず、この状況は五〇年近く本質的には変化しなかった。実際には、彼の競争相手であるロバート・フックが、ジェームズ・グレゴリーの設計による実用となる反射望遠鏡の製作に成功したようで、フックはこれを一六七四年に英国学士院で公開している。しかし、光学機器売買が始まったばかりの頃には、一流の職人たちでさえ商品を供給する方法はなかった。その間、辛抱強い天文学者たちは、馬鹿馬鹿しいほどひょろ長い屈折望遠鏡に固執していた。というのも、その当時、チェスター・ムア・ホールやジョン・ドロンドの名はまだ何の意味も持たなかったからである。

その後、状況はきわめて唐突に変わった。一七二一年一月一二日の英国学士院の会合の日誌には、特徴的な華麗な文体で以下のことが記録されている。

ハドレー氏は、学士院に、私たちの会長［ニュートン］の『光学』に示されている方式で彼自身の手で入念に製作した反射望遠鏡を、快く提示した。望遠鏡は、その長さがほとんど六フィート（一・八メートル）しかないにもかかわらず、対象をほぼ二〇〇倍に拡大する力を持っていた。提示のあと、彼はこの望遠鏡を学士院に寄贈し、学士院は、このたいへん高価な寄贈品に対し、心から感謝の意を記録するよう命じた。

ここに突然、ニュートンのものと同じ型の望遠鏡が出現して、その大きさは、偉大なるニュートンの手細工がおもちゃに見えるほどだった。(2) 望遠鏡には直径六インチ（一五センチ）の反射鏡がついていて、この口径はニュートンの望遠鏡の長さと同じだった。さらにそれを、偉大なクリスチャン・ホイヘンス製作の長さ一二三フィート（三七・五メートル）の屈折望遠鏡と並べてテストすると、ホイヘンスのものに優るとも劣るものではなかった。実際は、屈折望遠鏡の像の方が明るかったが、鏡の望遠鏡も同程度の解像力を示し、便利さと扱いやすさの点では明らかに優っていた。

当時の空気望遠鏡では普通のことだが、ホイヘンスの装置は高いマストで支持されていた。他方、ハドレーの反射望遠鏡は小型の木製スタンドに乗せられ、空のどこへでも向けられるように、水平にも垂直にも動かせるようになっていた。スタンドは英国学士院への寄贈品には含まれていないようだったが、間もなくハドレーは、「同様のものを学士院の費用で作り、このすばらしい寄贈品とともに使用するために、スタンドをハレー博士に貸すようにと学士院から頼まれた」のであった。

それでも英国学士院は、この高性能の新望遠鏡をたいそう喜んだはずである。凹面鏡が優れているだけでなく、美しい八角形をした木製の筒に、ネジで焦点を合わせる機構がつき、さらに、興味を持

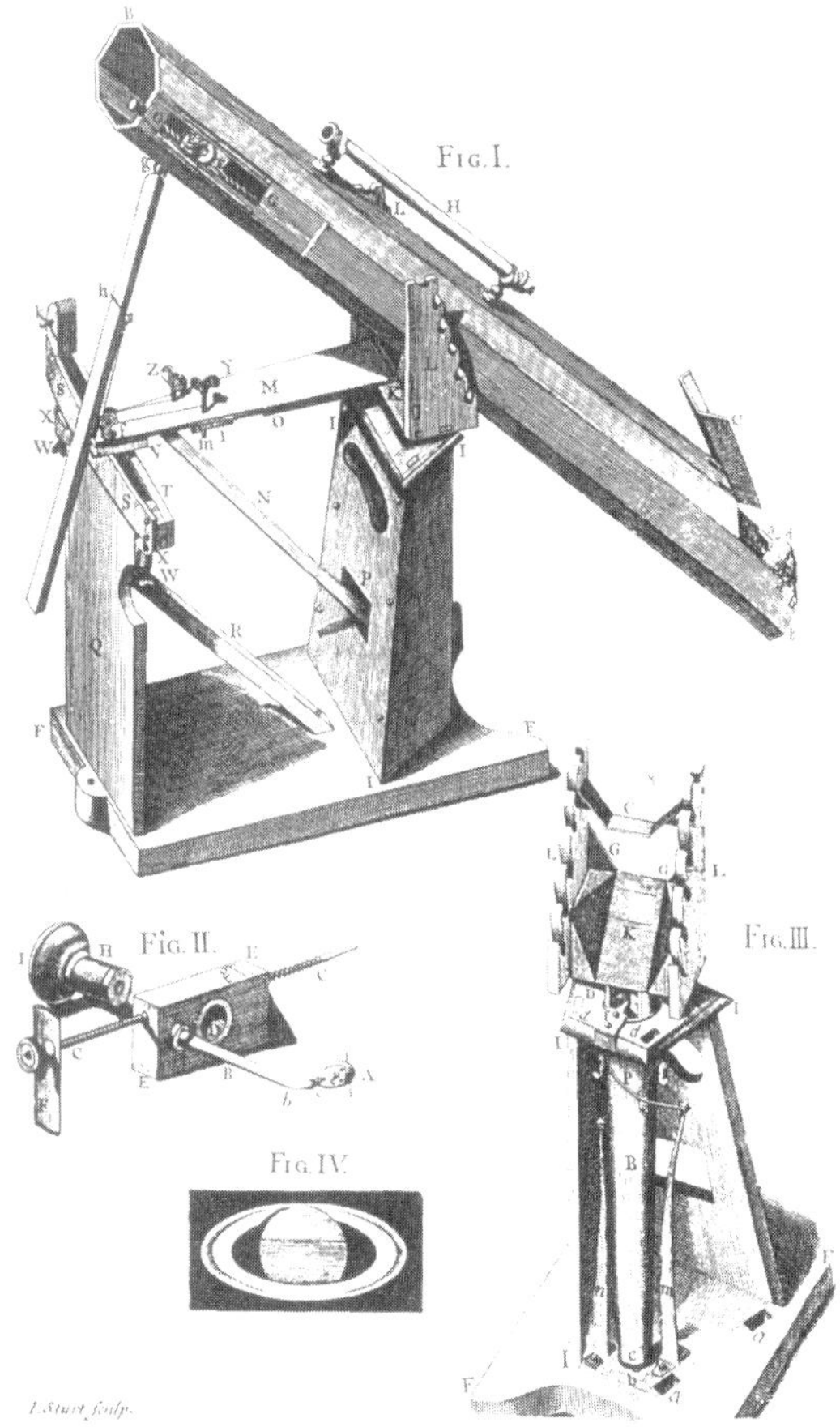

ハドレーの1721年の反射望遠鏡。直径6インチ（15センチ）の鏡を持つこの望遠鏡は、ニュートンの1668年の小型望遠鏡をおもちゃに見せたほどだった

つ天体に装置を向けるのを容易にするために、小さい「案内」望遠鏡が取りつけられていたのだ。

この骨惜しみをしない望遠鏡製作者はどんな人だったのか？　ジョン・ハドレー（一六八二―一七四四）はちょっと有名な数学者であり機械工学者でもあったが、三〇代半ばに鏡の研磨に手を染めた。弟のジョージ（今日では大気循環の研究でその名が記憶されている）が、最初の鏡の製作の際に彼とともに仕事をし、三男のヘンリーもそこに加わった。その時代の他の光学職人たちと違って、ジョン・ハドレーは、金属鏡（反射鏡）に適した合金を知るために徹底的な試験をすることはなく、ニュートンをはるかに超える鏡の研磨技術の開発に取り組んだのである（第8章参照）。

前世紀のレンズ磨き職人たちと同様、ハドレーも、望遠鏡の凹面鏡には非球面を作り出すことが必要という考えにとりつかれた。反射鏡の表面は、球面からわずかに外れた放物面でなくてはならない[3]。今日でも鏡の製作者たちは、最初は正しい焦点距離の球面を作り、そこから「整形」と呼ばれる過程で形を放物面に変える。この技術を最初に開発したのはハドレーで、彼は、「磨りつぶし」という研磨器――うまい名前をつけたものだ――を使って鏡の表面の局所的に高い部分を削り取る方法を導入した。

さらにハドレーは、作った表面の形状を光学的な方法でテストした最初の人のようである。彼の作った、光で照らしたピンホール（球面鏡の曲率中心に置くと、うまい具合にそこにピンホール自体の像ができ、そこから鏡の欠陥を調べることができる）は、一八五九年のフーコーテストの先駆けとなるもので、今日でもアマチュアが鏡を作る場合に用いられている（第15章参照）。ハドレーは認識していなかったかもしれないが、少なくとも最初の鏡では、球面を放物面に変える必要はまったくなかった。口径（直径）六インチ（一五センチ）で焦点距離が約五フィート二インチ（一五七センチ）なら、鏡のカーブがたいへん浅いため、球面のままでも、目で見るには十分な質の良い像が得られるのだ。ハドレーは鏡の製法について詳細な説明はしなかったが、整形過程は確実に記述し、結局これは一七三八年、ロバート・スミスによる『光学系大全』と題する本として出版された。この著作はハンドブックとしてはさほど適切なものでなかったが、ささやかなベストセラーとなり、フランス語版とドイツ語版も出た。ハドレー自身は、水平線からの太陽の高度を測定する機器である航海用の八分儀の開発を続け、これは船員用の六分儀の先駆けとなった。一七二八年に彼は科学への貢献を認められ、英国学士院の副会長になった。

もし、ハドレーが反射望遠鏡をおもちゃのレベルから天文学で役に立つ装置にしたとするなら、それを儲かる商売にしたのは、抜け目のないスコットランド人、ジェームズ・ショートだった。(4)友人のジョン・ドロンドと同様、ショートは子供の頃は望遠鏡製作とは無縁の生涯を送る運命にあった。エディンバラ大学での彼の勉学は、一六歳のときから、聡明な若者に適した職業である聖職者への道へつながっていた。しかし、一七三一年、この学生は二一歳にして科学に目覚めたのである。それは、大学の数学教授であるコリン・マクローリン(一六九八—一七四六)の講義の結果と思われ、マクローリン自身も望遠鏡設計の熟達者であったのだ。それが、マクローリンの優れた前任者であるジェームズ・グレゴリーから引き継がれたものであることは疑いない。

マクローリンの指導のもとに、ジェームズ・ショートは、グレゴリーの形式を基本にして反射望遠鏡の製作を始めた。すると、彼はその方面に優れていることがわかった。その結果、一七三四年に、マクローリンは、ショートの反射望遠鏡が入手できる最良のものと宣言するほどになった。初期の製作例の一つは、長さが一六インチ（四一センチ）くらいしかない小さい装置で、他に例のない方法でテストされた。英国学士院の雑誌『哲学紀要』が一冊、望遠鏡から約五〇〇フィート（一五〇メートル）の距離に立てかけられた。望遠鏡の持ち主であるスコットランド法の教授は、それをはっきり読めたのである。奇妙な偶然の一致であるが、ほぼ二五〇年後、私は大型望遠鏡に装着する電子カメラのテストで同じ方法を実施した。ただ今回は『アストロフィジカルジャーナル』誌のページを用いた。幸運なことに、結果は両者とも同じで、エディンバラ大学の権威者たちから賞賛の笑みで迎えられた。

ショートの望遠鏡製作の技量が英国学士院から注目されるまでに長くはかからず、一七三六年、彼の望遠鏡のいくつかがこの権威ある機関によってテストされた。その結果、ジェームズは特別研究員に選出された。これは若年の望遠鏡製作者の技術を例外的に認定したものだった。グレゴリー式望遠鏡に必要な二種類の凹型鏡の製作技術開発に成功した彼は、そこからできるだけ甘い汁を吸うことをためらわなかった。一七三八年、富をもたらすロンドンの市場に乗り出すためにエディンバラを見捨てる前でさえ、ショートは、可動式スタンドに乗せてグレゴリー式望遠鏡の特徴である正立像が見られるコンパクトな真鍮の望遠鏡を作ることで、ちょっとした資金を蓄えていた。それぞれの望遠鏡には、使用する人が観測条件に応じて倍率を選択できるように、いろいろの接眼鏡がついていた。当時の教養ある紳士にとって、これは是が非でもほしいものであった。それは、今日の骨董品機器の収集家にとっても同じである。

ジェームズ・ショートの成功の秘訣は何だったのだろう？　まず第一は彼の反射鏡の整形方式にあった。ハドレーの初期の作品と違い、グレゴリー式の放物面と楕円面の反射鏡は凹みが深いため、その整形方法は望遠鏡を製作する上で完全に本質的な問題だった（第8章参照）。反射鏡の金属円盤の表面を研磨するショートの秘密の技術は決して公開されず、彼は、自分の死の前にその道具を破壊するよう命じたとさえいわれている。かくして、彼の競争相手は誰も彼の整形の秘訣を知ることはできなかった。また彼は、現代の製造方式を先取りし、望遠鏡に用いる真鍮部品の加工は、他の機器製作者に発注していた。彼の製品は非常に高価だったにもかかわらず（当時の一般価格の二倍）、たいそう普及した。

ジェームズ・ショートの望遠鏡は、1760年代に作られた見事なグレゴリー式望遠鏡として複製が作られた

　ショートは、一七六八年の死までに一三七〇台のグレゴリー式望遠鏡を作った。[5] 口径一八インチ（四六センチ）、長さ一二フィート（三・六メートル）のものもあったが、ほとんどのものはそれよりずっと小さかった。彼の機器はヨーロッパ

の大天文台の多くに導入され、そこで教育や研究に用いられた。ショート自身は有能な天文学者であったにもかかわらず（事実、もう少しで五代目のグリニッジ天文台長になるところだった）、彼が記憶に留められているのは天文学への寄与によってではない。二一世紀の歴史学者ヘンリー・キングは次のように述べている。

ショートの最大の望遠鏡は希少で高価であり、それらは、本腰を入れた研究には望遠鏡を使うことのない、貴族階級の好事家たちの手の中にあった。このため、ショートは間もなく自分が経済的にうらやまれる立場にあることに気づいたし、同じ理由から、彼の機器によって重要な発見がもたらされたことはほとんどなかった。

それは本当に残念なことであった。

天の音楽家

ジェームズ・ショートが自分の製品に対し科学的野心がなかったことは、技術開発のバトンを次に受け継いだ人物の情熱とは劇的な対照をなす。現代の先端を行く望遠鏡専門家の一人は、このドイツ生まれのイギリス人で、音楽家から天文学者に転じたウィリアム・ハーシェル（一七三八―一八二二）を、「古今を通じて最も偉大な天文学者ではなかったとしても、明らかに最も偉大な望遠鏡製作者であった」といっている。(6) これは空疎な誇張ではない。ハーシェルは正真正銘、大口径熱の最初の犠牲者だった。一八世紀も終わろうとする頃、彼は世界の誰もがかつて見たことのない最大の金属鏡望遠鏡をいくつも作り上げた。それらを使って、また、彼のそばで献身的に尽くした妹のカロラインとともに、彼は、今でも伝記作家が息が止まるほどの畏敬の念を持つ天文学上の多くの業績を、一気に達成したのである。

ウィルヘルム・フリードリヒ・ハーシェルは、ハノーバー近衛連隊のオーボエ奏者の息子としてハノーバーで生まれた。一九歳でロンドンに移ったとき、彼はもう一人前の音楽家で、作曲家になる野心を持っていた。[7] 当時、ロンドンの音楽界では、国外に住むもう一人のドイツ人、ゲオルク・フリードリヒ・ヘンデルの活躍が目立っていたが、ハーシェルが到着したとき、彼は七二歳で完全に盲目になっていた。そのわずか二年後の一七五九年、この偉大なバロック時代の作曲家は亡くなった。その頃までに若いハーシェルは、この帰化した国の文化に浸って、ウィルヘルム・フリードリヒからウィリアム・フレデリックへと名前を変えていた。

ハーシェル自身の音楽上の経歴は成功に満ちていて、一七六六年にバースの特権階級に限られていたオクタゴン教会の専属オルガン奏者になった。イングランド西部のこの上品な町での音楽的な影響力は大きく、結局、彼はコンサートの手配、合唱指揮、レッスン、そしてもちろん作曲といった、あらゆる種類の責任ある仕事を引き受けることになった。一七六〇年代には膨大な数のオーケストラ作品を残し、また小規模なアンサンブルや独奏楽器用の曲も書いた。その中にはオルガンの作品もあり、今日でも、フランスのムードン天文台の天文学者でもあり音楽家でもあるドミニク・プローストによるユニークな（たいへんふさわしい）録音によって、その軽快な魅力を楽しむことができる。[8]

一七六〇年代は音楽家ウィリアムにとって牧歌的な年だったが、一七七〇年代には、彼に世界的名声をもたらすことになる激変があった。最初に、配慮しなければならない家族に関する事柄があった。

本国で不当に低い地位に置かれていた妹のカロラインに同情し、ウィリアムは、歌手にするため、一七七二年八月にハノーバーから彼女を呼び寄せた。まだ二二歳のカロライン・ルクレティア・ハーシェル(今日この名で記憶に留められている)は、バースの兄の家でいっしょに暮らすために困難な旅に耐えた。困難の最たるものは船の難破だった。しかし、それだけの価値はあった。というのも、次の半世紀間、ウィリアムとカロラインは特別なパートナーとしてともに働き、天文学における完全に前人未踏の新世界に到達したのだから。

三五歳のウィリアムが最初に天空の魅力を感じたのは、カロラインの到着の直後だった。彼はすでに数学を広範囲にわたって勉強していて、一七七三年五月、冬のコンサート・シーズンが終わりに近づいたとき、スコットランド人天文学者で天球儀や太陽系儀の製作者、また有能な科学の普及者であるジェームズ・ファーガソン(一七一〇―一七七六)が書いた本に注意を向けた。彼は即座に夢中になった。そして、望遠鏡を手にして、自分の目でこの天の光景のいくつかを見るのをほとんど待てないくらいであった。彼が思い描いていた天の眺めは、まず第一に惑星や彗星などの太陽系の天体であった――当時の天文学の核心はそこにあったからである。

ウィリアムはロンドンに何枚かの非アクロマート対物レンズを注文し、そのレンズを使って厚紙とブリキで望遠鏡製作に取りかかった。それらは伝統的なひょろ長い屈折望遠鏡で、比較的扱いやすい長さ四フィート(一・二メートル)、倍率四〇倍のものから、扱いにくい三〇フィート(九・一メートル)の「モンスター」まであった。これは、正しい方向に向けようとしてもまったく言うことを聞かなかった。ハーシェルはそれに屈せず、方針を変えた。(9)

この長い筒は大きな問題を引き起こし、ほとんど制御できないことがわかった。その結果、私は考えを反射望遠鏡に向け、（一七七三年）九月八日頃、二フィート（六一センチ）のグレゴリー式を借りた。

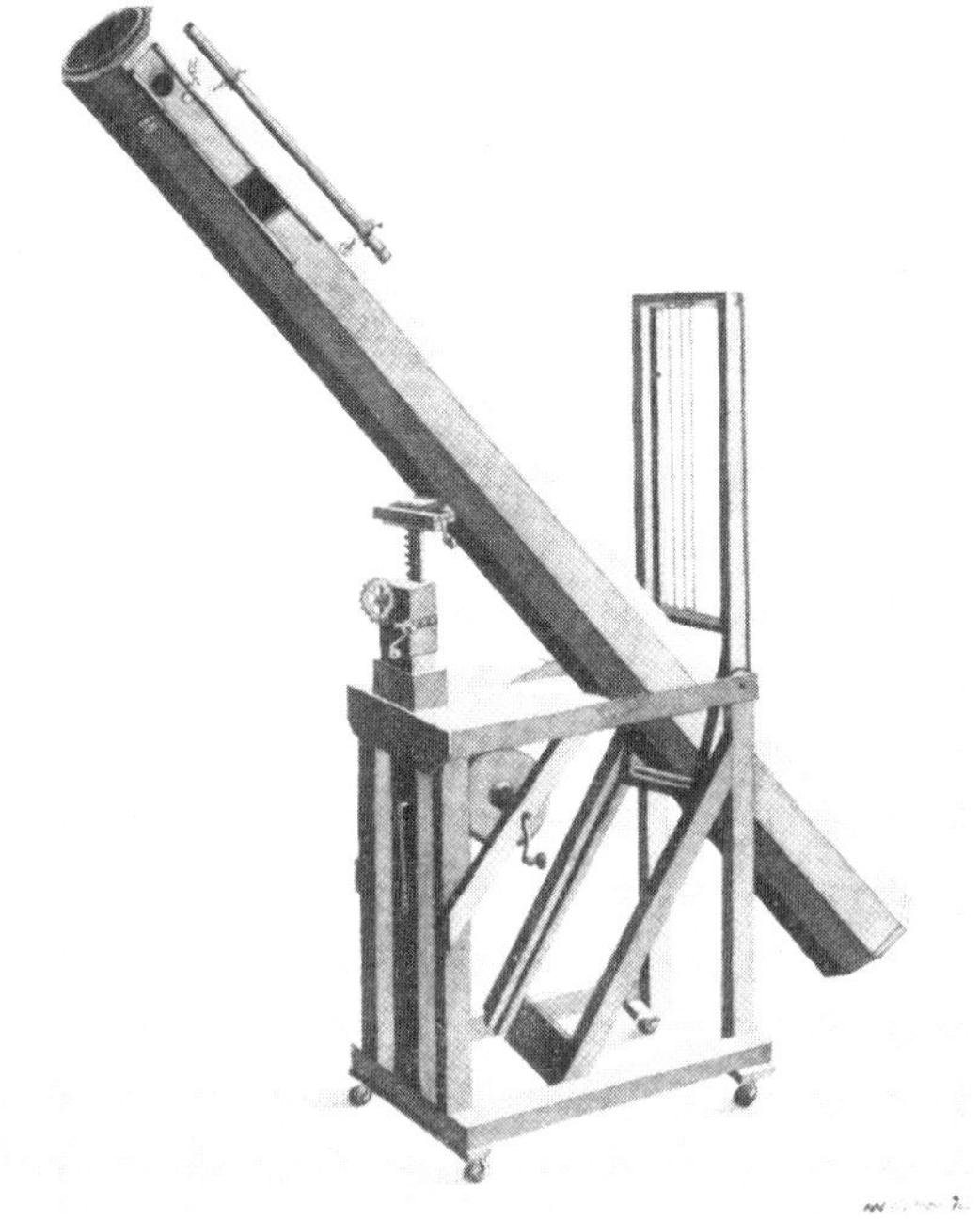

ハーシェルの7フィート（2.1メートル）望遠鏡。親しい友人ウィリアム・ワトソンによって描かれた

この道具はジェームズ・ショートの仕事場で作られたものだと思いたい気持ちに駆られる——というのは、このスコットランド人の親方は五年前に亡くなっていたが、彼の作った望遠鏡はたくさん残されていたからである。ただし、その価格は、裕福な音楽家でも購入するには高価すぎた。

ウィリアムは反射望遠鏡にとても満足し、自分で一つ作ってみようと決心した。スミスの『光学系大全』と中古の研磨機を備えて、彼は望遠鏡の鏡を作りはじめた。「作る」（make）とは適切な言葉だ。というのは、彼は、鏡の完成へつながる骨の折れる削りや研磨、整形にとりかかる前に、銅と錫から金属鏡の合金の鋳造を始めたからだ。

先輩であるジェームズ・ショートと同様に、ウィリアム・ハーシェルも望遠鏡製作が得意であることがわかった。が、ショートとは違って、グレゴリー式を早々と放棄した。鏡の光軸調整がむずかしすぎたからである。代わりに彼は、五フィート六インチ（一・七メートル）のニュートン式を作り、これはうまく動作した。間もなく見事な七フィート（二・一メートル）の望遠鏡ができた。[10] この望遠鏡のために彼は何枚もの鏡を作った。直径はどれも約六インチ（一五センチ）で、「いつでも使えるように最高の状態に保ち、使わないときはゆっくり休ませた」。そして生涯にわたってこの実用的な作業を継続した。

そのうちにカロラインは、自分の新しい家が、鍛冶屋の鉄工所とも家具師の工房ともつかない建物になっているのに気づいて仰天した。一七七四年、さらに大きい家に越したのは当然であった。望遠鏡も大きくなり、ウィリアムは、直径九インチ（二三センチ）の鏡を持つ一〇フィート（三メートル）の反射望遠鏡を作り、また、二〇フィート（六・一メートル）の反射望遠鏡の製作にも着手した。これは一七七六年七月に完成した。一七七七年にもう一度引越しをして、今度はいくらか落ち着いた。どんどん拡大していく望遠鏡の置き場をある程度考慮したのであろう。ウィリアム自身の観測に対しては、長さ七フィート（二・一メートル）、一〇フィート（三メートル）、二〇フィート（六・一メートル）の望遠鏡を選び、常に新しい鏡を作ってそれらをより優れた状態に保つようにしていた。一七八〇年に、その二〇フィート望遠鏡は、直径一二インチ（三〇センチ）の「最も優れた反射鏡」を持つ望遠鏡となった。

ハーシェルの望遠鏡は、架台にもまた程度の高い改良が施されていた。初期の装置に対しては、幸いなことに親友のウィリアム・ワトソン（著者とは何の関係もない）が、建造の詳細を記録した図面を私たちに残している。この七フィートと一〇フィートの機器は、六〇年前のハドレーのものと同じように小型の木製のスタンドに乗せられているが、二〇フィートは（旧式のひょろ長い屈折望遠鏡の方式に基づき）支柱と滑車に誇らしげに支持されていた。それらはすべて、接眼鏡の近くに手際よく動かせるよう、垂直方向にも横方向にも細かく制御できるようになっていた。観測を成功させるためにハーシェルが高度に必要としたのは便利さと信頼性で、観測をすることが結局、彼の望遠鏡製作の真の動機だった。他の何にもまして、ハーシェルは空を見て、その秘密を発見することを望んだのである。

まさに最高

一七七四年三月一日、ウィリアム・ハーシェルは観測日記をつけはじめた。最初に、月と惑星の様子を手頃な大きさの望遠鏡で見て好奇心を満足させると、彼は二重星を系統的に探索しはじめた。これは、二星が接近しているもので、とらえにくい「恒星視差」（地球が太陽を回ることにより〔天球上の〕星の位置がごくわずか動くこと）を検出できるかもしれない望みを持っていた。この最初の「空の展望」――と彼は呼んだ――を一七七八年の末頃に始め、七フィート望遠鏡を使って二二七倍の倍率で観測を行なった。

二年ほど後の一七八一年三月一三日、この系統的探索は成果を上げた。[11] しかし、それはハーシェルが期待したものとは形が少々異なっていた。彼は、点状に見える星のような天体ではなく、明らかに円盤状に見える天体を発見したのである。その後数週間にわたって見ていると、その天体は星々の間を移動するようであった。最初彼は彗星だと思ったが、専門家の意見は違った。その専門家とはグリニッジ天文台長のネヴィル・マスケリンで、彼の考えは結局、サンクトペテルブルクで研究しているスウェーデン人天文学者アンデルス・ヨハン・レクセル（一七四〇―一七八四）の計算によって、正しいことがわかった。ハーシェルが発見したのは彗星ではなく、新しい惑星だったのだ。

これがどれほど重大な出来事だったかを私たちが正しく評価するのは困難である。これは、歴史上最初の惑星の「発見」だったのだ。他の五惑星は肉眼でも見えるため、先史時代から知られていた。ウィリアム・ハーシェルの名がただちに有名になったのは当然のことであった。

忠実な王の臣下として、またおそらく半分は王家の支援を当てにして、ハーシェルは王に敬意を表し、この惑星を「ジョージ」と呼ぶことに決めた。正確にいえば「ジョージの星」と名づけたかったが、この考えは、ジョージⅢ世に好意を持たない大陸の天文学者たちに不評だった。彼の賛美者たちから「ハーシェル」の名も示唆されたが、結局、ドイツ人天文学者ヨハネス・ボーデの提案した「ウラヌス（Uranus）」（天王星）が勝利を収めた。それはドイツ人には良い響きであったが、二世紀以上経ってもまだ、英語圏の学校に通う子供たちは「ウラヌス」を英語風に発音してくすくす笑っている〔Uranus を英語風に発音すると、your anus（君の肛門）となる〕――とりわけ今では、この惑星が巨大なガスであることがわかっているからだ。「ジョージ」の方がずっと無難だったかもしれない。

実際、ハーシェルの偉大な発見の余波は、王家の支援が得られたことであった。英国学士院の特別研究員資格が得られ、コプリー・メダルが授与されたのはいうまでもなかった。さらにハーシェルは、一七八二年に「国王指定の天文学者」に任命され、それに伴って年に二〇〇ポンドが支給された。[12] これによって、彼は職業音楽家をやめ、天文学にすべての力を注ぎ込むことが可能になった。この地位獲得は多分にウィリアム・ワトソンに負っている。ワトソンは、夜は天文学者で昼間は音楽家として過ごす者は、遅かれ早かれ問題に巻き込まれることを認識していた。しかし、それに続いて何が起こるかはわかっていなかった。というのは、ハーシェルはその後の人生を、夜はまるまる天文学者、昼はまるまる望遠鏡製作家として過ごしたからである。幸い、彼の望遠鏡は非常に高い評価を得たので、それらを売ってかなりの収入を得ることができた。[13]

ハーシェルの最も重要な望遠鏡は、自分自身のために作った望遠鏡であった。天空をもっと詳細に見たいという望みに突き動かされて、一七八一年八月、彼は、三〇フィート（九・一メートル）の望遠鏡用に、直径三六インチ（九〇センチ）もある鏡を鋳造しようとした。しかしこの計画は失敗した。二五〇キログラムの溶解したスペキュラムの反射鏡材が鋳型からあふれて地下の作業場の石造りの床にこぼれ出し、激しく爆発したのである。幸運なことに、ハーシェルと職人たちは命からがら逃げ出し、計画は中止された。

これによる失望も長くは続かなかった。一七八二年中頃の彼の七フィート反射望遠鏡を、グリニッジ天文台長や有名なアマチュア天文家のアレクサンダー・オーベルが所有する望遠鏡と比較すると、ハーシェルの望遠鏡が、（紋切り型の言葉で申し訳ないが）まさに最高であることがはっきりしたのである。ハーシェルはもう一度引越しをすると、新しい計画に着手した。それは、現在「大きな二〇フィート」と呼ばれている直径一八・七インチ（四七センチ）の鏡を持つ望遠鏡の建造である。この

ハーシェルの1783年の大きな20フィート望遠鏡。40フィート望遠鏡の先駆けとなった

望遠鏡は一七八三年の終わり近くに完成し、驚くほどうまくできた。

まず第一に、この望遠鏡はまったく新しい方法で据えつけられた。木製の鏡筒は、高さが約二〇フィート（六メートル）もある二つの巨大な三角形の木枠の間を垂直に動く形で、その全体が巨大な回転台の上に乗る構造である。これは、今日では経緯台という用語で知られている。望遠鏡が、高度（水平方向から測った高度角）と方位角（北から測った水平方向の角）方向に動くためである。今日、世界中の巨大な望遠鏡はほとんどこの配置を採用している。ハーシェルの弟のアレクサンダーは、これを「巨大で図抜けた架台」といった。(14) 一七八四年三月の強風で吹き倒されてしまっても、彼の熱意はまったくくじけなかった。この上ない自信を持つハーシェルは、自分の日記に、「幸いその日は曇りなので、大破壊の修復のため観測時間をロスすることはない」と記録している。

「大きな二〇フィート」でハーシェルが行なったもう一つの技術的改革は、ニュートン式望遠鏡で用いられている鏡筒の脇から光を取り出すための斜鏡を取り去ったことである。この方法は、一七〇年前にズッキ師が試して不成功に終わったが、「大きな二〇フィート」の凹面鏡は非常に大きかったので、その鏡を少し傾けて像を筒の縁に持ってくれば、ハーシェルは簡単に接眼鏡を「フロントビュー」(前面)モードに向けて観測することができた(第7章参照)。可動式の観測台だからこそ、高い位置から下を見下ろすこの観測位置へ接近できるのである。

ニュートン式から平面鏡を取り除くと、反射鏡の金属面の反射がたった一度になるので、(現代の基準では大したことはないが)最終的な像がかなり明るくなり、より光の弱い天体でも観測できることになる。一七八六年一〇月以降、彼は「大きな二〇フィート」を使う観測はすべてこの方式だけを用いた。この方式は今でも「ハーシェル式」として知られている。


この望遠鏡やその後の機器を使って行なったハーシェルの主要な科学プロジェクトは、二つの面を持っていた。[15] 第一に彼は、星雲の本質を発見したいと考えた。星雲とは、星でも惑星でもない謎めいてぼやけた光のしみで、その霧のような外見からこのように名づけられたものである。それらは星の集まりであるが、あまりに遠いところにあるので、その光が一つのぼやけたしみに見えるのか、それとも、そこには本当の「雲」(霧)のような物質が広がっているのか?

今日私たちは、この問いの答えが両方とも「イエス」であることを知っている。今日では星雲状に見えるこれらの天体を、多数の異なる種類に区別している。その中には、銀河(非常に遠い距離にある何十億という星の巨大な構造）、球状星団（それぞれの銀河――私たちの銀河系も含まれる――のまわりを回る数十万個の星の集団）、それに、本当の星雲（渦巻銀河――再び私たちの銀河系も含まれる――の中にあるガスやチリの雲）が含まれる。ハーシェルは、七フィート望遠鏡を使い、すでに多くの星雲を一つ一つの星に分解することに成功していて、望遠鏡がさらに大きければ、もっと多くの、おそらくすべての星雲が星からなる事実を明らかにできるという信念を持っていた。

もう一つハーシェルが情熱を傾けていたのは、望遠鏡をあちこちに向けて、その視野に入る星の数を数える作業であった。彼はこれを奇妙にも「ゲージング」といっていた。私たち自身は星から作られた星雲の中で生きているので、「ゲージング」は天空のさまざまな方向に星雲がどこまで広がっているかを見積もる手段だ、と彼は確信していた。これは遠大な計画で、天の川銀河と呼ばれる星、ガス、チリの広大な渦巻構造の中で、太陽やその家族である惑星は取るに足りない存在であるという現代の私たちの考え方を形成する基礎となるものであった。

これらの科学的計画はともに、ハーシェルがどれだけ光の弱い天体を検出できるかにかかっていた。それには、より多くの光を集めることのできるより口径の大きい望遠鏡が必要であった。彼が「大口径熱」にかかっていたことは不思議ではない。彼の大きな目標は、天体の位置を測定しうる限り正確に測るというその当時の天文台が重点を置いていた方向とは、劇的な対照をなしていた。その点で、一般的な天文学の目標はティコ・ブラーエの時代からほとんど変わっていなかった。ただし、このデンマークの貴族が肉眼で位置を決める際に使用していた機器は、ジェシー・ラムスデンのような非凡な機器製作家が作った優れた経緯儀や四分儀にとって代わられていた。[16]

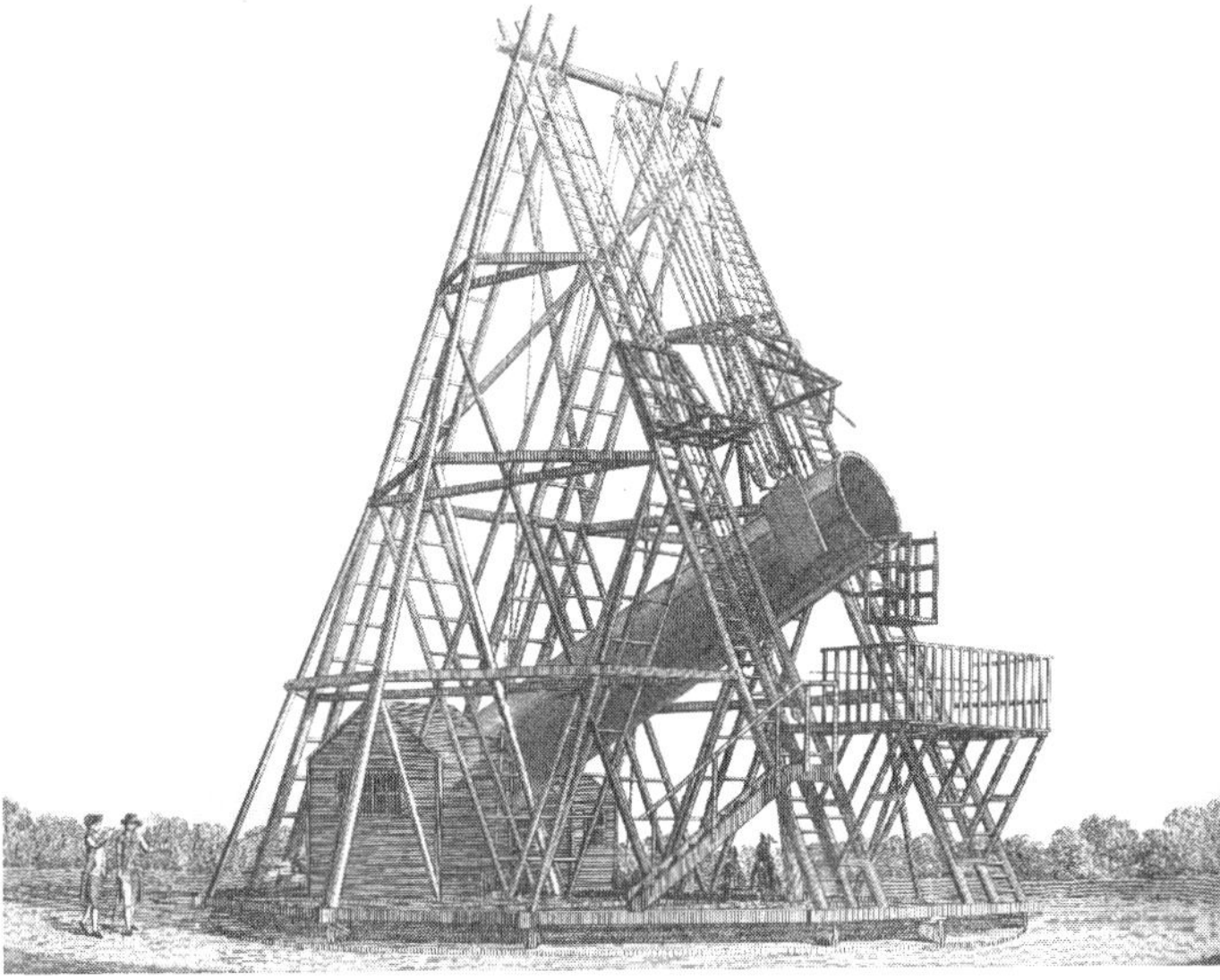

ハーシェルの40フィート望遠鏡の鏡は、驚くことに直径が48インチ（1.2メートル）もあった

大飛躍

ハーシェルを最も記憶に留めさせている望遠鏡は、おそらく「四〇フィート」であり、これは直径が四八インチ（一・二メートル）もある主鏡を備えた、長さ一二・二メートルの鏡筒を持つ望遠鏡であった。そして、彼がそれを建造しようとしたのは、さらなる光への渇望からであった。しかし、この望遠鏡は部分的に成功しただけに終わった。その外側にいまだに英国学士院の紋章が飾られているこの有名な機器は、「大きな二〇フィート」の完成直後に建設計画が始まった。

一七八五年夏までにハーシェルは、英国学士院のジョゼフ・バンクス卿に、計画に必要と思われる支出について自分の懸念を述べ、王がその一部を寄付してくれないかという手紙を書いている。科学的設備へ国家資金を支出する先駆けとして、結局ジョージⅢ世は、新望遠鏡のために二〇〇〇ポンドの建設資金と、年二〇〇ポンドの運営資金との二種の助成金の支出を許可した。[17] これはかなり気前の良い金額であった。それでもカロラインは、一八二七年に甥のジョン・ハーシェルに手紙で、「あなたのお父様が［四〇フィート望遠鏡の］事業で受けた援助に私は決して満足していません。また、その支援はとても好意的とはいいがたいものです」と不満を述べている。[18] このことと、それが兄を消耗させたことに対し、彼女は、王の「ケチで卑しい精神の助言者たち」をまともに非難していた。

ハーシェルは、平素の二つの仕事に次いで、新望遠鏡用の二枚の凹面鏡の製作準備を押し進めた。最初の鏡はロンドンの鋳造所で一七八五年一〇月に鋳造された。それは「鋳込んだ者が操作を誤ったために」彼が期待したようにはできていなかった。鏡は予定より薄かったが、削りと研磨はとにかく進み、結局そこそこ我慢できる程度にはできあがった。ハーシェルは、その鏡が重すぎる（五〇〇キログラム近くあった）ため、光学職人としての自分の技術を発揮できないことに失望した。鏡は、研磨の間裏返して、固定した道具の上で動かさねばならなかったが、そのためには一〇人が必要であった。二枚目の鏡は一七八八年二月に鋳造された。これは最初の鏡の二倍の重さがあり、作業に二二人もの人が必要だった。ハーシェルが光学研磨装置を開発することにしたのはこの経験からで、一七八九年頃から、彼はこの道具を、自分の鏡を研磨するときにだけ用いた。

やがてハーシェルは、望遠鏡架台の建造のための敷地を見つけた。[19] 一七八六年春に彼は、ウィンザー付近のスローにあるかなり広い土地つきの家に越した。そこで彼は「大きな二〇フィート」に用いた架台を拡大したものを建造しはじめた。望遠鏡を支える三角形の木枠は一五メートル（四九フィート）以上の高さがあり、目盛り付きダイアルや、カロラインと会話するための伝声管を備える改良を施していた。カロラインは、回転台の上にある灯りのつく小舎の中でノートをとれるようになっていた（コラム「ウィリアム・ハーシェルの観測」を参照）。ここでもハーシェルは「フロントビュー」方式を採用し、高い可動式バルコニーで観測できるようにした。

ウィリアム・ハーシェルの観測

今日の天文学者は、ハーシェルのような開拓者たちを起源とする観測技術を用いている。しかし他方、今日の天文学者たちは快適なコントロールルームで機器を操作するので、観測の状況はハーシェルの時代と大きく異なっている。

観測手順——ハーシェルは、規則的なパターンで肉眼で全天を系統的に「走査」し、ランプの灯りでノートをとるカロラインに観測結果を口述していた[20]。

観測装置——望遠鏡や付属品は別として、ハーシェルはさまざまな接眼鏡を用い、倍率はしばしば数千倍に達することもあった。接眼鏡は直径が〇・六ミリメートルしかないガラスビーズにすぎないこともあり、真鍮やコークス・ウッドの筒にはめ込まれていた。彼は暗さに馴れた目を保つため頭を被う黒いフードをかぶり、カロラインは、時間を記録するため正確な時計を持っていた[21]。

観測条件——吹きさらしの寒冷。たとえば、一七八三年一月一日夜、ハーシェルのインクは凍り、「小さな二〇フィート」用の一番良い反射鏡は二枚に割れた。気温はマイナス一一℃だった[22]。

健康と安全——無視された。巨大な望遠鏡のハーシェルの観測は危険な仕事だった。カロラインは積もった雪の下に隠れた鉄のフックの上に転んだし、他方、シチリアから訪れたある有名な天文学者はつまづいて脚を骨折した。ウィリアム自身、何度か建造物の崩壊の寸前に遭遇したことがある。一八〇七年九月二二日には、四〇フィート望遠鏡の鏡の一つが一本の線で支えられ、辛うじて落ちずにすんだこともあった。[23]

四〇フィートの鏡筒は鉄の薄板で作られ、直径がほとんど一・五メートル（五フィート）もあった。鏡筒は、主鏡を取りつけるために地面に横たえられていると、訪問者に抵抗しがたい誘惑を与え、ハーシェルが貴重な時間を費やして装置の作動について説明するはめになった。最たる邪魔者は王だったようである。王がウィンザーの近くにいたことはハーシェルの新しい家の欠点の一つで、一七八七年八月の話はよく知られている。王はカンタベリー大主教を鏡筒の中に導いた。カロラインは、王が愛想よく「主教様、どうぞおいでください。私が天国への道をお見せしましょう」と述べたと記録している。明らかに、ジョージⅢ世はユーモアを解していた。

ハーシェルは四〇フィートを一七八九年まで使っていて、集光力が増加し、星雲の見え方が良くなったにもかかわらず、彼が望むほどに観測はうまくいかなかった。銅を多く含む鏡は急速に曇り、頻繁に磨き直さなければならなかった（二〇一頁のコラム「四〇フィート望遠鏡の世話」参照）。さらに望遠鏡は、カロラインの他に作業者が二人いないと動かなかった。ハーシェルはまた、イギリスの天文学者たちが海外のもっと良い場所に望遠鏡を建造しようと考えるまで彼らを悩ませてきた、天候という問題にも気づいた。口径一・二メートルの望遠鏡を十分に使えるような大気の良い日は、ほとんどなかった。「大きな二〇フィート」ならばずっと簡単に素早く作動し、ほぼ満足がいったのに。新世紀（一九世紀）を迎える頃に四〇フィートはあまり使われなくなり、これを使った最後の観測（ハーシェルのお気に入りの天体、土星に対する）は一八一四年八月であった。[24]

定期的には使用されなかったにもかかわらず、ハーシェルは四〇フィート望遠鏡がいつでも使える状態にあるように努力した。[25] 歴史家のマイケル・ホスキンは、これは、有益な観測を行なうためというより、王室の訪問者が訪れたときに印象を良くするためであろうと示唆している。結局、王は望遠鏡のお金を出したが、間違いなくこの「国王指定の天文学者」に高い代償を求めていたのである。

後半生にハーシェルは、スペイン王のために主鏡口径二四インチ（六一センチ）の二五フィート（七・六メートル）の望遠鏡を作り、一七九七年に完成させて、一八〇二年に届けている。[26] ハーシェルはまた一七九九年に、自分で使用するためにずんぐりとした一〇フィート（三メートル）の望遠鏡も作り、これに二四インチの主鏡をあてた。しかし、ハーシェルが最も名を残し、それにふさわしく口径の大飛躍を示したのは、四〇フィート望遠鏡であった。反射望遠鏡の鏡の直径をわずか一〇年間で数インチから四フィートにまで大きくしたことは、驚嘆すべき成果である。

ハーシェルと妹の間に存在した特筆すべき関係は、どんなに強調しても強調しすぎることはない。ハーシェルには、妻メアリー（一七八八年に結婚した）と、父の仕事を南半球に広げて自分自身の力で偉大な天文学者になった息子のジョン（一七九二―一八七一）がいたが、天文学の上で彼の弟子であり忠実な助手であったのは、カロラインであった。彼女もまた仕事を続けて有能な天文学者となり、いくつかの星雲と八個の彗星を発見していた。

四〇フィート望遠鏡の世話

四〇フィート望遠鏡の二枚の鏡を磨き直すのにハーシェルが必要とした年間支出は、一七九〇年、彼からジョゼフ・バンクス卿へ宛てた手紙に書かれている。処理工程についてのいろいろなこともわかる。

研磨	ポンド	シリング	ペンス
一二人が六週働き、各人・週に一〇シリング六ペンス	三七	一六	〇
ビール——一日あたり一パイント	三	一二	〇
研磨作業着・帽子——各人二週ごとに一回の洗濯		一九	六
タオル洗濯料——一日ごとに一八枚	一	七	〇
すり切れたために買い換えたタオル——一二枚		九	四
べんがら[jeweller's rouge]を煆焼《かしょう》する鍛冶屋の仕事。石炭と器具。煮沸と煆焼用の器。べんがらの粉砕と調合。緑礬《りょくばん》[硫酸鉄]。五〇ポンド(重さ)の茶色のべんがら(店で購入)。バケツ、桶、ロープ、滑車装置、油、蒸留酒、ピッチ、松やに、タール、タール煮沸用器、箒、ブラシ。ラクダの毛のブラシ、グラス、鍋、大工や鍛冶屋の仕事や材料。	一五	一五	〇
計	五九	一八	一〇

一八二二年八月二五日にウィリアム・ハーシェルが亡くなったとき、彼は注目すべき「発見の一覧表」ともいえるものを残した。そこには、天王星とその二つの衛星、土星の二つの衛星、約一〇〇〇個の二重星、二〇〇〇個の星雲・星団、天の川は星の集団が円盤状に集まった平面の方向であり、太

陽はその集団の一員であると認識したこと、などが含まれている。それらの筆頭に、彼がスペクトルの赤色の端の外側に見えない光――赤外線放射――の存在を認めた最初の人だったことがある。

彼はまた悲嘆にかられた妹も後に残した。カロラインにはイギリスにたくさんの友人がいたが（ドロンド家も含まれる）、ウィリアムの死後すぐに引越しをして、数週間後にハノーバーに戻った。天文学上の業績により彼女はそこで引き続き尊敬されたが、しかし、同じカロラインではなかった。長い人生の最後に彼女が書いた痛切な手紙がその落胆を物語っている。(27)

この一七年間、私は何という孤独で甲斐のない人生を送ったことでしょうか。それというのも、今のハノーバーやこの地の人々が、一七七二年八月に最愛の兄が私をイギリスへ連れていった当時とはすべてまったく変わってしまったからなのです。

一八四八年、一〇〇歳の誕生日を迎える二年前に彼女は亡くなった。

第11章　感心できない天文学者たち——望遠鏡のもたらすさまざまな運命

誕生二〇〇年を目前にした一九世紀が訪れる頃、望遠鏡には明るい未来が約束されているように思われていた。屈折望遠鏡の色収差という困難な問題は、激しい法律論争という波乱があったものの解決し、像の縁に不要の色を生み出すひょろ長いきゃしゃな屈折望遠鏡は今や過去のものとなった。反射望遠鏡も急速に進歩した。ウィリアム・ハーシェルは四〇フィート望遠鏡の建造で無理をして失敗したと感じる者もいたが、金属鏡の望遠鏡は、口径二四インチ（六一センチ）まではうまくできることを疑う者はいなかった。これらの望遠鏡は、前世代のものと比較すると巨大といってよかった。

新世紀が明ける頃、基本的な二種類の望遠鏡、すなわち屈折望遠鏡と反射望遠鏡は、さらなる開発レースの出発点に、どちらが優れているともいえない状況で立っていた。それぞれには強みと弱みがあり、世紀が進むにつれて互いに優劣を競うようになった。最終的には、ここ数世紀にわたり工業に革命を起こした技術の進展によって決着がついたが、その過程で、天文学者たちは自由に使えるどのような望遠鏡からでも、天空の神秘を解き明かし続けた。

一九世紀に数々の論争に満ちた話題が生じたのは、おそらく二種類の望遠鏡の支持者間の競争の重圧によるものだった。天文学者たちも人間であり、悪いことも含めてあらゆる種類の振る舞いをする。光学業者たちも同じである。私たちはすでに、それ以前の時代にも、健全とはほど遠い振る舞いの例を（もちろん、今日でも不正行為であることはいうまでもない）数多く見てきたが、一九世紀は、特に頑固で遠慮のない個人に権限が与えられた時代であった。時に、彼らの振る舞いが望遠鏡の開発に非常に深刻な結果をもたらすこともあったが、他の多くの場合は、その時代の人々には気晴らしを、今日の歴史家たちに対しては軽い息抜きを提供したにすぎなかった。

一九世紀の「悪党リーグ」には遅れたが、それでも目覚ましい成功を収めたメンバーであるアンドルー・バークレー(1)（一八一四―一九〇〇）を例に取ってみよう。バークレーの職業は天文学者でも光学業者でもなく、機関車作りだった。一八七〇年代、彼の炭鉱と入れ替え用機関車はスコットランド西部の町キルマーノックの誇りで、彼はそこの工場に四〇〇人以上の人々を雇っていた。

残念なことに、機械に関するバークレーの器用さは、ビジネスのそつのなさとはならず、一八八二年に会社は財政難に陥った。その問題は一八九三年、今や有限会社となった会社から彼が解雇されたときまで尾を引いた。証拠をつなぎ合わせると、バークレーは、一八五〇年代にキルマーノックに活気があった頃から、天体望遠鏡製作という思いがけない（そして利益をもたらさない）副業にかまけて、お金をごまかしていたようだ。彼の作ったいくつかの望遠鏡は、口径一四・五インチ（三七センチ）までの金属反射鏡を備えた、当時の標準である小さな旧式のグレゴリー式反射望遠鏡であった。バークレーは機関車工場で自由に使える豊かな資金を持っていたため、それらは見かけ上は見事に作られていた。

財政を無視したことは別としても、望遠鏡製作者としてのバークレーの生涯には二つの問題がつきまとっていた。一つは、彼の望遠鏡は光学的にはどうしようもない粗悪品であること、もう一つは、彼がそれを認めるのをかたくなに拒んだことである。一八九三年彼は、『イギリスの機械工と科学の世界』誌に、自分の望遠鏡による観測をもとにして書いたたくさんの論文の最初のものを発表した。「天の不思議を明らかにする」という表題の下に、バークレーは、木星に卵型の突起物が見えるとか、火星のまわりにも土星のような環が見え、それは南半球では青く球状に見える山になるなどの不合理なことを書いた。

これらの観測結果に対し、すぐさま『イギリスの機械工』の読者たちから、それを冷笑する反応が生じた。

もし私が「と一人の投稿者が書いている」、この大惑星がB氏が図一に描いたように見えるグレゴリー式望遠鏡を持っていたとしたら、そのようなものを見せる光学部品はただちに捨てて、鏡筒は煙突の通風帽に変えてしまいます。

別の寄稿者は、光学研磨が不完全なため、望遠鏡を通して見た像にゆがみが生じたのではないかと親切に助言した。が、バークレーはこの重要な問題点を無視し、木星の山から吹き出す茶色の煙や、土星の球形の部分を半分食べかけのリンゴみたいに書いたスケッチを報告しつづけた。

そのあとのとげとげしいやり取りの中で、バークレーは、金属鏡の仕上げ方や金属の混合や鋳造の方法を見出すために一万

機関車製造業のアンドルー・バークレーは、自分の望遠鏡に何もおかしな点はなく、土星は半分かじられたリンゴのように見えると本当に信じていた

ポンド以上を費やし、それに関する実験を二〇〇〇回以上行なったことを明らかにした。この内容がバークレーを財政的窮地に立たせていたときのものだとすれば、彼はただ頑固だっただけでなく、愚か者でもあったことを露呈しているといえよう。

しかし、一八〇〇年には、前記の事件はまだ遠い将来のことだった。フランスのナポレオン・ボナパルトのクーデターに続く年は、ヨーロッパの政治上の地図がほとんど日ごとに変わり、天文学者たちが苦労して行なった仕事も、広い目で見ればほとんど実を結ばなかった。一方、屈折望遠鏡もまた革命の寸前にあり、ヨーロッパ大陸の望遠鏡製作者と比較すると、イギリスの製作者たちは圧倒的に不利な立場にあった。

問題は、アクロマート望遠鏡の対物凹レンズに使う直径約四インチ（一〇センチ）以上の大きさのフリントガラスの入手にあった。少しばかり買うことができても、均一さを損ねる泡や脈理のある欠点だらけのもので、その上高価だった。一八二〇年代後半に、スコットランド人天文学者のトマス・ディックは以下のように記している。(2)

アクロマートの光学機器の優秀な製作家として長く認められてきたイズリントンのタリー氏は、約六年前、アクロマート対物凹レンズにする直径約五インチ（一三センチ）の未加工のフリントガラス片を私に見せてくれた。それは八ギニーもしたという。

未加工のガラス塊は恐ろしいほどの金額だった。問題の一部は、政府がガラスに税をかけていたことにあり、その税額は一八二五年には一ハンドレッドウェイト（五〇・八キログラム）あたり九八シリングにも達し、法外な消費税だった。(3) この「ガラス窓税」は一八五一年に廃止されるまでずっと続いた。(4)

しかし、それ以上に大きな問題は、イギリスのガラス工業が、必要とする均一さを持つフリントガラスの大きな固まりを生産できないことだった。(5) 鉛が存在するとフリントガラスは屈折率が大きくなるが、鉛は溶けたガラスの底に沈殿する困った傾向があり、これが均一性を損なわせる。この問題はたいへん深刻だったので、政府の要請により、一八二四年に英国学士院は、光学用ガラスの改良法を研究する委員会を立ち上げたほどだった。(6)

一方、大陸では事情は違っていた。一七九〇年代後半に、ピエール・ルイ・ギナン(7)（一七四八―一八二四）というスイスの家具師が、家具製作の要請に加えて、何年もの間骨の折れる実験を行なった結果、直径五インチ（一三センチ）までならほぼ要求を満たすフリントガラスの素材を作ることに成功したのだ。さらに一八〇五年、彼は耐火粘土の攪拌機を使って、溶融物質の中で鉛成分が底に沈むのを防ぐ技術を完成させた。この難関を突破したあとには、驚くほど均一なフリントガラスの固まりが次々にできるようになり、屈折望遠鏡の技術は大きな飛躍の段階に入った。

一八〇六年、ギナンは故国のスイスを離れてミュンヘンの南のベネディクトボイエルンに移るよう説き伏せられた。その小さな町の古い修道院の敷地には、ミュンヘンで操業を始めたばかりの光学機器工場に原料を供給するガラス製造所があった。数学機械研究所と称していたこの製造所は、軍用装備市場向けに測量機器を製造することを主目的として設立されたものである。この工場は、創業者たちの名をとった、ライヘンバッハ－ウッツシュナイダー－リープヘルという覚えにくい名称で取引きを行なっていた。数年のうちに、この会社は（別の名で）ドイツ精密機器工業勃興の先導者として世界的に有名になり、最後にはドロンドやラムスデンらのイギリス企業のように、ほぼ独占に近い立場を享受するようになった(8)。しかし、この変容を達成したのはピエール・ギナンではなかった。

神童

ギナンの移住は、ミュンヘンの裕福な法律家、企業家であるこの会社の先輩、ヨゼフ・フォン・ウッツシュナイダーに説得されたものであった。五年前の一八〇一年七月、ウッツシュナイダーは、一四歳の孤児と奇妙な出会いをした。この孤児は、ミュンヘンの崩壊した家屋からまさに助け出されたところであった。この不幸な若者は数年前に両親を失い、結局、フィリップ・ヴァイシェルベルガーという装飾ガラスのカットと鏡の製作を行なう人物に、奴隷同然の状態で徒弟となっていた。崩壊したのはヴァイシェルベルガーの家で、悲惨なことに彼の妻の命は奪われ、その若い徒弟は、残骸から引っ張り出されるまでの数時間、そこに閉じ込められていたのであった。

ウッツシュナイダーはこの救出劇の現場に居合わせ、少年の勇気と知識への飢えに気持ちを動かされた。ウッツシュナイダー自身はほかならぬマクシミリアン・ヨゼフ王子の選帝侯であったが、彼はこの若者の生活に関心を持ち、数学と物理学の本を与えた。少年は、彼の主人である吝嗇のヴァイシェルベルガーの下で働きつづけるしかなかったが、余暇に彼は光学を自分で学び、間もなくそれを完全に会得した。実際彼は、この分野での自らの聡明さを証明してみせ、一八〇六年五月に再び救われた――彼は、ウッツシュナイダーの数学機械研究所に引き抜かれたのだ。

この才能ある若者は誰だったのだろう？　ヨゼフ・フォン・フラウンホーファー[9]は、一七八七年三月六日に東バイエルンのストラウビンクに生まれた。彼は一一人兄弟の末っ子であったが、可哀想にも、そのうち四人しか幼少期を生き延びられず、彼自身も特別丈夫な子ではなかった。彼の父はガラス切り職人で、父が若くして亡くなったのち、ヨゼフもいつの日か間違いなく同じ職業につくと期待されていた。しかし、彼が一九歳という若さでウッツシュナイダーの数学機械研究所に入ったことが、ただちに目もくらむほど壮大な経歴を築き上げるはじめとなった。彼は間もなく、レンズ面の数学的計算から最終的な光学研磨までレンズ製作のあらゆる面に習熟し、さらに機械設計、そして最も重要なガラス製造に熟練していった[10]。

フラウンホーファーが光学ガラス製作の秘訣を学んだのは、ピエール・ギナンからだった。はじめギナンには、自分の専門知識を分け与えることに明らかな躊躇があったが、一八〇九年に彼は上司のウッツシュナイダーから、はっきりとそれを命じられた。その時すでに会社の若年の共同経営者となっていたフラウンホーファーは、ギナンの製作方法の弱点を認識していて、次第にギナンに批判的になった。当然のことだが、年長のガラス製作家と二二歳の若いやり手との間には、深い反目が生じはじめた。一八一四年五月、事態は頂点に達し、結局ギナンは我慢の限界に達して、スイスに帰ってしまった。しかしその頃までに、フラウンホーファーはガラス製造を含めて光学技術のあらゆる面を完全に手中に収めていた。

短い生涯を予期していたかのように、フラウンホーファーはその頃、光学の研究意欲を高めていた。その研究には、望遠鏡対物レンズの新設計、新しい接眼鏡の設計、天体間の小さい角度を測る新しい方法、さらに、光そのものの性質の探究までも含まれていた。ガラスの新しい製造法のおかげで、彼

ヨゼフ・フラウンホーファーが1824年にドルパト天文台のために作った9.5インチ（24センチ）の見事な屈折望遠鏡。これがそれ以降の標準型になる

のレンズには次第により大きなサイズのものが現われるようになった。一八一二年にはすでに七インチ（一八センチ）の対物レンズを作り、七年後には、彼の傑作の見事な九・五インチ（二四センチ）の対物レンズを、ドルパト（現在はエストニアのタルトゥ）にあるロシアの天文台のために作り上げた。

この巨大な対物ガラスに合わせてフラウンホーファーが作った望遠鏡は、数年の間、世界一大きい屈折望遠鏡であり、そこにはサイズ以上に注目すべき点があった。それは、長さ一四フィート（四・三メートル）の磨かれた木製の鏡筒が、画期的な架台に乗せられたことである。その性能の良さと扱いやすさのため、この架台はその後の新基準となった。その基本原理は非常に実用的だったので、今でも小型望遠鏡はこの方式の架台に乗せられている。

今、二本の鋼鉄の軸が互いに直角にT字型に取りつけられていると考えよう。もし、長い方の軸を地軸と平行に傾ければ、望遠鏡を天空の同じ方向に向けておくには、長軸のまわりを地球自転と同じ速さで回転させるだけでよい（太陽ではなく恒星を基準にして一日を計算すれば、地球は二三時間五六分ごとに一回自転している）。その軸は天の極を向いているため「極軸」と呼ばれ、しっかり支えられた耐久性のある軸受上を回転する。

「T」の上の棒である短い方の軸は、その片方の端に望遠鏡の鏡筒を取りつけ、もう一方の端には、普通、全体のバランスを取るための重りをつける。観測者は、この軸まわりに望遠鏡を動かして目的の星を導入し、ひとたび入れたらそれを正しい位置として固定する。あとは極軸まわりに回転させるだけで、天空をめぐる星を追尾することが可能になる。短い方の第二の軸は、天文学者たちが「赤緯」と呼ぶ緯度のような意味を持つ方向に望遠鏡を動かすため、「赤緯軸」と呼ばれる。

軸の一本を地軸と平行にするこの原理は、二五〇年近く前、ティコ・ブラーエが自らの「大赤道象限儀」で採用していたが（第2章参照）、フラウンホーファーによって洗練された形になり、この架台はドイツ式赤道儀として一般に知られている。また、フラウンホーファーはさらに改良を加え、地球が回転しても望遠鏡を正確に星に向けておくことのできる、重錘式駆動時計を開発した。これはもう、すばらしい業績というしかなかった。

ドルパト天文台長で著名な二重星観測者であるウィルヘルム・ストルーフェ（一七九三―一八六四）は、一八二四年一一月一六日、この偉大な屈折望遠鏡を最初に天空に向けたとき、感涙にむせばんばかりだった。彼は以下のように記している。

……何を最も讃えるべきなのだろう、最も細かい部品に至るまでの優れた技術による美しさと優美さか、構造の適切さか、非凡な駆動メカニズムか、卓越した望遠鏡の光学的能力か、それとも、天体を同定する精度か。

望遠鏡は彼によく役立ってくれた。ストルーフェはこの望遠鏡で三〇〇〇個以上の二重星の測定をしたが、その多くは一秒角とは離れていない観測しにくいものだった。幸い、この偉大な機器は一九九三年現在、入念に維持調整されて現存している。

フリードリヒ・ヴィルヘルム・ベッセル（一七八四―一八四六）が、地球が太陽のまわりを回ることで生じる恒星位置の微小な変動を最初につきとめたのも、フラウンホーファーの別の望遠鏡だった。この観測装置は、精密な角測定のために分割対物レンズを備えた、太陽儀の形に作られていた。[11] 一八三八年、はくちょう座六一番星と呼ばれる目立たない星でいわゆる「視差」（つまり星までの距離）を測定したとき、ベッセルはケーニヒスベルク天文台長だった。視差は、コペルニクスによる太陽系モデルが最終的に正しいことを示す決定的証拠――それがまだ必要ならばだが――でもあり、また、星間空間がいかに広大であるかを示す証拠でもあった。

一八二五年に、ヨゼフ・フラウンホーファーの経歴は頂点に達した。彼はウッツシュナイダー―フラウンホーファー社（今日はミュンヘン社の名になっている）の重役になり、ミュンヘン・アカデミーの通信会員でもあった。また、バイエルン王の勲爵士団のメンバーであり、一八二四年八月、光学への貢献によりナイトにも叙せられていた。

しかし、彼は丈夫な人間ではなかった。少年期の弱い体質が再び彼をとらえたようにも思われるが、あるいは、ガラスの炉からの有毒な煙霧にいつもさらされていた結果かとも思われる。[12] 結核にかかったフラウンホーファーは、一八二五～二六年の冬には家にこもり、最後は病床で仕事をした。一八二六年六月七日に彼は亡くなった。わずか三九歳であった。

ミュンヘンのズートフリートホフ（南墓地）で行なわれたフラウンホーファーの葬儀は、国葬であった。最後の眠りの場は、ミュンヘン社の三人の創設者の一人でかつての同僚の、ゲオルク・フリードリヒ・フォン・ライヘンバッハの隣であった。一七五年後のミュンヘンの寒い午後、数人のフラウンホーファーの学問の後継者たちは、「新たな千年紀に向けての強力望遠鏡と観測装置」のハイテクシンポジウムから数分間をさいて、このドイツの偉大な先輩に敬意を表した。

全面戦争

ピエール・ギナンが一八一四年にミュンヘン社を去ったとき、ガラス製造の仕事はこれ以上行なわないよう勧告され、その見返りにかなりの年金を受け取ることになった。[13] しかし、ギナンは根っからの実験屋であった。彼がガラス製造を再開したとウッツシュナイダーが聞いたとき、年金はただちに停止された。その時から、ギナンは良心の呵責なくガラス製造技術に新たな開拓をしようと努力した。そして、軟らかくしたガラスを丸い型に押し込んで光学ガラス円盤を作る新技術を偶然に発見した。

この方法によって、ギナンは非常に大きなガラス素材をたくさん作り、これらはヨーロッパ大陸の有能な光学業者たちの手で製品に仕上げられた。ロベール＝アグラ・コーショワ（一七七六―一八四五）という優秀なパリのレンズ製作家に買われたものもあり、当時イギリスで最も著名だった二人の天文学者間での徹底的な論争を何気なく引き起こしたのも、このガラスの一枚からであった。

若いヨゼフ・フラウンホーファーとギナンの意見の相違とは違うが、この論争は非常に広く知れ渡り、その参加者は双方とも、特筆もののはしたない行為を披露した。その結果、悲劇的なことに、イ

ジェームズ・サウス卿とリチャード・シープシャンクス師

ギリスで最も重要になったかもしれない屈折望遠鏡は天文学の研究にまったく使用されず、才能ある科学者たちは、他のことをほとんどそっちのけにしてこの議論に加わり、時間を浪費したのである。

この戦闘に従事したのはまさにその二つのグループの人々だったが、中心人物二人が戦闘に夢中になったため、他の人々は見過ごされてしまいがちである。その紳士たちは、青コーナーがジェームズ・サウス卿（一七八五―一八六八）で、赤コーナーがリチャード・シープシャンクス師（一七九四―一八五三）だった[14]。

サウスは非凡なアマチュア天文家で、裕福な資産を相続した婦人と結婚した外科医という、自由な財産を持つ身だった。彼の二重星の測定の仕事は非常に高い評価を受け、その技術と見事な天体観測装置がフランスに渡らないよう、一八二〇年代にナイトに叙せられていた。彼はイギリスに留まっていたが、権威者たちに対して徐々に歯に衣着せぬ批判をするようになった。その標的には、王立天文台（『航海暦』〔英暦〕の欠点）や英国学士院が含まれていた。

とはいえ彼は、天文学会（一八三一年に王立天文学会になる）の設立者の一人として熱心に活動し、一八二九年〜一八三一年にはその会長となった。

リチャード・シープシャンクスはまったく別種の人物だった。ヨークシャーの製粉所所有者の息子で、ケンブリッジ大学で数学を学び、率直な人間で、自分より能力の劣る人々をさげすむ態度を取った。彼の勉強は数学に留まらず、法律を学んで弁護士にもなり、英国国教会では上級聖職も務めた。彼も設立されたばかりの天文学会の熱心な支持者で、一八二九年〜一八三一年には事務局長を務めた。

この二人が同時期に学会の要職にいたことは否応なく注意を引くが、これは決して偶然ではなかった。サウスを会長に推したエドワード・ストラットフォードという人物が、学会の秩序を保つには、サウスと同じくらい強い意志を持つ人が事務局長に必要だと感じて、シープシャンクスを推したのだ。この二人の学会運営者はすぐさま相手に反感を示した。「ジェームズ卿はコサインからサインを求めることもできないし、一番簡単な計算に対数表を使うことすらできない」と後にシープシャンクスは書いている。サウスもこの若い成り上がり者を、その有能さにはおかまいなく、同じように軽蔑した。

こうして二人の間に生涯にわたる対立が始まった。この対立が最終的に全面戦争に発展したのは、一八二九年の終わりに、ジェームズ卿が直径一一・七五インチ（三〇センチ）の対物レンズを、かの偉大なロベール＝アグラ・コーショワから買い上げたことだった。このレンズはきわめて高品質で、当時の英国内で最大のものであった。サウスは、このレンズを当時友人だった機器製作家のエドワード・トロートン（一七五六―一八三五）に託し、イギリスで最も強力な望遠鏡にしてほしいと頼んだ。トロートンと共同経営者のウィリアム・シムズ（一七九三―一八六〇）はこれに同意したが、発注されるやいなや問題が生じた。

サウスはこの望遠鏡を、彼がすばらしい成果をあげている三・七五インチ（九・五センチ）望遠鏡と同じような架台に乗せるように依頼した。しかしトロートンは、単に同じ設計を拡大しただけでは必要な安定性が得られないと確信し、設置の仕方をすべて新しくするよう強く主張した。サウスはしぶしぶ承知したが、進行中の作業に口をはさみ続けた。採用された架台は、今日イギリス式赤道儀といわれる設計であった。それはフラウンホーファーのドイツ式架台より古い形式で、極軸がずっと長く、両端がベアリングで支えられている点が異なっていた。赤緯軸は二つのベアリング間のほぼ中央に横木の形で置かれる。サウスの装置は極軸が木製だったが、それは当時の一般的な形式であった。

一八三一年、完成した望遠鏡をロンドン、ケンジントンのサウスの屋敷に据えつけたとき、装置の本体が地面に落ちて、望遠鏡もドームの骨組みも壊れる事故が発生した。幸いなことに、高価な三〇センチのレンズは、その時本体に取りつけられていなかった[15]。

しかしこの望遠鏡は、いったんは据えつけられたものの、望遠鏡の向きは空の中でふらふらとさまよい、視野の中では星が動き回って、満足に見えないことがわかった。これは、二重星の正確な位置測定を意図する観測装置としては致命的な欠陥だった[16]。サウスは欠陥を直そうとするトロートンとシムズに厳しい言葉を浴びせ、作業員たちが敷地に入るのを拒んだ。トロートン自身も相当頑固な人物で、古い設計に戻すように考慮するのを断った。一八三二年五月、サウスが公式の書簡で、トロートンが「役に立たないもの」を造ったと苦情を述べたときに、賽は投げられた。年配のトロートンは、サウスのために支払った費用を取り戻すために法的行動をとるよう友人から強く勧められ、また、その友人が法律的助言をすることを約束してくれた。ともあれ、トロートンのその助言者がかのリチャード・シープシャンクスであることは明白で、誰でも推測できることだった。

歴史学者にとっては幸運なことに、彼らの間で飛び交った非難合戦は、おびただしい量の記録が残っている。その一方は、トロートン、シープシャンクス、その他の人々（王立グリニッジ天文台長のジョージ・エアリー卿も仲間に加えている）であり、もう一方は、サウスその他の人々（最終的にはチャールズ・バベッジ卿も入っている）を含んでいた。その記録は書簡、法律上の通告などで、ウィリアム・シムズがノートに書いた記録まである。[17] それらを読むと、望遠鏡の本当の問題点は、個人の根深い反目の嵐の中で忘れ去られていることがきわめて明らかに示され、気持ちがなえる。シープシャンクスとサウスの反目は他の誰よりも激しかった。

エドワード・トロートンは、問題が未解決のまま一八三五年に亡くなった。三年後の一八三八年一二月一五日、トロートンとシムズはサウスによって支払わされた総額一四七〇ポンドを賠償されることが認められ、トロートンの会社は法律的には勝利を収めた。サウスは、経済的損失はそれほどではないにしても、シープシャンクスの手がすべての問題に関わっていたことを知り、思ったとおり憤怒に駆られた。彼は、この敵対者に何としても恥をかかせようと決心し、一八三九年、望遠鏡架台の主要部分を破壊した。それから町中にポスターを張って人を募集した。

マホガニーのドアノブ、引き出しの取っ手、ボールを回す人、
腰掛け、ボタン、黄燐マッチ、かぎ煙草入れを作る人、
たきぎと古鉄の販売人……

以下のものを競売にするため

トロートン、シムズ両氏により
ケンジントン天文台用に作られた
「大赤道儀」の極軸であった
大量のマホガニー、その他の木材や鉄材

彼には明らかに復讐の念があった。
サウスは望遠鏡の真鍮の部品はとっておいたが、法律的決着がついてからちょうど四年後、町の最下層の商人たちに向けてもう一度バーゲンセールを行なった。広告には、今度はさらに過激な文句が連ねてあった。すなわち――

標的落とし用ニワトリ玩具作りの職人、焼き串回しを作る職人、
偽金づくり、古い金属の販売人……

を募集し、以下の金属部品の競売にくるよう彼らに呼びかけた。

トロートン、シムズ両氏により
ケンジントン天文台用に作られた「大赤道儀」。
同じ製作者による木製の極軸、また、助手たちの

1839年7月8日、ジェームズ・サウス卿が「20フィートの役立たずの赤道儀」のばらばらにされた部品を競売にかけたときの、天文台の哀れな姿

エアリー氏とシープシャンクス師がやっつけ仕事で作った修繕品、

一八三九年七月八日、一般広告の結果、

これらは古着商、死んだ牛馬の公認取引商等々に買い上げられた……

二〇世紀初期の歴史学者たちは、このとんでもないポスターこそサウスが精神的に錯乱している証拠であり、サウスを問題の張本人とした[18]。しかし、最近になって、歴史学者のマイケル・ホスキンは、これはまったく白黒をつけられる状況ではなく、この出来事が負うべき責任はサウスとシープシャンクスの両者で公平に分担するのが正しいといっている。

二人の戦いがこの競売で終わらなかったことは事実で、一八五三年のシープシャンクスの死まで激しく続いた。そして、その時ですらサウスは攻撃を控えることができず、敵対者に思いやりのある追悼記事を書いた王立天文学会の会員宛てに、批判的な書状を出版した。

それで、コーショワのすばらしいレンズはどうなったのだろう？　ジェームズ・サウス卿の家で、時折一時しのぎの木製の架台に乗せられて天体の観望に使われる以外に出番はなく、不遇をかこっていたが、一八六三年にサウスがダブリン大学に寄贈した[19]。しかし、ホスキンも指摘したように、その時にはこのレンズが重要とされる時代は過ぎていた。天文学にとって何という悲劇であったろうか。

第12章　レビヤタン——金属鏡のモンスター

一八六三年にジェームズ・サウス卿がコーショワの高価なレンズの寄贈先にダブリン大学を選んだのは、理由のない気まぐれではなかった。一九世紀中頃のアイルランドは、あらゆる機会をとらえて天文学の革新を進めようとする人々のグループによって、天文学の主力としての勢力を伸ばしていた。したがって、その頃、世界最大の望遠鏡がアイルランドの緑の牧草地にあったことは偶然ではない。

この進取の気性に富んだ天文学者たちのネットワークをつないだのは、非凡な物理学者、天文学者で、加えて神学の博士号の資格まで持つ、トマス・ロムニー・ロビンソン（一七九二—一八八二）であった。一八二三年からその長寿を全うして亡くなるまで、ロビンソンは、今日の北アイルランドにあるアーマー天文台の台長であった。彼の数多くの友人の中に、グループの技術者であるトマス・グラブ（一八〇〇—一八七八）という人物がいた。クロムウェル時代の移民の子孫であるこのクェーカー教徒は、ウォーターフォード生まれで、若い頃から天文学と光学機器に興味を持っていたことが、ロビンソンとの友情を培うきっかけになったようである。(1)

一八三二年頃にグラブは、工作機械から鋳鉄製の玉突き台、時には小型望遠鏡まで作る小さな機械製作会社をダブリンで営んでいた。玉突き台は彼にとって生活の糧であったが、他方、グラブの想像力をかき立て工作技術による挑戦をしたのは、望遠鏡であった。間もなく彼はその技術を試す機会に

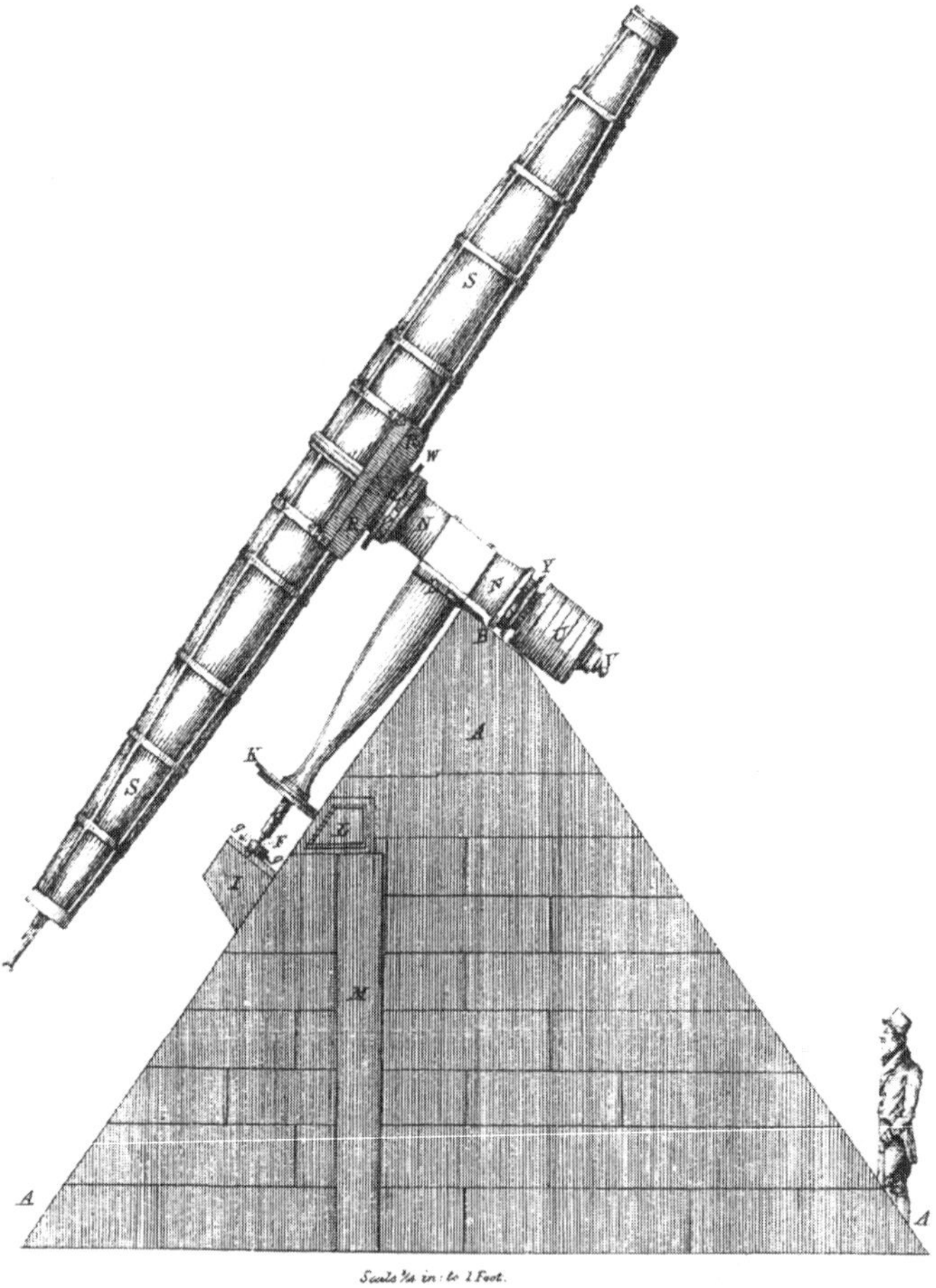

1834年、トマス・グラブによってエドワード・クーパーの13.3インチ（34センチ）レンズ用に建設された立派なマークリー望遠鏡

恵まれた。[2] スライゴー州の裕福な地主であり著名なアマチュア科学者であるエドワード・クーパー（一七九八―一八六三）が、有名なロベール－アグラ・コーショワから最近購入した一三・三インチ（三四センチ）の対物レンズを取りつける望遠鏡を、彼に注文したのである。同じくコーショワが作ったサウスのレンズより直径が一・五インチ大きいその対物レンズは、当時存在する最大のレンズだった。

その望遠鏡を乗せたグラブの架台は大成功であった。一八三四年四月、クーパーの土地のマークリーに建てられた長さ二五フィート（七・六メートル）の望遠鏡の鏡筒は、フラウンホーファーのドイツ式の頑丈な赤道儀で支えられ、運転時計を備えていた（第11章参照）。保護ドームがなかったので、望遠鏡は風雨に耐えねばならなかったが、全体の構造はすべて黒大理石で作られた三角形の特別な台座に乗せられていた。この目を見張る建造物は、最終的に約六六万個の恒星の位置カタログという形で、台座同様に目を見張るような成果を生み出した。[3] クーパーの死後、望遠鏡はいささか波乱に富んだ経歴をたどる。それは結局、フィリピンのマニラ天文台に落ち着き、由緒あるコーショワのレンズは、今日もそこで太陽望遠鏡の一部として使用されている。

マークリーの屈折望遠鏡でグラブが成功すると、すぐさま続いて他の機器の注文があった。今度は、アーマー天文台のロムニー・ロビンソンからで、一五インチ（三八センチ）の反射望遠鏡であった。[4] 一八三五年に完成したこの望遠鏡は、たくさんの長所を備えていた。真っ先に指摘できるのは、それが赤道儀に乗せられた最初の大きな反射望遠鏡であり、時計駆動によるドイツ式架台は、基本的にはマークリー望遠鏡のコピーだったことだ（ことによると、マークリーの機器の原型として作られた、より以前に製作されたものだったかもしれない）。しかし、引き続いて起こったことを考えると、それにも増して重大だったのは、望遠鏡の反射鏡を保持するためにグラブが設計した巧妙な装置であった。

その時まで、反射望遠鏡の主鏡は単に鏡筒の底に置くだけであり、主鏡を無造作に手早く保持するその方法が主鏡の表面精度に与える影響を、ほとんど考慮していなかった。アーマーの望遠鏡でグラブは、てこで支える機構を収めた鋼鉄の「主鏡セル」(円形の箱)を置いて、主鏡を釣り合いの位置に浮かせるようにした。それは、主鏡の裏面のどこかにかかる過剰な圧力を取り除く、たいへんうまく働く機構であり、今日でも、その子孫に当たるシステムが、コンピューター制御されて、世界中の巨大反射鏡で使われている。幸い、この革新的な主鏡セルを備えた先駆的存在のアーマー望遠鏡は現在も残っていて、最近、ニューカッスル・アポン・タインの、「現代のトマス・グラブ」ともいうべきデヴィッド・ジンデンの工房で修理されている。(5)

グラブは、建造したさまざまな望遠鏡が成功を収めたことで評判を高め、一八四〇年にアイルランド銀行の専門技術者になった。(6) 銀行券の彫刻は望遠鏡の製作とは大変な違いと思われるかもしれないが、どちらの分野でも必要とされる精巧な技術は似たようなものらしく、多才なグラブは、難なく両者を結びつけたようであった。

疑いなくロムニー・ロビンソンの好意で、トマス・グラブがアイルランドの天文学同好会で最も有名な会員に紹介されたのは、それより少し前だったに違いない。世襲でオックスマンタウン卿と呼ばれるこのウィリアム・パーソンズ(一八〇〇—一八六七)は、科学に関して大変有能な人物で、大きい野心を満たすのに必要な十分な財産を持っていた。

一八四一年に、彼は、アイルランドのまさに中心に位置するパーソンズタウン(今日のバー町)に

1835年、グラブがアーマー天文台のために作った革新的反射望遠鏡。デヴィッド・ジンデンにより2003年に復元された

ある先祖からの豊かな家屋敷バー城を相続して、第三代ロス伯爵になった。彼の幸福は、一八三六年にヒートン村――今日のヨークシャーのブラッドフォード郊外――で裕福な資産を相続したメアリー・フィールドと結婚したことで、すでに保証されていた。ヒートンには、今でも彼らの結婚を祝福するロスフィールド・ロードとパーソンズ・ロードがある。[7] メアリー自身も有名な人物で、初期の写真術の開発者であり、一八五九年にアイルランド写真協会のシルバー・メダルの最初の受賞者になった。

将来ロス卿になる人物が望遠鏡の実験的製作を始めたのは、一八二七年にさかのぼる。[8] その着手のときから、一部の先人とは違って、彼は科学者の世界に自分の仕事の進捗状況を発表するように努め、一八二八年には、金属鏡の削りと研磨に関する最初の成果を出版した。そして、中まで詰まった反射鏡の重さを避けるために、薄く切ったケーキのような形のくぼみを持たせた扇形の部品から鏡を組み立てる、画期的な技術を開発した。こうして彼は、口径一五インチ（三八センチ）、二四インチ（六一センチ）、三六インチ（九一センチ）と、軽量の鏡を次々と作った。また、蒸気で駆動する表面研磨機も作った。

この種の最後の鏡は一八三九年に完成し、ロス卿はそれをハーシェルの四〇フィート（第10章参照）に似た巨大な経緯台に乗せて、ニュートン式望遠鏡にした。重要なのは、彼がその主鏡に対して、トマス・グラブによるこの支持機構を採用したことであった。しかし、英国学士院の『哲学紀要』では、それについての感謝の念はついでに言及したにすぎなかった[9]。

直径三フィートの反射鏡の保持に、私はダブリンの賢明なる学者グラブ氏による示唆を取り入れ、やや複雑な構造にはなったが、てこで支える点に置く三枚の板を九枚に増やして……

分割方式で作った三六インチ鏡は驚くほどよく働いたので、ロスは、望遠鏡が星雲を個々の星々に分解する能力があるかどうかを判定するテストを実行した[10]。これはどこかで聞いた話だと読者が思ったとしたら、あなたの記憶はすばらしい。というのは、これはまさに半世紀以上前にハーシェルが企図した仕事だったからである。実際には、ハーシェル一家の懸命な努力にもかかわらず、星雲構成物質の謎は解けなかった。これを最終的に解き明かすのがロス卿の意図であった。

そう心に決めたロスは、翌年、一体の三六インチ鏡を鋳造して分割鏡と比較することにした。再び彼は見事に鋳造に成功し、一八四〇年の末、彼を訪れた二人の著名な天文学者とともに、二枚の鏡を並べて比較することができた。テストは、どちらの鏡もすばらしいことを示したが、一体として鋳造した方がやや優っていることがはっきりわかり、その結果ロスは、重量の軽い分割鏡に対する興味を急速に失った。(11)

しかし、一八四〇年一一月のテストは結果以上に興味深い点があった。観測者たちはいつも天気に悩まされ、観測作業はシーイングの悪さで台無しになったり、雲にさえぎられて短縮されたりした。そのことが、詳細な記録によって明らかにされたからである。不運なことに、結局このような観測条件は、低地にあるバー地方やアレン泥炭地帯付近ではごく普通であることがわかったのだ。

その時のロス卿への著名な来訪者も、また注目に値する。一人がロムニー・ロビンソンだったことに不思議はないが、もう一人の彼の仲間（そして親しい友人）は、まさに悪名高いジェームズ・サウス卿その人だったのだ。歴史学者のマイケル・ホスキンは、この時（サウスが最初に恥ずべき問題の競売をした一年後にすぎず、また、二番目の競売の二年前であった）に、ジェームズ卿がロス卿とロビンソン師双方に賢明な助言を与え、実に立派な振る舞いをしたことを、当然だが驚きをもって記している。(12)アイルランド海がサウス卿を一番の敵であるリチャード・シープシャンクスから隔てていさえすれば、それが彼の本来の気質だったのである。

一八四五年にロビンソンとサウスが再びバー城で出会ったとき、ロス卿は次に作った望遠鏡を空に向けていた。しかし、炭鉱の立杭口のように見えるひょろ長い塔からつり下げられていたのは、直径三フィートの排水管ではなかった。ロスが次に作った望遠鏡は、光学機器としてはかつてない口径六フィート（一・八メートル）サイズのモンスターのような望遠鏡で、固い石造りの巨大な二つの壁の間から、その巨大な口を星々に向けてぽっかりと開けていた。

この「パーソンズタウンのレビヤタン〔旧約聖書に出てくるワニのような巨大な海獣〕」は、三フィート（九一センチ）鏡の試験が成功に終わった時点に起源を持つ。野心に燃えたロス卿は、すぐに口径を二倍にした機器の建造を決意し、時を移さず作業に取りかかったのである。六フィート（一・八メートル）の金属鏡を鋳造する最初の試みは、一八四二年四月一三日にバー城外側の戸外で実行された。その光景を目にしたロムニー・ロビンソンは詩情をかき立てられ、次の文章を残している。[13]

その崇高な美しさは、幸運にもそこに居合わせた人々にはとうてい忘れられないものであった。天には星が満ち、輝きわたる月は、私たちの仕事を幸先よく見下ろすかのようであった。地上では、炉がほとんど黄一色の巨大な火柱を流し出し、強く熱されたるつぼ内の溶けた金属は、空気中をすべるとき、まるで城の塔や木々の葉群の上にわき出す赤い光の泉のよう。期せずして生まれたこの光と影は、コントラストをなす二重星へと幻想を運んでいくかのようだ。

ロビンソンは、おおかたの人以上に彼の目前で起こっていることのとてつもない重大さを認識していた。彼にとってこの劇的な光景は、当時の技術的、科学的な熱望をすべて凝縮したもので、今日の宇宙船の打ち上げに匹敵するものだった。

ロス卿は鋳造の過程であらゆる注意を払い、城の濠の中に焼きなまし用の巨大な炉まで用意していた。これは、亀裂を招く恐れのある内部応力が生じるのを避けるために、四トンの鏡を制御された状

ロス卿による口径6フィート（1.8メートル）のとてつもなく巨大な反射望遠鏡「パーソンズタウンのレビヤタン」

態でゆっくり冷やすものであった。冷却には一六週間もの期間が必要だった。結局、鏡は割れてしまったが、それは冷却法のせいではなく、反射鏡の前面が押しつけられる事故の結果だった。

それにも屈せず、伯爵は二枚目の鏡を鋳造し、それから三枚目も……。そして結局五枚までいった。そのうち、二枚目と五枚目が蒸気駆動による削りと研磨にうまく耐え、機器が最終的に完成したときに、それらは支持てこの台とともに、望遠鏡の巨大な鏡枠に交互に収まった。

ロス卿は、長さ五六フィート（一七・一メートル）の「レビヤタン」の木製の鏡筒を支えるため、三フィート望遠鏡とはまったく異なる構造を採用した。[14] 鏡筒は、長さ七二フィート（二一・九メートル）、高さ五六フィート（一七・一メートル）の巨大な風よけの二枚の壁の間に掛けられていた。それぞれの壁は南北の向きに建てられ、子午線――天球上を、北から南の方位に向けて頭上をまっすぐに通る仮想の線――を横切る天体を、望遠鏡が一時間やそこらは東から西へ向けて追うことができるように、十分な間隔（二四フィート、つまり七・三メートル）をとっていた。

星の水平からの高さ（高度）の変化に対応するため、それを支える鎖で、望遠鏡は鉛直に立てることも、あるいは、後方なら天の北極の高さまで傾けることもできるようになっていた。この仕組みは明らかに赤道儀式ではなかったが、二人の助手が手伝えば、巨大な機器はかなりよく星を追えるように作られていた。ロス卿は再びニュートン式を採用し、観測者は、西壁の高い位置に取りつけられた可動式の観測台から接眼鏡で覗くようになっていた。接眼鏡は簡単に取り外しできたので、倍率を高くも低くも即座に変えることができた。

一八四五年二月にはこのレビヤタンが使用できるようになり、ロス、ロビンソン、サウスは、新たな星雲の攻略に備えて身構えをしていた。[15] しかし、身構える以上の問題があることがわかった。というのは、冬の気候はまったく彼らに非協力的で、二番目に鋳造した鏡が非常に高品質なことを示すだけの星の光しか送ってよこさなかったからである。ロスは非常に失望したに違いない。この望遠鏡は建造に約一万二〇〇〇ポンドかかったので、その投資に見合うだけの科学的成果が得られるかどうかを彼は気にしていた。

天候が良くなり、系統的な観測が始められるようになるには、三月初旬まで待たなければならなかった。この勇敢な天空探検隊は、月半ばまでに、すべての星雲はまさに個々の星々に分解できると確信するようになり、お互いに十分に祝い合った。彼らは完全に間違っていたが、一八六〇年代のウィリアム・ハギンズの研究まで、その誤りが最終的に証明されることはなかった（第14章参照）。

しかし、新しい何か——世界中の他の望遠鏡では、その大きさの不足のため明らかにできなかった複雑な細部構造——が現われた。それはすぐに、星雲を星に分解するロス卿の情熱を上回るもう一つの謎を生み出した。そして、その謎が解き明かされるには一九二〇年代まで待たねばならなかった。それは、星雲の一つ——M51という味気ない名前のりょうけん座の天体——が奇妙な渦巻構造を示していたことだ。その外見はまごうことのない渦巻型で、観測者を魅了し、ロビンソンが述べたように、「天体力学ではこれまでまったく予想できなかった活動状況」を示していた。それはまさしく驚嘆に値するものだった。彼らは渦巻銀河の最初のものを発見したのである。

パーソンズタウンのレビヤタンは、その稼働中に結局六〇個以上の「渦巻星雲」——と彼らはいった——を発見し、これが最大の業績となった。[16] しかし、それらのほとんどは望遠鏡が一〇年以上も使用され、鏡が最良の状態ではなくなったときに発見されたものであった。その時、予期せぬ破局が訪れてアイルランドの日常生活が行き詰まり、その他多くのこととともにレビヤタンの仕事も中断した。

一八四五〜四八年のジャガイモ飢饉の間に、一〇〇万人近くの人々が飢え、同じく一〇〇万人もの人々が移住を余儀なくされるはめになったのである。ロス卿は、責任ある地主として、注意をすべてその領地に向けなければならず、メアリーもまた、土地の人々の苦しみを緩和するための努力を傾けて、彼らから特別な親しみの情を得た。しかし、一八〇一年の連合法以降アイルランドに対し責任があるはずのロンドンの政府は、それを厳格に履行する気はまったくなかった。イギリスとアイルランドの関係はすでに緊張状態にあり、ジャガイモの枯れた残骸の中に革命の種が蒔かれた。

一九〇八年にロス卿の長男であるローレンス（第四代伯爵）が亡くなる頃、この巨大望遠鏡は深刻な劣化を見せはじめた。間もなく望遠鏡は台から外され、遺棄された鏡筒と石造りの壁が残っただけだった。ヘンリー・キングが一九五五年に記念碑的な望遠鏡史を書き上げたとき、それがレビヤタン物語の終わりとなった。しかし今日、瞠目すべき後日談がある。この偉大な観測装置に同情が寄せられ、一九九六年〜一九九八年に、新しいアルミニウム製の主鏡とそれを動かす水圧による現代の駆動装置を備えて、大望遠鏡は完全に作動するように修復されたのだ。ロス家第七代伯爵のウィリアム・ブレンダン・パーソンズの見識とエネルギーのたまものであるこの望遠鏡は、今日、新旧の技術が融合した両世界の最良の部分の輝かしい例を象徴している。

慰めと喜び

一九世紀半ばのアイルランドは、巨大望遠鏡競争の先駆的地位にあったにもかかわらず、アイルランド海の対岸でも興味をそそる発展が進行していた。マンチェスター近くのパトリクロフトで、スコットランド人技術者のジェームズ・ナスミス（一八〇八―一八九〇）が、余暇の多くを注ぎ込んで金属鏡の反射望遠鏡を製作していた。アンドルー・バークレーと同様、ナスミス[17]は天文学より大型の工作技術によって評価され、一八三九年の蒸気ハンマーの発明で最もよく知られている。しかし不運なバークレーとは違って、彼の望遠鏡は確かに特筆に値するものだった。

ナスミスは博愛主義の優れた才能を持った技術者であり、広く使って労働者の安全を向上させるようにと、重要な発明のいくつかに特許を取らなかった。彼は話し上手で有名で、寝間着姿で望遠鏡を庭に持ち運ぶ彼をブリッジウォーター運河の上からちらちらと見たという船頭の話をしばしばした。この船頭は、腕に棺を抱えた幽霊を確かに見たと思って、恐れおののいたという。また、フロシー・ラッセルという女性と継続的に婚外の情事におよび、一八五九年に彼女は娘をもうけた。明らかにナスミスは世間をあまり気にしなかったのである。[18]

ナスミスは芸術家としても秀で、写真術の開拓者でもあった。しかし彼の名は、一八四二年に完成させた二〇インチ（五一センチ）の最大の反射望遠鏡の独創的設計によって、天文学の世界に残っている。[19]この観測装置は、薄い鉄板の鏡筒が耳軸（軸受）に支えられた、ハーシェルの巨大な二〇フィートや四〇フィート望遠鏡と同様の経緯台式で、回転する台に乗った二本の三角形の支柱の間で垂直に回転できるようになっていた。しかし、この古めかしい木製の構造とは対照的に、ナスミスの二〇インチの技術は今日の艦砲の架台と多くの共通点がある。たとえば、観測者の椅子は回転台に固定され、台といっしょに回転する。そして、観測装置はすべてハンドルで簡単に操作できるようになっていた。

さらに便利なのは、望遠鏡が天空のどこを向いていても、観測者はいつも同じ方向を向いていられることであった。「巨大望遠鏡を容易に便利に[20]」（とナスミスはいった）扱えるようにしたこの配置は、三

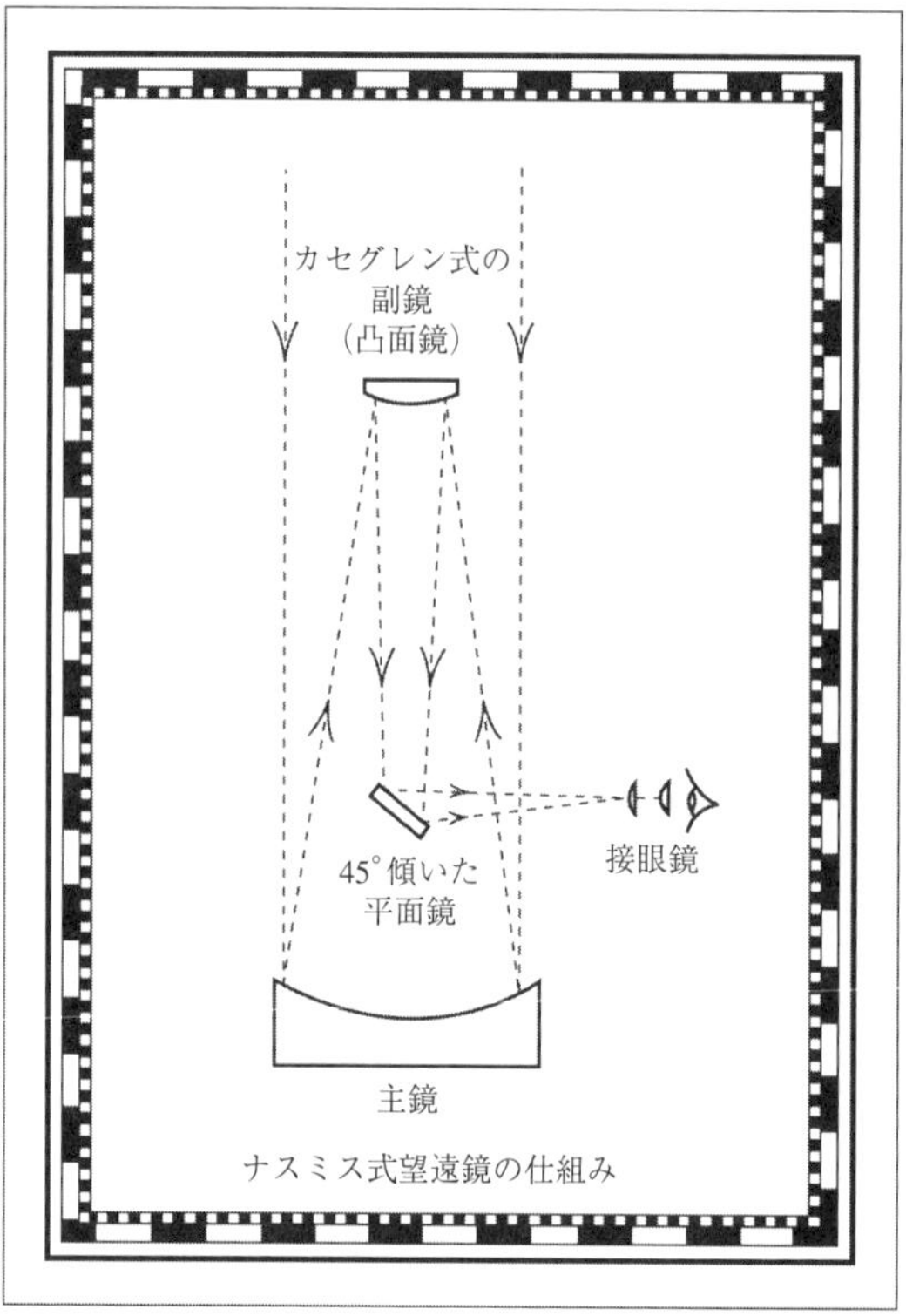

ナスミス式望遠鏡の断面図。光を固定接眼鏡に導くために、カセグレン型に平面鏡を加えていることがわかる

枚の鏡を組み合わせる方法で実現した。本質的に、それはカセグレン方式による凹面鏡の主鏡と凸面鏡の副鏡との組み合わせであるが、主鏡に穴をあけて光を外に出すのではなく、四五度に傾けた鏡によって光を横に向け、鏡筒の側面から外に出していた。四五度の鏡は架台の中空の耳軸上にあり、この軸の位置が接眼鏡を置く場所、つまり観測者の席の真ん前であった。それは、光を減らす金属の反射面を一個増やす犠牲を払うことにはなったが、とても巧妙な配置だった。

ナスミスはこの望遠鏡をまず月の研究に用い、最後にジェームズ・カーペンターという人との共著で、月面のクレーターの形成に関する本を書いた（一八七一年出版）。しかし、彼の名が残ったのはその使いやすい架台によるもので、今日ほとんどの巨大望遠鏡は、「ナスミス焦点」として、基本的にこれと同じ構造を採用している。この焦点には重い補助観測装置も設置できる。残念ながら、エレクトロニクス時代になると、観測者用の快適な椅子はなくなってしまった。この最初の望遠鏡はロンドンの科学博物館に保存されている。

ジェームズ・ナスミスの友人に、反射望遠鏡の開発に重要な貢献をした、もう一人のイギリスの「偉大なるアマチュア」天文家がいた。ウィリアム・ラッセル（一七九九―一八八〇）は、二世紀前の豪胆なヨハネス・ヘヴェリウスと同様に醸造業で財産をなし、一八四〇年には経験を積み熟達した観測者となって、外惑星の衛星を専門とし、いくつかの衛星を発見していた。

ジェームズ・ナスミスが1842年に完成させた20インチ（51センチ）反射望遠鏡を操作している

ラッセルはナスミス式の複雑な配置を避けて、もっと簡単なニュートン式を好み、一方、蒸気の力による反射鏡の研磨機をナスミスと共同で製作した。[21] リヴァプールに居を構えるラッセルは、一八三〇年以降マンチェスターとマージー港を結んだ公共鉄道のおかげで、ナスミスのところへ簡単に行くことができた。リヴァプールからアイルランドへ行くのもそれほど大変ではなかったので、一八四四年ラッセルは、ロス卿の六フィート反射望遠鏡製作の進捗状況を見るために、パーソンズタウンを訪れた。[22] 彼は心中に自分自身の二四インチ（六一センチ）望遠鏡を考えていたので、反射鏡の鋳造と研磨の工程のすべてに興味があった。

ラッセルの二四インチ望遠鏡は二年後にはじめて星の光をとらえ、すぐに目覚ましい成功を収めた。一八四六年九月三〇日に海王星発見のニュースがロンドンに届くと、二週間もしないうちに、ラッセルはこの惑星の巨大な衛星トリトンを発見した。[23] これは幸先のよいスタートであり、約六年後、ラッセルが、澄んだ空と安定した大気を求めてこの望遠鏡をマルタ島のヴァレッタに持ってゆくと、その能力ははるかに良く発揮されるようになった。

いったん霧の濃いリヴァプールに戻ると、ラッセルはロス卿が歩んだ道をたどり、彼の一番良い望遠鏡の口径を二倍にすることを決心した。その結果できあがった四八インチ（一・二メートル）は、反射望遠鏡の歴史においてまさに画期的な望遠鏡となった。おそらく、その唯一の大きな欠点は、金属鏡に常について回る曇りとの果てしない戦いだった。それでも、一世紀近く前にハーシェルが確立した方法に従い、ラッセルは、相互に交換できる二枚の鏡――直径四八インチ、それぞれの重さは優に一トン以上――を用意した。

ラッセルの望遠鏡の改善点は、長さ三七フィート（一一・三メートル）の鏡筒、主鏡を保持する方法、赤道儀式架台に集中した。主鏡周辺で空気が自由に循環することが温度の安定に重要だというナ

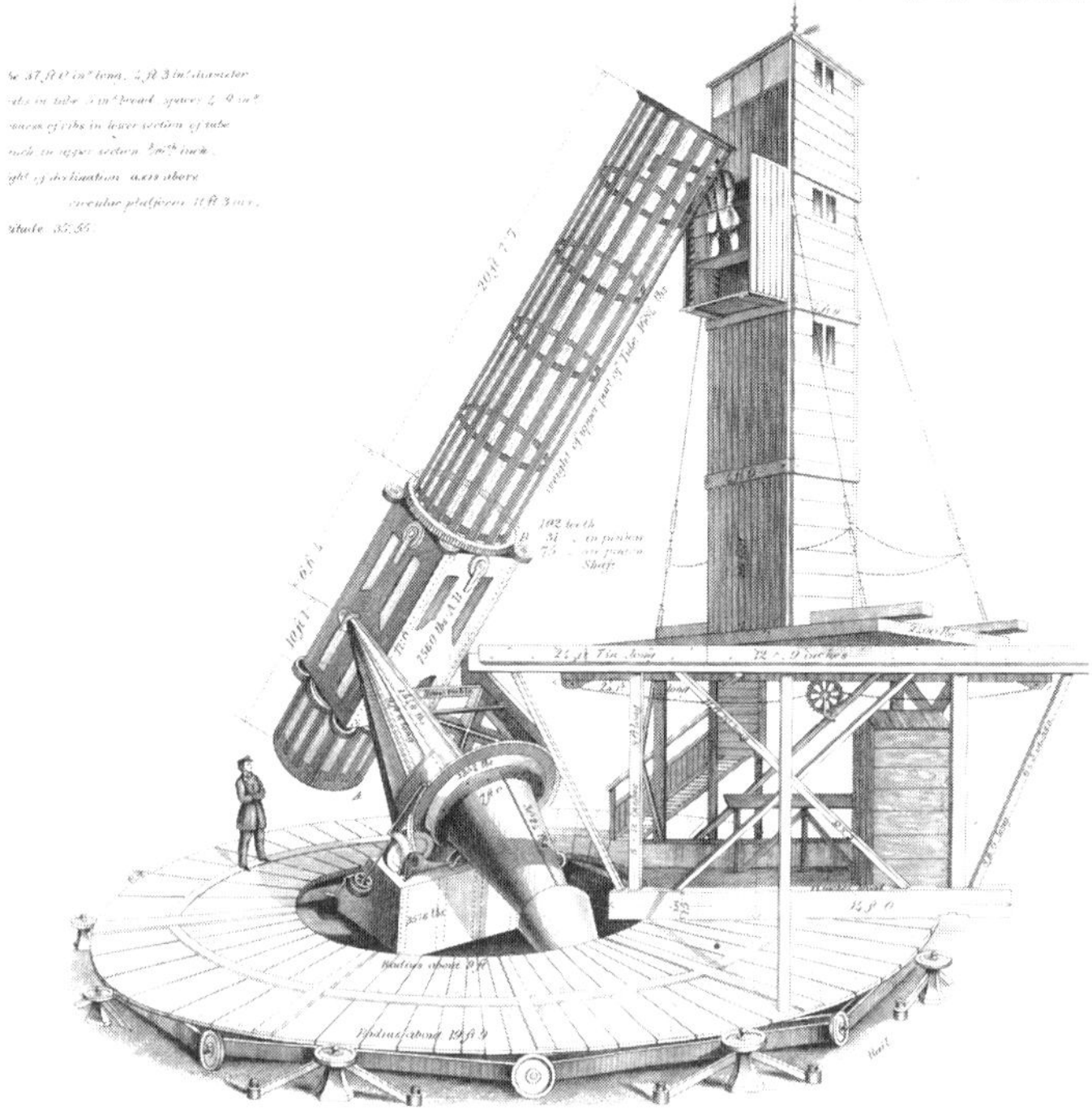

ラッセルが1860年に建てた口径48インチ（1.2メートル）の美しい望遠鏡は多くの改良が施されているが、ニュートン式配置のため、観測者は「高所の観測小屋」にいなければならなかった

スミスの発案に従い、ラッセルは鏡筒を鉄の肋骨による骨組みだけにしたが、これはまったく新しい解決法であった。その後、グラブによる鏡保持機構をさらに改良することを考え、彼は、バランスウェイトを使う新しい機構で鏡の釣り合いをとった。この方法は今日「無定位」支持法と呼ばれている[24]。

フラウンホーファーの優美なドイツ式赤道儀式架台は、この巨大でかさばる反射望遠鏡にはとても適さないことがわかり、最後に、彼は今日、フォーク式といわれる架台を構築した。本質的に、それはナスミスの二〇インチの架台と似ていたが、回転台は、観測地の緯度の角度に傾く巨大な極軸にとって代わられていた。したがって望遠鏡は、二本の巨大なフォークの尖端の間で赤緯（天の赤道からの角距離）方向に動かすことができた。ラッセルは再度ニュートン式配置を選択した。

ラッセルはこのすばらしい望遠鏡を一八六〇年に完成させ、翌年、前と同様にマルタ島へ運んだ。望遠鏡は見事に機能したが、「大きな番小屋」から天空を観測するラッセルは、鏡筒のてっぺんの危なっかしい位置で接眼鏡を覗くことになった。オリオン星雲についての彼の記述は、明るく輝くガスとダストの雲という現代の像とぴったり合っていた。

空の状況の良いときに倍率一〇一八倍で見ると、星雲の最も明るい部分は羊毛の集まりのように見え……一つの層の一部が他の層の上に重なって、たいへん厚みのある深い層をなしているように見える。

ラッセルはマルタに三年間滞在して惑星や衛星を観測し、さらに約六〇〇個の星雲のカタログを作成した。最後にイギリスに戻ってからは二四インチで観測するだけで、もう二度と巨大望遠鏡は建てなかった。彼は他にも大望遠鏡による野心的な計画を持ってはいたが、結局これは、善意ではあったが見当違いの方向づけをした委員会の協議によって、挫折してしまった。

第13章　悲嘆の種——南天大望遠鏡

金属鏡の望遠鏡は、最後に前章で登場したほとんどすべての人々を巻き込んだ一つの事業で、ほろ苦さを味わう典型的な例を演出した。その事業は、反射望遠鏡を思わせぶりな二〇世紀の形態へ近づけたが、その立ち上げのときから論争と非難があり、そして結局私たちの時代にまで続く、異常にもつれ合い、盛り上がったドラマを生むことになった。

この野心的な計画を生み出した原動力は、ヴィクトリア時代の科学界がずっと抱いていた、星雲の性質と構造を明らかにしなければならないという執念であった。当時の天文学者たちは、喜望峰にいたジョン・ハーシェルが父の大きな二〇フィート反射望遠鏡を用いて行なった一八三四年から一八三八年にわたる研究が、南半球における星雲の唯一の系統的研究であることを、残念ながら認識していた。[1]直径一八・七インチ（四七センチ）の主鏡を持つこの観測装置は、南半球で使われた最大の望遠鏡だった。しかし、一八四〇年代に、ロス卿の巨大な六フィート反射望遠鏡が渦巻星雲のすばらしい眺めを示して見せると、赤道より南に新しい大望遠鏡を造ることの潜在的価値を疑う者はいなくなった。

ただし、当時プロの天文学者の大部分は別の考えだった。一八五〇年四月、ケープタウンの王室天文学者トマス・マクレアー（一七九四—一八七九）が、巨大望遠鏡をその地に建てる可能性についてのロムニー・ロビンソンからの問い合わせに応じた。その返事はほとんど憤りの口調だった。[2]

これまで、高性能望遠鏡による星雲の調査や二重星の測定は、アマチュア天文家が、その熱意と財源によって、ほぼ全面的に独占して行なってきました。それよりも公の天文台は、系統的観測によって惑星理論を改善しカタログにするなどの、すぐ実用になる分野に専念すべきでしょう……

私には、標準的業務［小型望遠鏡による系統的な位置測定］がまず第一に優先する観測であり、予期しない状況が生じると、この半球ではその業務が滞ると思われます。……さらに、大きな反射望遠鏡の設置と稼働に伴って人を夢中にさせる興味が生じるので、それが遂行しなければならない業務をさらに遅らせ、圧迫するのではないかと私は心配します。

マクレアーの熱意の欠如にもかかわらず、ロビンソンはロス卿（当時英国学士院長）と共同して、南天大望遠鏡を支援してくれるよう首相に請願した。しかし、この提案は、首相（ジョン・ラッセル卿）がまったく注目しなかったために無に帰した。それは、意図的ではなかったろうが、おそらくもう一人の専門家のグリニッジ天文台長ジョージ・エアリー（一八〇一―一八九二）が、横槍を入れて妨害したためであったろう。(3)

二年後の一八五二年、さらなる試みが始められた。(4) 今度は英国学士院の支持を得、引き続いてその計画を遂行するため専門家たちによる委員会が形成される、通常の手順がとられた。この南天望遠鏡委員会のメンバーには、巨大望遠鏡の世界の先駆者や推進者であるロムニー・ロビンソン、エドワード・クーパー、ロス卿、ジェームズ・ナスミス、ウィリアム・ラッセル、ジョン・ハーシェル、そして、今ではこの計画に熱心になったジョージ・エアリーもいた。

アイルランド銀行の多才な技師であるトマス・グラブは、コンサルタントとしてこの計画に関与し、口径四八インチ（一・二メートル）の望遠鏡を提案した。その急進的な設計では、穴をあけた主鏡の後ろに接眼鏡を取りつけるカセグレン式を選び、十分テストされたニュートン式をやめていた。[5] これは、観測者が高いところにある観測台でよろける危険を避けるためであり、イギリス式赤道儀式架台を採用（第11章参照）して、接眼鏡の位置が決して地面から遠く離れないことをさらに保証していた。グラブは、この望遠鏡は五〇〇〇ポンドくらいで建設できると見積もり、その価格には、二枚の四八インチ金属反射鏡と、それらを維持するための研磨機、それを駆動するための一馬力の蒸気機関が含まれていた。

この野心的な提案に勇気づけられて、南天望遠鏡委員会は一八五三年七月五日、「必要な資金を英国政府に申請する」ことを決定した。[6] 熱意にあふれたメンバーは、誰もが成功するだろうと考えていた。しかし、そのわずか数日前に遠い国で起きた事件がこの計画を失敗に導くことは、ほとんど想像していなかった。ロシアが、モルダヴィアとワラキア——今日のルーマニア領の一部——を占領し、それが翌年のクリミア戦争（一八五四〜五六）へつながったのだ。この状況下で、イギリスは争いに深く巻き込まれ、提案された新望遠鏡に政府が資金を出す可能性はなくなった。

もし、途中に戦争の勃発のような予想外の出来事が起こらなければ、話はこれで終わったかもしれない。一八五一年、ヴィクトリア王朝の植民地であるオーストラリアに相当な量の金鉱が発見された。その結果、植民地の人口は一〇年間で七倍に増え、それに比例して経済も盛んになった。科学や芸術の教育が盛んになり、一八五五年にはメルボルン大学に数学講座が創設され、それまでベルファストのクイーンズ・カレッジの教授だったウィリアム・パーキンソン・ウィルソン（一八二六—一八七四）

がその教授となった(7)。

ウィルソンは、アイルランドでは精力的なロムニー・ロビンソンとともに仕事をしていたので、天文学の熱烈な信奉者であったことは驚きではないだろう。さらに注目すべきは、一八六〇年に天文学は、領内で最高の財政の当事者であるヴィクトリア州大蔵大臣を頼もしい支持者としたことである。この人物はジョージ・ヴァードン(8)（一八三四―一八九六）というアマチュア天文家で、政府の出資でメルボルンに天文台を創設するのに熱心に尽力した。この天文台は一八六三年六月に設立された。

ウィルソン教授は、すでにイギリス本国に、伝説となっていて具体化しない南大反射望遠鏡をヴィクトリア州に建造する可能性を打診していて、新メルボルン天文台が稼働したあとには、それに関する公式の接触を英国学士院に行なった。このアイディアに英国学士院は熱意をもって応じたが、以下の理由から計画への資金提供を丁重に断った。

あなたがた植民地の持つ経済力が、たいへん大きくかつ増大していると英国側は考えているので、そのことが、植民地へ出資する金額を増やそうとするどんな計画に対しても、大きな妨げになるのです。

にもかかわらず英国学士院は、南半球の裕福な従兄が向けた興味の眼差しを考慮して、南天望遠鏡委員会を再度招集した。そして今度は、ヴィクトリア政府は気前の良いところを見せ、最終的には、世界で最も進歩した望遠鏡を遠い植民地に導入するため、総額五〇〇〇ポンドの割り当てに応じた。こうして、かつて報じられたことのない南天での新発見に向けて部隊は整えられた。少なくとも、彼らは全員そう思ったのである。

エンジニアリングの傑作

資金提供が決定すると事態はすばやく動いた。再招集された南天望遠鏡委員会は、グラブの設計を基本的には変更せずに採用するよう進言した。この決定ははじめから論争を巻き起こした。というのも、一八五〇年代半ばには、研磨したガラス面に薄い銀の層をメッキして望遠鏡の反射鏡にする新技術が現われたからである（第15章参照）。この技術には、軽いこと（それによって望遠鏡の構造をより軽量化できる）、反射率が大きく増加すること、また、鏡が曇った際に再研磨する骨の折れる作業の必要がなく、再度メッキすればよいことなど、従来の金属反射鏡に優るいくつもの利点があった。

これらの明らかな利点があるにもかかわらず（望遠鏡を製作した専門家たちから遠く離れたところで操作されるのであるから、特に再メッキですむという最後の点が大きい）、委員会は金属鏡に固執し、従来の方式を採用することにした。[9] 一八六二年に、パリ天文台で三一インチ（八〇センチ）の銀メッキ鏡による望遠鏡が建設されていたけれども、彼らは、その技術はこの大きさの鏡ではまだ試されていないと主張した。それは致命的な決定であり、その望遠鏡が期待に応えられず失敗に終わる一因となったのは疑いない。

ウィリアム・ラッセルが自分の四八インチ（一・二メートル）望遠鏡の設計を採用するよう委員会を説得しようとし、その後に彼がこの観測装置一式を贈呈することを申し出たときには、さらに議論がわき起こった。[10] でも、この申し出は、接眼鏡が高所にあるニュートン式では観測者が危険だということと、ラッセルの望遠鏡は天空に向けるのにかなりの力を要することを理由に、すぐに拒否された。

少なくともこれは正当な批判だった。というのも、グラブの設計はラッセルの望遠鏡が必要とするたった三〇分の一の力で操作できたからである。架台の細部に関しても、グラブの提案が優れたものであったことは疑いない。

一八六六年二月、トマス・グラブは最終的に望遠鏡製作を受注した。銀行とのやり取りに深く関わっていた彼は、メルボルン望遠鏡の契約の履行を、当時二一歳だった息子のハワードに託した。三〇年後[11]、ハワード・グラブが世界で最も優れた機器製作企業の一つのトップに立ったとき、彼は以下のように回想している。

……このメルボルン望遠鏡が、事実上、私たちを望遠鏡製作に引き込んだのだ。というのは、望遠鏡が発注されたその時に、私の父はラスミンズ〔ダブリン郊外〕に土地を買い求め、そこに四フィート反射鏡を鋳造するための一時的な作業場や機械設備、炉を作ったからである。

始まったばかりの望遠鏡製作の作業は、七月には、鏡を鋳造する準備ができていた。グラブは、二四年前の先駆者であるロス卿と同様の工程に沿っていたが、作業場は、空気を吸い上げて炉に送るために振動する蒸気機関にまで屋根がついている点が異なっていた。熱がたいへん強かったので、作業者は厄介な保護服を着なければならず、私たちが見ると、キュー・クラックス・クランのメンバー〔KKK、アメリカの白人至上主義団体〕かと見まごう格好であった[12]。

七月三日の最初の鋳造は順調ではなかった。前日の午後、炉に火が入れられた。若いハワードは早

メルボルン大望遠鏡の48インチ（1.2メートル）金属鏡の1枚を鋳込むところ

めに床についたが、突然起こされた。

［午前］○時半に連絡係が、工場が炎に包まれているというとんでもないニュースを持って、家に飛び込んできた。真っ赤に焼けた煙突が屋根に火をつけたのだ。私はいつもより素早く起き出し、すぐに庭のホースで炎を上げる木材に水をかけた。これではまったくだめだったので、私は、柱のまわりの梁を鋸で切り落とし、そのあとは屋根が燃えるに任せた。

この緊急事態は何とか処理され、グラブと作業者たちは、炉を加熱し続けるために一日中大変な思いで働き、夜の一一時には、二トンの溶けた金属を注ぐ準備ができた。注入の工程自体はたった六秒しかかからず、その後に、白熱された鏡は焼き鈍《なま》し用のかまどに移された。それが終わって、彼ら全員がどれほど安堵したかは容易に想像がつく。「七月四日午前一時、この恐ろしい場所で二四時間ぶっ続けで働いたのち、私は家に戻った」(とグラブは振り返っている)。残念なことに、彼らの労働は無為に終わった。というのも、最初の鋳造では鏡に重大なひび割れが生じたことがわかったからである。でも、彼らはこの工程から要領を学び、この年のうちに二枚の主鏡の製作に成功した。

主鏡の鋳造がドラマチックであることに比べれば、主鏡の光学研磨と望遠鏡構造の製作はルーティン作業であり、比較的順調に進んだ。一八六八年二月一七日には、完成した望遠鏡が英国学士院会員小委員会による検査を待つまでになっていた。ラスミンズのグラブの家の庭に建設された望遠鏡は、天空の見事な眺めを示し、小委員会は、この機器が「意図した目標を完全に満たす」と言明した。

三か月のうちに望遠鏡は分解され、荷造りされてアイルランド海を渡り、最終的には「海の女王」という名の船に積まれて一八六八年七月にリヴァプール港を発った。ついに、この大望遠鏡は塩、屋根用のスレート、ビールを扱う船会社の船で、南半球に向かったのである。[13] そして一一月六日、メルボルンに到着した。

新しい本拠地での望遠鏡建設は、何事も起こらないわけにはいかなかった。それは、メルボルンとダブリンの緯度の違いが正しく考慮されていなかったからである。さらに、望遠鏡の二枚の主鏡の一枚目は表面の劣化がすでに歴然で、とても完璧とはいえない状況で到着した。すぐに露呈したもう一つの問題は、長さ九メートル(三〇フィート)の細長い鏡筒の風に対する弱さであった。望遠鏡は、メルボルンの普通の気候をまったく知らない人々によって、ドームなしで操作されるように設計されていたのである。

それにもかかわらず、望遠鏡は一八六九年八月から稼働を始め、政府の天文学者であるロバート・

エラリー（一八二七―一九〇八）は、初期の困難はすべて乗り越えたと自信を表明した。しかし彼は間違っていた。

退歩と災難

メルボルンの大望遠鏡では、星像がはっきりした点像にならず、クラブのエースのような形になることが間もなく明らかになった。[14] この欠点は結局、高価な中味に付属している主鏡セルの締め付けをゆるめることで速やかに直された。しかし一八七〇年三月、『オーストラリアン・ジャーナル』は、この新しい観測装置に対し非常に批判的な記事を出した。

この望遠鏡は、天文学上のたくさんの発見がなされると人々が信じ込まされて、植物園にあるメルボルン天文台に建てられたが、かなりの失敗作であることが判明した。……望遠鏡の管理を委任されたル・スーエル氏は、カセグレン式構造の採用はまさしく最悪だと話している。この望遠鏡とその据え付けに約一万四〇〇〇ポンド支出したあととしては、何と愉快な結論ではないか！

……総じてこの望遠鏡は、自然科学上の大変な大失敗作らしい。

これらの見解と、そのちょうど一二〇年後に打ち上げられたハッブル宇宙望遠鏡の主鏡に欠陥が見つかったときの見解「公費の法外な浪費」云々とは、薄気味悪いほど似ている。しかし、一九九三年一二月に小型の修正鏡が追加されてハッブルの信頼が回復したのに対して、メルボルン望遠鏡は決して回復しなかった。アルバート・ル・スーエルは、実際にはエラリーの助手の天文学者で、設計の大きな欠陥を見て露骨に不機嫌になった。一八七〇年七月に主鏡を現場で再研磨する大変な大仕事をなしおえたあとに彼は退職し、この厄介な仕事に対する見解をすべて携えてイギリスに戻った。

対蹠点から届いたこの報告に驚いたグラブとロビンソンは、オーストラリアで用いられた方法のせいにして、問題から距離を置いた。事実、望遠鏡の主鏡には、曇りやお粗末な結像による問題が稼働期間を通じて常に存在した。たとえば、一八七五年の書簡には、球状星団オメガ・ケンタウリは「非常に不満足な見え方で、星々はすべて、サゴヤシの粉で作ったプリンみたいに互いに衝突しているように見える」と書かれている。少なくともこの問題は、鏡筒中で主鏡の位置を調整〔光軸修正〕すれば簡単に解決するものだった。多くの点でこの望遠鏡は使い勝手の良い観測装置で、たとえば、当時としては最高の月面写真が撮れた。しかし、全体的な意見は今や沈鬱一色であった。

メルボルン大望遠鏡を論評する人はほとんど、この望遠鏡が、ハーシェルやロス卿のように熱意がありひたむきな人々によってではなく、委員会の意向に従った人によって設計され操作されている事実から、発見の実績が貧弱なことを非難した。時代遅れの金属反射鏡を使用するには頻繁な磨き直しがつきまとうことにも言及された。大望遠鏡でこの主鏡を使用したのは明らかにこの装置が最後だった。

しかし、近年の再評価では、著名で人々からたいへん愛されているオーストラリア人天文学者ベン・ガスコインは異なる結論に到達している。

真の問題は、この望遠鏡が南天の星雲を手と目で描く、つまり「スケッチ」することをはっきり意図して作られたことである。……望遠鏡の設置時点ですでに、写真技術は観測方法に革命を引き起こす見込みがあり、一八七〇年代には迅速で〔高感度の〕ゼラチン〔写真〕乾板が登場して、その採用が避けられない状況になっていた。それは鉛筆によるスケッチの終焉を意味した。そのほかにこの望遠鏡ができることはなく、写真にも分光にも対応できなかったから、使われなくなったのだ。もし、主鏡が銀メッキのガラス鏡だったとしても、違いはなかったろう。

では、ル・スーエルは正しかったのだろうか？　たとえカセグレン式配置それ自体に欠陥がないとしても、メルボルン望遠鏡では、主鏡が焦点距離五〇・六メートル（一六六フィート）というびっくり仰天するような長さの、特殊きわまりない形で採用されていた。これは弱い光をさらに弱くしてしまう。単にそれだけの理由で星雲の写真には使えないのである。トマス・グラブがその概略設計を描いた瞬間からこうなる運命だったのだ。

主鏡を再研磨したエラリーの数多くの英雄的努力ののち、メルボルンの大望遠鏡は、それに土地を提供した政府の天文台とともに、長く緩慢な衰えの道をたどり、一九四四年三月に最終的に閉鎖された。失敗の本当の理由が何であれ、アメリカの天文学者、望遠鏡製作者であるジョージ・リッチーの一九〇四年の痛烈な評価は、根拠がないわけではない[15]。

メルボルン反射望遠鏡の失敗は、天体観測装置の歴史における最大の不幸の一つだと私は考えている。なぜかというと、大反射望遠鏡の有用性に対する信頼が損なわれたことにより、写真や分光にすばらしく有効なこの型式の観測装置の開発が三〇年近くも妨げられてしまったからである。

そしてそれは本当だった。メルボルンの悲劇の余波として、大型屈折望遠鏡が、以前の熱気に向かってはっきりした揺り戻しを見せたのである。一九世紀が最後の数十年間に向かって進む頃になると、望遠鏡製作者たちは、高性能の巨大レンズを作る能力に自信を持つようになっていたからである。

受け入れ先であった天文台の閉鎖後、メルボルン大望遠鏡はキャンベラ郊外のストロムロ山にある英連邦太陽観測天文台に売却された。望遠鏡は五〇〇ポンドというスクラップの値段で持ち主が変わった。その後いくたびかの改造を経て、一九五九年には新しい五〇インチ（一・三メートル）のパイレックスガラス鏡を装備し、最も良い状態となった。この装備を搭載した望遠鏡は、ベン・ガスコインらの手によって光電測光（星の明るさの電子的測定）の分野で有益な仕事をした。ほぼ同時期に、天文台自体はオーストラリア国立大学ストロムロ山天文台へと組織が変更になった。[16]

それでも一九七〇年代中頃には、望遠鏡の軸受がすっかり摩耗した。今では一〇〇歳を越したこの偉大な生き残りは、一九九〇年代にまたもや生まれ変わり、宇宙にあまねく存在することが知られる謎めいた「暗黒物質」を作り上げる、星になれなかった天体を探査する特殊な科学的業務を担うことになった。最先端の電子カメラを取りつけた望遠鏡は、この役割を目覚ましく果たした。この機器にはじめから備わっていた部分はほとんどなくなってしまったが、主鏡セルと極軸と赤緯軸の一部だけは、望遠鏡を造った人々の期待に沿って残っていた。

ガスコインが一九九六年に予想した通り、メルボルン大望遠鏡は、「一九世紀を見送ったよりはるかに良い形で」二〇世紀を見送った。二〇〇〇年には、太陽系外縁部に冥王星のような小さい惑星を発見しようという新計画が始まり、この計画は、南天全体を探査する意欲的な目的の新カメラを搭載

2003年1月18日の火事で焼き尽くされたメルボルン大望遠鏡の残骸。グラブの作った極軸が認められる

することにして、二〇〇二年までにかなりの進捗を見せていた。生まれ変わった望遠鏡の能力には限界がないようであった。

しかしその時、災害が襲った。(17) 一九五二年二月に山火事が植林した近くの松林を焼き尽くし、天文台の工場を損傷させて以来、ストロムロ山は山火事に弱いことが知られてきた。しかし、二〇〇三年一月一八日の出来事に備えていた人は誰一人いなかった。その不吉な日、キャンベラ南西部の途方もない山火事は、四人の命を奪い、五〇〇家族以上の家を焼いた。再度、ストロムロ山周辺のカラカラに乾燥した松林が猛り狂ったように燃えたのだ。今回の山火事は、天文台の伝統である建物を、メルボルン大望遠鏡のドームや歴史的に重要な他の五つの望遠鏡もろともに、すべて焼き尽くしてしまったのである。

七か月後、私がストロムロ山を訪れたとき、焼け跡は哀れな姿をさらしていた。保険請求が保留されている間天文台の将来は不確実で、すべては防護柵に囲まれ、建物の崩壊の危険を警告する看板が置かれていた。メルボルン大望遠鏡の建物自身に一番胸を裂かれる思いがした。アルミニウムのドームは強力な熱で溶け、望遠鏡の曲がった残骸がすっかり野ざらしになっていた。最初の製作者の銘板がまだついているグラブの極軸は雨で錆び、一〇〇年に一度のオーストラリアの旱魃期の終わりを告げていた。

現在、この望遠鏡がいつの日か稼働できる状態に回復される見込みはほとんどない。せいぜい博物館に送られるぐらいが望みうる最良の扱いだろう。この注目に値する観測装置は、最初に火事にあい、最後もまた招かれざる炎によって燃え尽きた。これは、どれほどたぐいまれなことだろう。望遠鏡は、支持者たちを悲嘆に暮れさせる力をまだ決して失っていないようである。

第14章　夢の光学――巨大屈折望遠鏡の完成

一八六八年の聖金曜日、英国学士院が新しく完成させたメルボルン望遠鏡を検査した七週間後に[1]、ドイツ北部の町ブレーメンで文化的に重大な催しが開催された。ヨハネス・ブラームスという若く将来性豊かな作曲家が、その名を国際的な音楽界に示す記念碑的合唱曲の初演を指揮したのだ。この「ドイツ・レクイエム」（ドイツ語のレクイエム）は、少し前に自身の母を亡くしたばかりの無神論者のブラームスが、伝統的なラテン語による死者のためのミサ曲ではなく、遺族を慰めるために、彼らに完全に理解できる言語による伝言として書いたものである。さらにこのタイトルは、ブラームスが、特定の愛国主義の情熱を表わす言語より、一般的な書き言葉の言語を好むことを反映していた。

厳粛さと燦然たる高揚が交互に現われるこの深く思索的な音楽は、ブラームスの偉大な先輩たちであるヨゼフ・ハイドン（一七三二―一八〇九）、ヴォルフガング・アマデウス・モーツァルト（一七五六―一七九一）、ルードヴィヒ・ヴァン・ベートーヴェン（一七七〇―一八二七）、ロベルト・シューマン（一八一〇―一八五六）が築いた基礎の上に構築された。ブラームス自身の作風を作り上げようという新たな自覚と混じり合って、その音楽的特徴が彼の作品にはっきり認められる。ニュートンと同様、ヨハネス・ブラームスも巨人の肩の上に立っていたのだ[2]。

オーケストラの総譜には数学理論とたくさんの共通点が存在する。[3] どちらも、経験のない人々には無意味な判読不能の文字で書かれている。どちらも、抽象的なアイディアを取り上げ、途中で新たな光を投げかけながら、最後には新しく生み出された洞察を示して結論へと導く。そしてどちらも、それらが最も直感的な形で書かれた場合には、そのスケールの大きい構造にもごく小さい部分にも、優美さと創造性を示すのだ。

ブラームスの音楽もそうだった。そして、同郷の数学者の理論も同じだった。彼のドイツ科学への影響は、どの部分をとっても、ブラームスの音楽と同じくらい深いものであった。この人物は、チューリンゲンのイェナ大学で働く数理物理学者で、光学を専門とするエルンスト・アッベである。[4] 彼とブラームスはほとんど同時代で、その生没年は、ブラームスが一八三三年～一八九七年、アッベが一八四〇年～一九〇五年である。彼らが友人どうしならよかったのだが、二人が会ったことはなさそうである。

アッベは特に理論光学に寄与があり、ブラームスと同じように、カール・フリードリヒ・ガウス（一七七七―一八五五）、ヨゼフ・フォン・フラウンホーファー（一七八七―一八二六）、ヨゼフ・ペッツヴァル（一八〇七―一八九一）、ルードヴィヒ・フォン・ザイデル（一八二一―一八九六）といった偉大な先人たちの開拓的研究を利用していた。これらの人々の手の中で、望遠鏡レンズや他の光学系の設計は、数学的思想の真の交響曲へと進歩した。[5] しかし、作曲された音楽が演奏者によって現実化されなければならないのと同様、レンズも本物のガラスで作らなければ意味がない。

一八七〇年代を通じて、理論は再度、実際に入手できる光学的ガラスよりもはるかに先行していることを、エルンスト・アッベは認識していた。[6]

何年もの間［と彼はのちに書いている］、私たちは現実の光学を一種の夢の光学と結合させていた。夢の光学では、私たちの頭の中だけに存在する仮想のガラスを組み合わせる。この組み合わせガラスは、ガラス製作者が現実の光学に先んじた製品の要求に応じる気になりさえすれば実現するかもしれない技術の前進を議論するために使われるのだ。

「夢の光学」の実現を妨げたのは、今度は、大きなガラス塊の入手の可能性ではなく、特殊な屈折特性を持つガラスが存在しないことであった。望ましい特性を持つガラスがありさえすれば、驚異的な性能の優れた設計のレンズが生産できる。視野、色収差の補正、口径比（焦点距離と直径の比、像の明るさの度合いを決定する）、のすべてを、特殊な用途に対して最適化できる。

アッベは、長い間夢を見て座している男ではなかった。一八八一年一月、彼は化学の博士課程卒のオットー・ショット（一八五一―一九三五）という若者と出会った。彼は、珍しい特性を持つガラスの製造に関してある新しい考えを抱いていた。(7) アッベは、すでに一五年間、非凡な機器製作者カール・ツァイス（一八一六―一八八八）と働いていた。この三人は、ツァイスの息子のローデリッヒも加えて、一八八四年、イェナにガラス製造のショット社を設立した。これは現代ガラス工業技術の始まりで、光学機器製造に革命をもたらすものであった。

今では、どんな種類のレンズでも、眼視用にも写真用にも作ることができるし、光学プリズム――光を透過あるいは反射させるように角度をつけた表面の平らなガラス――も、はるかにレベルの高い完成度で作ることができる。最初に利益を生み出したのは小型の機材だった。新型の顕微鏡や望遠鏡

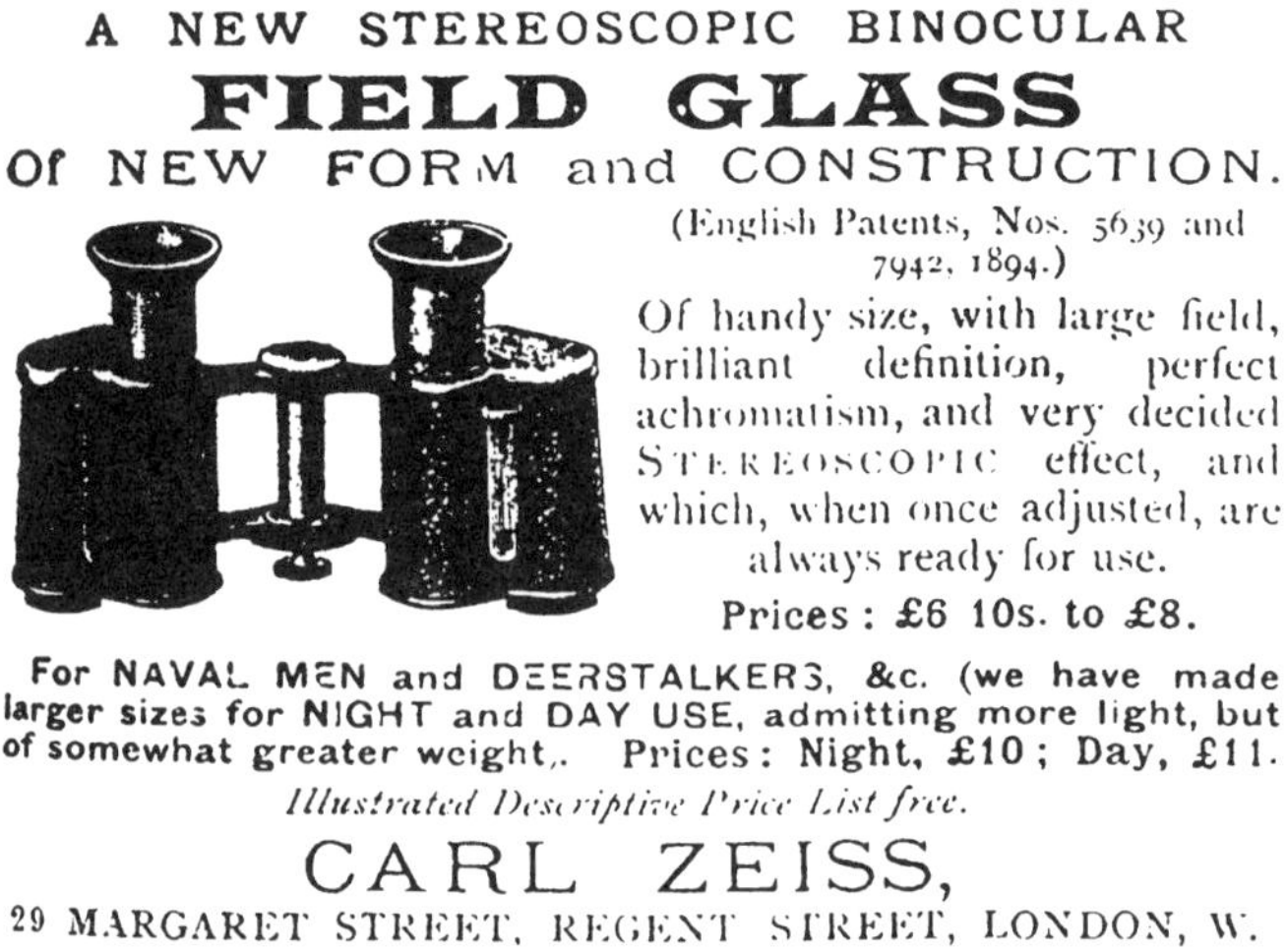

A NEW STEREOSCOPIC BINOCULAR
FIELD GLASS
Of NEW FORM and CONSTRUCTION.
(English Patents, Nos. 5639 and 7942, 1894.)
Of handy size, with large field, brilliant definition, perfect achromatism, and very decided STEREOSCOPIC effect, and which, when once adjusted, are always ready for use.
Prices: £6 10s. to £8.
For NAVAL MEN and DEERSTALKERS, &c. (we have made larger sizes for NIGHT and DAY USE, admitting more light, but of somewhat greater weight. Prices: Night, £10; Day, £11.
Illustrated Descriptive Price List free.
CARL ZEISS,
29 MARGARET STREET, REGENT STREET, LONDON, W.

ツァイス社の新しい双眼鏡の広告

と、一八九四年に売り出され驚くほど成功したアッベのプリズム式双眼鏡が、ツァイスの工場からその数をどんどん増やして世に出はじめたのだ。[8] その後、二〇世紀の最初の一〇年ぐらいの期間に、口径が八〇センチ（三一・五インチ）までのすこぶる上等な天体用屈折望遠鏡の一群が、ツァイスやドイツの他の会社によって作られた。[9] それらは光学技術の粋をすべて具現していた。

しかしそこには、巨大屈折望遠鏡の時代がそれまでに事実上終わっていたというパラドックスがあった。今日現存する最大の屈折望遠鏡は、すでにアメリカの製造会社により、フランス製のガラスレンズを使ってアメリカに建造されていた。分光観測や恒星撮影用の広視野カメラ（アストログラフ）などの機器に用いるレンズの需要はまだあったが、メルボルン大望遠鏡の失敗で失われた信頼は、すみやかに修復され、ガラスに銀メッキした反射望遠鏡が、天文学者向けの最上の大望遠鏡として、その優位性を主張しはじめていた。

星の光の選り分け

一九世紀における巨大屈折望遠鏡の完成度のゆるやかな高まりは、一八二四年にフラウンホーファーが作った九・五インチ（二四センチ）のドルパト大屈折望遠鏡に始まる（第11章参照）。一八四〇年代には、フラウンホーファーの後継者のゲオルク・メルツ（一七九三―一八六七）、いっしょに働いていたフランツ・ヨゼフ・マーラー（一七九五―一八四五）が、ロシアのプルコヴォとアメリカのハーヴァードに作った二台の一五インチ（三八センチ）望遠鏡などの巨大機器がこれに続いた[10]。これらの望遠鏡は惑星や二重星の測定が第一の目的であり、星雲の性質という以前から続いている問題にはほとんど関係しなかった。この問題に執着しているのは、疑問の余地なく、ロス卿のレビヤタンやメルボルン大望遠鏡を典型とする、大口径の反射望遠鏡の分野の人々であった。

本当にそうだったのだろうか？　すでに明らかにされているように、この考えがどれほど見当違いであるかを証明したのは、つつましいアマチュア天文家の手にあるつつましい屈折望遠鏡だった。さらに、メルボルン大望遠鏡の発注前ですら、その設計の弱点を再び劇的に際だたせる実証があった。

問題の屈折望遠鏡は、おそらく当時イギリスで最も優れた望遠鏡製作者であるヨークのトマス・クック[11]（一八〇七―一八六八）が作った、八インチ（二〇センチ）赤道儀だった。この望遠鏡は、一八五八年、問題のアマチュア天文家ウィリアム・ハギンズ[12]が、二〇〇ポンドで買った中古の対物レンズを取りつけるために注文したものであった。二〇〇ポンドは当時かなりの大金だったはずだが、ハギンズにとってこれは、おそらく特売品であったのだろう。対物レンズはすばらしい品質だった。それは、アメリカで最も有名な望遠鏡レンズ製作者の一人である、アメリカ人光学業者アルヴァン・クラーク

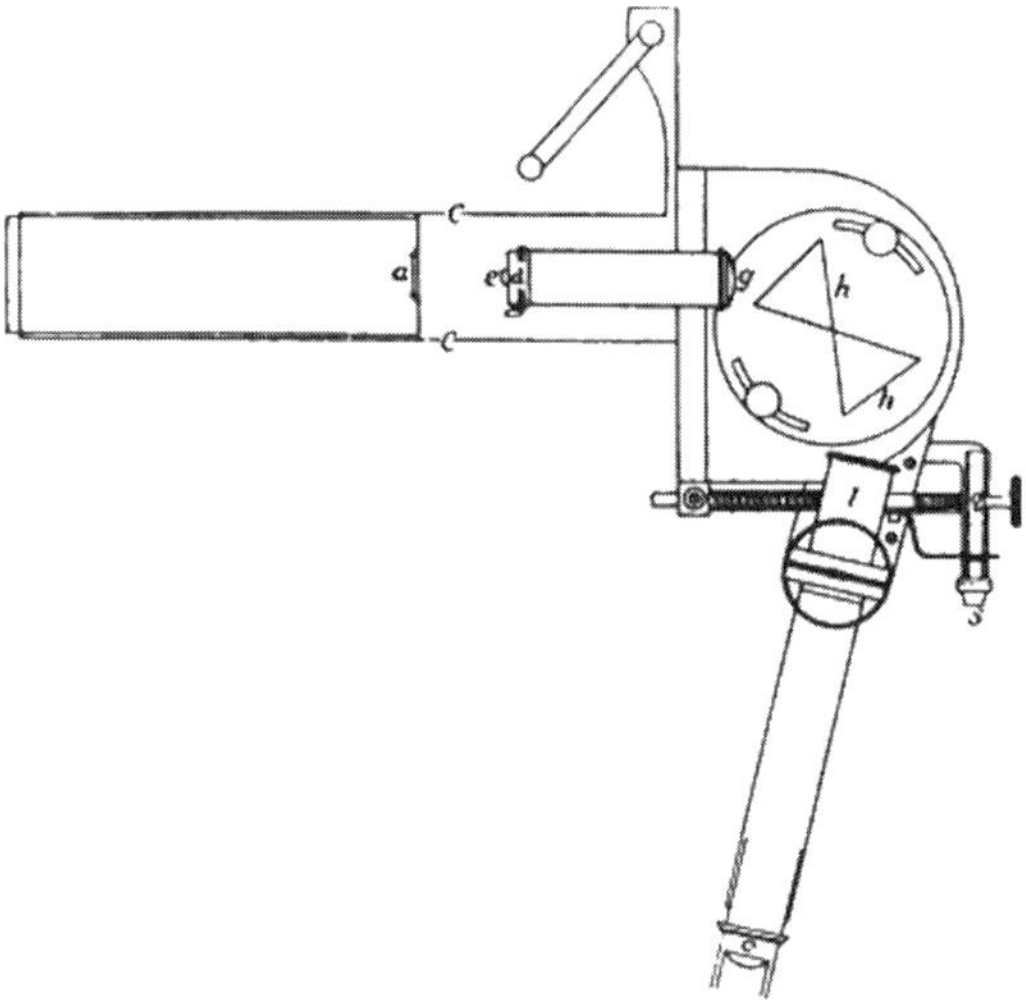

ウィリアム・ハギンズによる最初の分光器。星を構成する物質を調べるため1862年に作られた

（一八〇四―一八八七）が作ったものだった。

ハギンズ自身は不労所得を持つ身であった。一八二四年に生まれ、家業を一八五〇年代半ばに売却し、ロンドン南部のタルス・ヒルの暗い空（当時）の新居で天文学にいそしんでいた。新しい望遠鏡が届いて、いつも通りの天体観望でその性能を調べると、彼は、これを使ってどのような本格的研究ができるかを思案しはじめた。間もなく決まった答えは、恒星の分光技術の開拓だった。恒星の光をその要素の虹の色に分離する驚くべき天上の手品によって、底なしの宇宙に広がる恒星の本質的な秘密を完全に解き明かしたのはウィリアム・ハギンズであった。ハギンズの時代、これは最先端の天文学だった。注目すべきは、現在でもそうだということである。

天文学者は、一七世紀からある特定の星のスペクトルを観察してきた。アイザック・ニュートンが以下の文を書いたのはたった二九歳のときである。[13]

色について名高い現象をテストするため、私は三角のガラスプリズムを手に入れました。そして室内を暗くし、適切な太陽光を入れるため窓の覆いに小さな穴をあけ、プリズムをその入口に置き、反対側の壁に屈折光が当たるようにしました。最初のうちそれはとても楽しい娯楽で、それによって強く鮮やかな色が生じるのが見えました……

白色光は個々のスペクトルの色から構成されているというニュートンの発見は、一九世紀になってトマス・ヤング（一七七三―一八二九）が、一つ一つの色がそれぞれ異なる波長の光に対応することを認めたとき、はじめて正しく理解された。(14)

その後一八〇二年にウィリアム・ウォーラストン（一七六六―一八二八）が、太陽光スペクトルを横切る謎の暗線に気づいたが、彼は誤ってそれを単に色と色の境目と受け止めてしまった。その後六〇年にわたるフラウンホーファー、グスタフ・キルヒホッフ（一八二四―一八八七）、ロバート・ブンゼン（一八一一―一八九九）その他の人々の研究により、この暗線は太陽大気から送られた化学的情報であるという、本当の意味がわかった。それらは「吸収線」と呼ばれる暗線で、その太陽光スペクトル中の位置は、実験室でカルシウムや鉄のような地球上のさまざまな元素が、閃光や炎の中で励起されたときのスペクトルに見られる明るい「輝線」（単一波長の光）の位置と、正確に一致していた（コラム「バーコードを持つ光」参照）。この前進は大きな一歩で、恒星の物理学、すなわち天体物理学が誕生する道を作り上げるものであった。

バーコードを持つ光

私たちに光を深い紫から深い赤まで虹の色に分けて見えるようにするのは、分光器といわれる装置である。この色の範囲は、可視光――波長の一番短いものから一番長いものまで――の広がりに一致する。それらが混ざり合うと単なる白色光になるのだ。したがって、分光学により私たちは、光を構成する色を分析し、詳細に調べることができる。

分光器を普通の電球のフィラメント（光るのは単に熱せられるからである）に向けると、そのスペクトルは連続した帯になる。この種のスペクトルは、当然のことながら「連続スペクトル」といわれる。しかし、電流を通すか炎で熱されるかして光っている気体は、それとはまったく異なった（特定の波長に一致する）ある一色のみのスペクトル――輝線スペクトル――を作る。これらは暗い背景上に輝線として現われ、さらに電球の光があるならそれは連続スペクトルとして背景に重なる。とくに重要なのは、放射される特定の波長の組み合わせ、つまり観察される輝線のパターンが、気体によってまったく異なることである。したがって、光る気体が発する光は一種のバーコードを刻印し、分光学者は、そこにどんな物質があるかを正確にいい当てることができる。

スペクトル解析のもう一つの決定的な側面は、もし、熱い物体を低温の気体越しに見たら、その気体が輝いたときに輝線が見えるはずのまさにその位置で、連続スペクトル上に暗線が生ずることである。このような吸収線スペクトルは、まさに太陽のような星で見られるもので、そこでは、表面の低温の恒星大気を通して、高温の星の表面が観察されている。

フラウンホーファーの名は、今日では太陽の吸収線に名づけられたフラウンホーファー線によって不朽となっている。また彼は、太陽以外の恒星のスペクトルを最初に観測した人と思われている（一八一四年、シリウス）。しかし、この色鮮やかな発見を重要な分析の道具に変えたことで名前があがるのは、ハギンズである。

一八六二年ハギンズは、自分の新しい立派な望遠鏡で何ができるか考えていたちょうどその時、キルヒホッフによる太陽光スペクトルの詳しい解析のことを聞いた。


私にとってこのニュースは、乾ききった土地でわき出る泉にたまたま出会ったようなものだった［と彼は一八九七年に書いている］。ここでついに、私が探し求めていた研究法が姿を現わした。つまり、〔キルヒホッフの〕太陽に対する新しい研究法を他の天体に拡張することを、私は漠然と期待したのだ。


ハギンズはすぐに、キングズ・カレッジの化学教授である友人のウィリアム・ミラー（一八一七―一八七〇）の助けを借りて、二個のプリズムのついた分光器を望遠鏡に取りつけた。二人はいっしょに天空をあちこちと、徹底した巡回調査を始め、太陽、月、惑星、そして最も意義深い恒星のスペクトルを観測した。

もちろん、この二人の開拓者の粗雑な道具で虹の秘密を示したのは、明るい星々だけだった。しかし、彼らの忍耐強さと熱意は相当なものだった。一八六四年にハギンズとミラーは、約五〇個の星のスペクトルに対し、星に見つけた吸収線を地球上の元素の炎のスペクトル中の輝線と明確に同定し、革新的な観測結果を提示することができた。ハギンズはのちに書いている。

星やその他の天体の光に関するこの最初のスペクトル研究の一つの重要な目標、すなわち、私たちの地球に存在するのと同じ化学物質が宇宙の至るところに存在するかどうかを見出すことに対しては、最も満足できる肯定の答えが得られた。宇宙には共通の物質があることが示されたのである。

天体物理学という新しい科学が始まろうとしていた。

ハギンズが最もすばらしい発見をしたのは一八六四年の晩夏だった。それは星雲の性質についてであった。一八四〇年代のロス卿の観測（第12章参照）に続き、数多くの天文学者は、これらのぼんやりした天体はすべて、あまりに遠いため個々の光点に分離できない星々の集まりだと考えていた。事実、それらのいくつかは結局その通りであることがわかった。今日私たちはそれら特別な対象天体のうち最大のものを銀河と呼んでいる。

しかし、見た目が惑星によく似ているためウィリアム・ハーシェルが一七八五年に「惑星状星雲」と名づけた対称形の天体は何だったのだろう？　一七九〇年に、そのような星雲のまさに中心に明るい星があることを発見したハーシェル自身は、それら星雲は星でできたものではないと信じていたが、それに代わるもっともらしい説明は提示できなかった。そして一八六四年、分光器を携えたハギンズがそれに取り組んだ。(15)

八月二九日の晩［と彼は一八九七年に書いている］、私は望遠鏡をはじめて惑星状星雲に向けた……私は分光器を覗き込んだ。予想したようなスペクトルはなかった！　一本の明るい線が見えただけだった！　はじめ私は、プリズムの置き方が悪く、その一つの面からスリットの反射光を見ているのかと疑った。でも、そう考えたのはほんの一瞬で、それから正しい解釈がひらめいた。星雲の光は単色（つまり輝線）だ……星雲の謎が解けた。光それ自体の中に私たちへの答えがあった。これは星々の集まりではなく、光る気体なのだ。

ハギンズは、すぐにオリオン大星雲や他の数個の散光星雲にも、この注目すべき観測と同じ観測を行なってみた。どの場合も同じものが見つかった――光っている気体から生じる明るい輝線である。気体の組成を詳細に調べるにはさらに六〇年ほどかかったが（ほとんどは水素と酸素）、謎は本当に解けたのだ。「星雲」は二種類に分けられた――星々からなるものと気体からなるものに。[16]

このようにして、ハギンズの技術の恐るべき威力が明らかになった。このような主要な発見を掌中におさめた彼は、彗星から新星に至るまであらゆるものを観測し、その過程で天体分光学の道具としての写真技術を開拓して、ますます有名になった。彼は終始妻のマーガレットに支えられ（彼女自身も熟練したアマチュア天文家だった）、一八九七年、ハギンズがナイトの称号を与えられて、彼女はただのハギンズ夫人からレディ・ハギンズに変わった。その時、彼は彼女と同じくらい喜んだのに疑いはない。ウィリアムは英国学士院の主要人物になり、一九〇〇年～一九〇五年には院長を務めた。一九一〇年の彼の死までに、天文学界全体が、恒星物理学の幕開けに際して分光学の決定的役割を認めていた。彼自身はすでに一八六六年に以下のように書いている。

スペクトル解析法を天体へ適用した結果は、まったく予測できないかつ重大なものだった。この観測方法は、天文学の新たなめざましい一分野を創造したといってもいいだろう。

彼はきわめて正しかった。

記録を破る人々

ウィリアム・ハギンズが星雲の研究で画期的な大発見をなしとげたのは、直観的だが的確な新技術と、光を取り込む効率の高い屈折望遠鏡の組み合わせのおかげだった。この発見が、直接、大きな屈折望遠鏡の将来に影響を与えることはなかったが、屈折望遠鏡にとって害にならないことは明らかだった。

一つの大屈折望遠鏡からさらに大きい別の屈折望遠鏡への発展は、世紀の進行とともに着々と進んでいった。トマス・クックは、アマチュア天文家のロバート・スターリング・ニューオール（一八一二―一八八九）のために一八六二年以来作っていた二五インチ（六三・五センチ）望遠鏡[17]をクックの死後の一八七〇年に納入したとき、屈折望遠鏡の世界最大記録を塗り替えた。しかし、この望遠鏡のイングランド北東部での経歴に大したものはなく、一八九〇年にケンブリッジ大学に移された。その後、望遠鏡はもう一度、今度はギリシャへ移動し、現在は国立アテネ天文台で役立っている。

ニューオール望遠鏡の世界記録保持者としての栄光の時代は短かった。それは、一八七二年にアルヴァン・クラークが、二六インチ（六六センチ）の屈折望遠鏡をワシントンDCの海軍天文台に完成させたからである。[18]望遠鏡製作家としてクラークはスターダムへ台頭したものの、それは一八六一年～六五年の南北戦争で中断されていた。しかし、その後彼は、品質はハギンズの八インチと同じくらい良くて、直径は世界中で最も大きいこの対物レンズを作り上げることができたのである。アメリカ人天文学者のアサフ・ホール（一八二九―一九〇七）が一八七七年八月に火星の小さな二衛星フォボスとダイモスを発見したのは、この望遠鏡だった。

再度の記録更新にはさらに六年を要した。今回勝利した製作者は、メルボルン大望遠鏡で最初の経験を積んだダブリンの望遠鏡製作家、ハワード・グラブその人に他ならなかった。新望遠鏡は、一八七五年六月に注文されたウィーン天文台用の二七インチ（六八・五センチ）屈折望遠鏡[19]である。そのレンズは、ピエール・ルイ・ギナン（第11章参照）の孫であるパリのシャルル・フェイルが用意するガラスで作られるはずだった。残念ながら、クラウンガラスの円盤を作る上でいくつか挑戦すべき点があったため、完成品が届いたときは一八八三年半ばになっていた。しかし、望遠鏡は大成功で、その結果グラブの評判は一気に上昇した。一八八七年八月、彼は順当にナイトに叙せられた。悲しいことに、高齢だったトマス・グラブは、息子の偉業を見届けることなく一八七八年に亡くなっていた。

一八七〇年代後半に、ハワード・グラブは、最終的にリック天文台となる組織の設立準備委員長リチャード・S・フロイド（一八四四―一八九一）と、長期間にわたって文通を行なっていた[20]。ジェームズ・リックはきわめて風変わりなカリフォルニアの億万長者で、自分の名が確実に永遠に残ることを望んでいた[21]。それには巨大望遠鏡を寄付することが一番良いと説得された彼は、目的に向かって速やかに行動を起こした。

ところが、ジェームズ・リックは一八七六年一〇月一日に八〇歳で亡くなり、この悲しい事件によって望遠鏡建設計画はただちに危機にさらされた。息子のジョンは、リックと愛人バーバラ・スネイヴリーとの間に一八一七年に生まれた非嫡出の子であり、遺言に反対した。ジョンは、ペットのオウムを放っておいたただそれだけの理由で遺言書から除外されたため、亡くなった父の精神障害を根拠に、

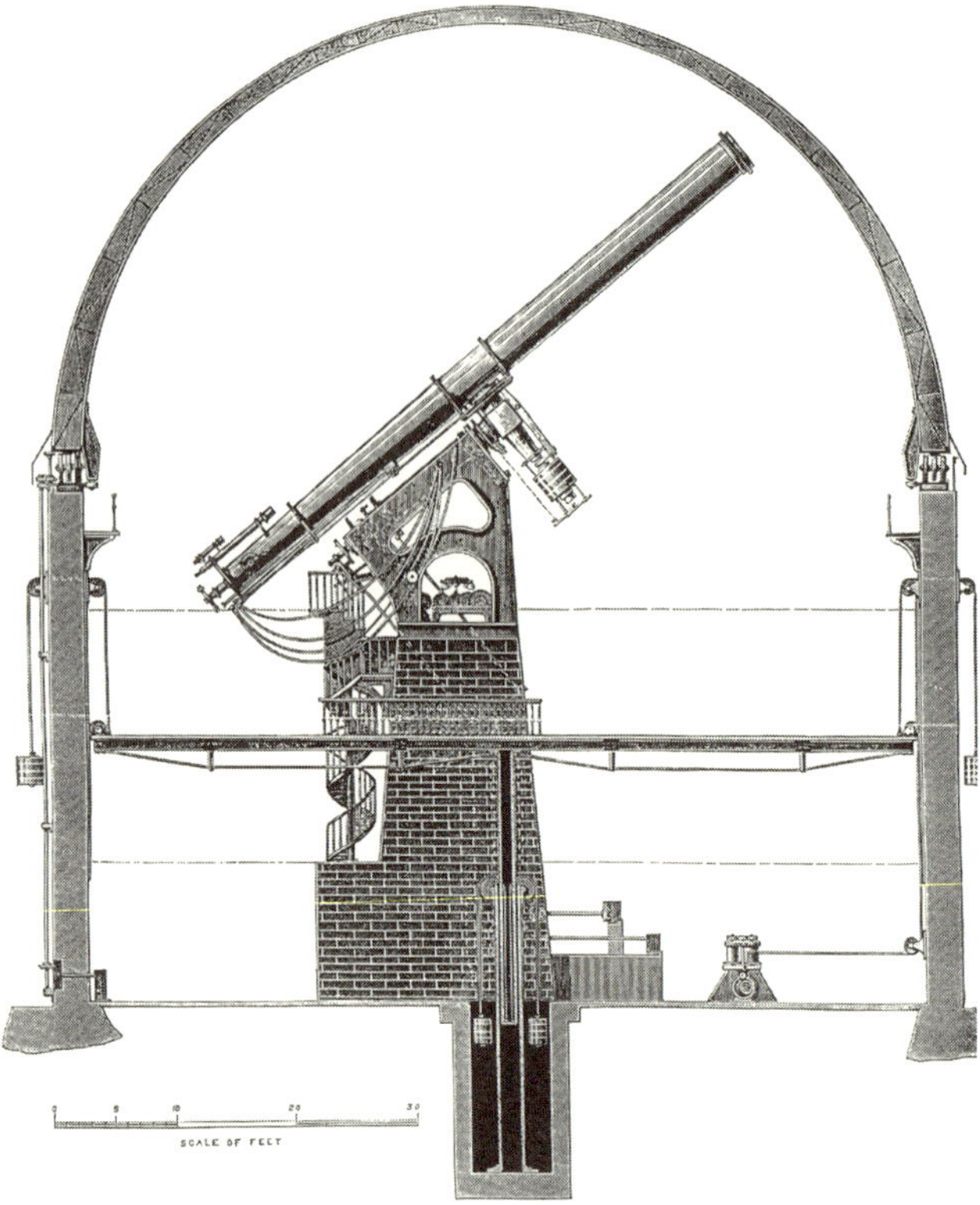

グラブによるリック望遠鏡の設計

財産のかなりの割合を請求しても完全に正当化されると思っていたらしい。しかし、その訴えは不首尾に終わった。

この訴訟にもかかわらず設立準備委員会は準備を進め、結局、一八八〇年一二月に、三六インチ（九一センチ）対物レンズの契約が、グラブとではなく、アルヴァン・クラークと結ばれた。その後、フェイルの会社はこのレンズに必要な巨大なガラス円盤を作るのに悪戦苦闘し、事態は再び停止した。結局、このクラウンガラス材の鋳造に成功するまでに、二〇種類もの試作品が作られたのである。

そうこうするうちに、ハワード・グラブは望遠鏡とドームの案を練り続け、そこには、望遠鏡がどこを向いていようと観測者にとって見やすい高さに接眼鏡が常にくるように、床が上下する彼の斬新な発明が組み入れられた。一八八六年、契約者が変わり、オハイオ州クリーヴランドのかなり新しい会社であるワーナー・アンド・スワジー社（一八八〇年創設）と契約が締結されたとき、当然のことながらグラブは失望した。せり上がる床のアイディアに支払われた償還金は、この計画に彼が傾けた努力の割には少額だった。

リックの望遠鏡は最終的に一八八八年に稼働を開始し、アメリカ合衆国で山頂を観測地点とする最初の天文台となった。ハミルトン山のこの観測所はカリフォルニア州サンノゼの三二キロ東にあり、標高一二八〇メートル（四二〇〇フィート）である。これは、現在でも世界で二番目に大きい屈折望遠鏡である。望遠鏡は、当初からカリフォルニア大学が運営した。そして、これまでに一人でこの望遠鏡を使用した観測者はいない。望遠鏡の基礎の下には、物いわぬ同席者が死の前に彼が選んだ終の棲家に横たわり、天文台を支える風変わりな後援者としていつもそこにいるからである。

大きさでリックの三六インチをしのぐ屈折望遠鏡は二つしかない[22]。第一のものはヤーキスの四〇インチ（一〇二センチ）で、一八九七年に完成し、今日でも世界最大の屈折望遠鏡である[23]。その起源は、ジョージ・エラリー・ヘール（一八六八―一九三八）という事業家でもある太陽天文学者が、路面電車の事業家チャールズ・タイソン・ヤーキス（一八三七―一九〇五）をうまく丸め込んで、シカゴ大

リック天文台にある36インチ屈折望遠鏡。グラブの提案は受け入れられなかったが、せり上がる床などの特徴は1886年の設計に組み込まれた

学天文台に投資させたことに始まる。三六インチと同様、望遠鏡はアルヴァン・クラークとワーナー・アンド・スワジーの共同で建造されたが、今回はパリのマントー（ギナンのもう一人の後継者）からレンズのガラス素材を調達した。完成して支持枠に置かれたレンズは、重さが〇・五トンあり、長さ二六フィート（一八・九メートル）の鏡筒には最大限の強度が要求された。

ヤーキスの屈折望遠鏡は、リック天文台にグラブが設計したものに基づくせり上がり式の床を備えていた。その重さはほとんど三七トンあり、望遠鏡の除幕式の数日前、その床が支持ケーブルの一本からずり落ち、四五フィート（一三・七メートル）下の地面に落下するという見せ場を演出した。幸い事故によるけが人はなかったが、修理には少々時間がかかった。とはいえこれは、分光、写真撮像、そして最終的には電子的観測など、天文学のほとんど全分野にわたる実り多い貢献の中で、ただ一つの汚点にすぎなかった。

それとはくっきりとした対照をなして、これまでに作られた最大の屈折望遠鏡は、何一つ発見をもたらすものではなかった。この「巨大望遠鏡一九〇〇」（La Grande Lunette de 1900）、あるいは「パリ万博の望遠鏡」[24]として知られる不運の望遠鏡は、光学技術の粋を集めたものであったが、不幸にも存在する時代と場所を間違えていた。望遠鏡は、「大光学望遠鏡株式会社」（L'Optique, Société Anonyme des grands télescopes）という公的企業への貸付金が基金になっていた。この会社は、一九〇〇年四月一四日から開催されるパリ国際博覧会に向けて望遠鏡を作り、天体を見ることができる状態で展示するだけの目的で設立された会社だった。

この望遠鏡は直径一・二メートル（四フィート）、焦点距離五七メートル（一八七フィート）――ヤーキスの屈折望遠鏡の三倍――のレンズを使っていた。この巨大望遠鏡を一般に開放するため、鏡筒は水平に据えつけられていた。そして、天空のどこからでも星の光を筒の内部に引き込めるように、複雑な赤道儀式架台に乗せた直径二メートル（六フィート六インチ）の平面鏡で星の光を反射させる「シデロスタット」が使われていた。この二・二トンのガラスの平面鏡自体はたいへんうまくできていて、今日でもパリ天文台に保存されている。

さらに興味深いのは、ヤーキス天文台のと同じようにマントーが鋳造したガラス円盤から磨いた対物レンズだった。この計画にはアクロマート二枚レンズが二つ必要で、一つは眼視観測用、もう一つは写真撮像用であった（黄色から緑色のあたりに感度のピークがある目と比較すると、二〇世紀に入る頃の写真乾板の感度はかなり青の方に寄っていたため、それぞれに異なるレンズが必要だった）。二つの対物レンズは巨大な眼鏡のように横に並べて配置され、スライド装置によって交換されることになっていた。結局、写真撮像用だけが完成し、使用された。博覧会後の長年の間、そのレンズは紛失したと思われていたが、最近パリ天文台の地下室でほこりをかぶっているのが発見され、それを知ったフランスの天文学者たちはたいへん喜んだ。

この望遠鏡の一生は詳細にはわかっていない。博覧会の期間中、写真用対物レンズは、パリ中心部の空で観測できる範囲ではうまく使用できたようだった。しかし、操作を担当する大光学望遠鏡株式会社は、専門家が使用するため空の暗い場所に望遠鏡をもう一度建造する資金を見つけることができず、一般展示ののちに事業を打ち切った。結局、それはスクラップにされ、大きな潜在力を持つ野心的な観測装置としては寂しい終わり方をした。今日、ヨーロッパにおける最大の屈折望遠鏡は、パリの望遠鏡の数年前に、同じ製作者ポール・ゴーティエ（一八四二―一九〇九）が建造しムードン近くに置かれた、八三センチ（三三インチ）の「大望遠鏡」（Grande Lunette）である。

＊

二〇世紀が明けてエドワードⅦ世の栄える時代に入ると、巨大屈折望遠鏡は、ガラスに銀メッキした反射望遠鏡にとって代わられることがすぐに明らかになった。おそらくそれは、特殊な目的のレンズを製作するのに新発見の検定法を身につけて発展してきたドイツ光学業界にとっては、失望のもとだったろう。しかし、結局、ドイツの製品を買い求める顧客が不足することはなかった。

ヨーロッパ全体に外交的緊張が高まるにつれて、距離計、実体望遠鏡、野外潜望鏡、塹壕用双眼鏡、射撃照準器、パノラマ望遠鏡、一般向けの双眼鏡などの新しい光学機器が、たくさん作られはじめた。[25]このような機器の設計と生産では、ドイツが最先端に君臨していた。

政治的な瀬戸際政策が崩壊して大戦の殺戮へ突入したとき、これらの光学的軍需品はにわかに戦略的重要性を持つようになった。一九一五年にイギリス政府が、こっそり敵と、双眼鏡と望遠照準器を手に入れる取引きを試みたことからも、世界の他の国にいかに備えがなかったかがわかるだろう。[26]しかし、このようなご都合主義は片方だけではなかった。急速に高度化されていく光学機器は、無人地帯の泥だらけの荒れ地を隔ててそれぞれの陣地で向き合うことになり、アッベやツァイスの夢の光学は、ブラームスの荘厳なレクイエムの一節とともに、ドイツ・ナショナリズムの予期せぬ象徴となった。

そこでは、星々を科学的に探究することは単なる追憶となっていた。

第15章　銀とガラス――二〇世紀の望遠鏡

フーコー氏は楽しそうではなかった。「ロス卿の望遠鏡なんてそれほどのものではない[1]」と彼は息巻いた。「というのも、イギリス人は私の望遠鏡を全然認めちゃいないからだ」〔原文は仏語〕。ロス卿の望遠鏡なんてそれほどのものではない。というのも、イギリス人は私の望遠鏡を全然認めちゃいないからだ。私の望遠鏡はこれまでもあったし、今もあるし、当然のことだが、今後しばらくはあるだろう。にもかかわらず、彼らは私を名誉博士にした。

たとえ、フーコーをダブリン大学に招いた人々の真の国民性について彼が誤解していたとしても、一八五七年のアイルランド訪問後に書かれた彼の言葉が苦々しいのはうなずける。レオン・フーコー（一八一九―一八六八）は物理学者で、同じ一八五七年に、フォーク型の頑丈な赤道儀式架台を持つ口径三三センチ（一三インチ）の精巧な反射望遠鏡を完成させていた。精巧ではあったが、もしこれをロスの六フィートのレビヤタンと比較したら、それほどのものでないのは、まず間違いなくフーコーの方ではなかったろうか？　しかし、フーコーの小さな望遠鏡には誇るべき新しいものがあった。その心臓部にある反射鏡は、ニュートンの時代から使われてきた重い塊の金属鏡とはまったく違うものであった。そして、その明るい反射光の中に望遠鏡の未来がかかっていた。

フーコーが銀メッキのガラス鏡を使用した最初の光学専門家ではなかった。一年前、ミュンヘンの機器製作者であるカール・アウグスト・フォン・シュタインハイル（一八〇一―一八七〇）が一〇センチ（四インチ）望遠鏡を作り、そこで、ガラス面に化学的に沈着させた薄い銀の層の効果をはっきり示していたからである。しかし、先を見通していたのはフーコーで、一八六二年に彼は八〇センチ（三一インチ）望遠鏡を完成させ、金属鏡に代わる有望な新技術としてこの方法を定着させたのであった。(2)

事実、この新技術は楽々と勝利を収めた。(3) ガラス鏡は同じ金属鏡の三分の一以下の重さだった。その銀メッキの面ははるかに反射率が良く、ニュートン式、あるいはカセグレン式望遠鏡では、同じ大きさの金属鏡の望遠鏡の二倍の光を集めた。さらに、時が経ち銀が曇ったとしても、もう一度それを化学的に再メッキする簡単な手段があり、光学的研磨のリスクを侵す必要がなかった。

このようなすべての有望な事柄にもかかわらず、第13章で見たように、保守派は特にメルボルン大望遠鏡に対してその導入に抵抗した。メルボルン望遠鏡製作者のハワード・グラブが、彼にとっての最初の銀メッキガラス鏡を使った二四インチ（六一センチ）望遠鏡を、ピラミッドの虜となった風変わりなスコットランド人のエディンバラ天文台長、チャールズ・ピアッツィ・スミス（一八一九―一九〇〇）のために完成させたのは、一八七二年になってからである。(4)

フーコーはもう一つ、望遠鏡製作において決定的な大発見をなしとげた。一八五九年に彼は、光学製品の工員が鏡面に存在する非常に小さい誤差を見つけ出すための簡単な試験法を考案したのである。

この「ナイフ・エッジ」テスト[5]（光線を遮断するために文字通りナイフの刃先を使うため、こう呼ばれる）によって、鏡の製作を究極の精度にまで引き上げる道が開かれた。誤差のある場所を正確につきとめさえすれば、その判断に沿って鏡を研磨し、誤差を修正することができる。このテストは、反射鏡が最良の対物レンズと真の意味で争う可能性を開いたのである。

今や、鏡が屈折望遠鏡のレンズに対抗できるようになったのには、もう一つの理由があった。ガラスは弾性体なので、自重でたわむ性質がある。普通の窓ガラスならこの影響に気づかない。しかし、表面がミリメートルよりはるかに細かいレベルまで正確でなければならないレンズの場合、ガラスが何かに支えられていなければ、直径一メートルぐらいになると問題が生じはじめる。それに対して鏡は、トマス・グラブやウィリアム・ラッセルが開発した鏡を浮かせる方法（第12章参照）を用いて、縁だけでなく背からも支えることができる。結果的に、縁だけで支えるレンズは、直径の上限がヤーキス天文台やパリ万博の対物レンズぐらいまでなのに対し、反射鏡のサイズに真の限界は存在しない。二〇世紀に反射望遠鏡が目覚ましく台頭し、レンズに対し絶対的優位に立ったのは、何よりもこの単純な事実のためであった。

他にも重要な問題が起こっていた。イギリスのウォレン・デラルー（一八一五—一八八九）やアンドルー・コモン（一八四一—一九〇三）、アメリカのヘンリー・ドレーパー（一八三七—一八八二）やルイス・ラザフォード（一八一六—一八九二）らの先駆的研究によって、一八八〇年代半ばに、写真は主要な観測手段となっていた。[6] 一世紀後に写真にとって代わる、まだ夢にも考えられていない電子的検出器も同様であるが、写真乾板には眼視観測を上回る二つの重要な利点があった。

まず簡単なことだが、写真乾板は空の状態を正確かつ永久に記録できる。ケープ天文台のデヴィッド・ギル（一八四三―一九一四）、フランスのアンリ兄弟（ポール（一八四八―一九〇五）とプロスパー（一八四九―一九〇三））は、この性質に非常に深い印象を受けた。一八八七年、この紳士たちは、写真撮影により全天を記録する巨大国際協力事業を推進する背後の駆動力となった。『写真天図星表』を作るこの野心的プロジェクトには、一八機関にも及ぶ天文台が関与した。[7] 一九六二年、それに関連した恒星カタログが出版されはしたが、この『写真天図星表』は、本来の形ではついに完成しなかった。

写真観測が眼視観測に優るもう一つの利点はさらに重要である。その感度の良さは注目すべきではあるが、暗さに適応した人の目は、ある一瞬の状態しか知覚できない。しかし、写真乾板やフィルムは長期間にわたって徐々に像を積み上げることができ、人の目がどんなに長く接眼鏡を見つめても決して見ることのできないかすかな光を詳細に記録できる。写真乾板上の正確に同じ位置に光が落ち続ける限り、情報は像に加わり続けるのだ。

このことにより、地球が自転しても赤道儀式望遠鏡を空の同じ位置に向けておくことができる機械装置の新たな需要が急速に生じた。長時間の露光を要する写真には、最高レベルの精度での追尾を必要とする。一方、かすかな光の天体の存在を明らかにする写真の底しれぬ潜在力はまた、望遠鏡自体の設計にも深い影響を与えた。一九世紀が混乱に満ちた二〇世紀へ道を譲るにつれて、反射望遠鏡は、細身の筒から、今日の光学天文学の象徴であるずんぐりした巨人へと徐々に変身を始めたのである。

まったく星雲状のもの

その手順を推し進めたのは、非凡な望遠鏡製作者であり天文学者でもあるアメリカ人ジョージ・ウィリス・リッチー（一八六四―一九四五）だった。一九〇一年、リッチーはシカゴ大学ヤーキス天文台の観測装置建設のリーダーで、ちょうど二三・五インチ（六〇センチ）反射望遠鏡の組み立てを終えたところだった。[8]注目すべきは、このつつましい望遠鏡が、間もなくその天文台にあり、世界最大のレンズを持つ巨大な四〇インチ（一〇二センチ）屈折望遠鏡の真の競争相手になったことである。[9]

リッチーは、天体写真の撮影、特に星雲の像を記録することに興味を持っていた。渦巻星雲の本当の性質の謎が、当時まだ熱心に論じられている話題であったことに不思議はない。しかしリッチーは、当時（一八八二年）発見されたばかりの、写真による像検出に関する興味深い性質に気づいていた。[10]すなわちそれは、星雲や彗星のように広がった天体を記録する速度は、望遠鏡の口径によるのではなく、その口径比、すなわちｆナンバーのみに依存することであった。写真家によく知られている口径比とは、単にレンズや鏡の焦点距離をその直径で割った数値のことである。

感度が口径と無関係というのはほとんど信じがたいようだが、それは本当で、口径比が小さくなるほど（したがって、望遠鏡がずんぐりするほど）星雲像の検出速度が上がるのだ。これが、口径比の小さいレンズや鏡がしばしば「速い（fast）」と呼ばれる理由である。しかしそれでも、望遠鏡をできるだけ巨大に作るのに非常に合理的な理由は存在する。何といっても、反射鏡の直径は、記録の詳細さと恒星のような点状の光源に対する感度との両方を決定するからである。

リッチーの新しい二三・五インチ望遠鏡には口径比が三・九の主鏡がついていて、これは当時の標準からすると恐るべき速さだった。対照的に、ｆ一八・六の四〇インチは、一九世紀末の他の屈折望遠鏡と比較しても遅いものであった。新しい反射望遠鏡が星雲撮影で圧勝したのも当然であった。

＊

二〇世紀のはじめ頃、巨大反射望遠鏡に関するリッチーの業績は、主に先見の明のある天文学者ジョージ・エラリー・ヘールとの共同作業で花開いた。ヘールが父の資金援助を受けて、六〇インチ（一・五二メートル）のガラス鏡材をパリのサン・ゴバンガラス製作所から手に入れたとき、リッチーはそれを取りつける望遠鏡の設計に取りかかった。それは、さまざまな目的に使われるそれぞれ異なる四枚もの副鏡と、摩擦を最小限にするため水銀の上に極軸を浮かべたフォーク式架台を持つ、これまでに建造された中で最も洗練された望遠鏡として、一九〇八年に姿を現わした。「巨大屈折望遠鏡に対して、それははっきりと終末を告げる鐘だった」とある現代の評論家は述べている。(11)

しかし、その六〇インチはヤーキスに建てられたものではなかった。資金不足とその後のワシントン・カーネギー協会の尽力で得られた援助により、その望遠鏡はカリフォルニア州南部、パサデナ近郊の、標高一七四〇メートル（五七〇〇フィート）の山頂に落ち着くことになった。その結果、一九〇四年にヘール自身が太陽観測所として設立し、今日もカーネギー協会が運営しているウィルソン山天文台は、間もなく世界中の天文学者に注目されるようになった。その注目は、一九一七年、六〇インチに続いてリッチーの最高傑作である一〇〇インチ（二・五四メートル）フッカー望遠鏡が建設されたときに、息をのむような賞賛の声へ変わった。(12)三〇年間世界最大であったこの偉大な反射望遠鏡は、天文学者から特別な親しみの情を受けている。それというのも、渦巻星雲の謎がやっとのことで疑いの余地なく解決し、巨大な恒星系をちりばめた広大な宇宙が存在するという私たちの現代の概念が現われはじめたのは、この望遠鏡によってもたらされた成果だったからである。

100インチ鏡を持つ100トンの望遠鏡。ウィルソン山のフッカー望遠鏡は、1917年の完成以来、天文学者たちに好んで使われた

一〇〇インチ望遠鏡へ資金を提供することをヘールに説得されたジョン・D・フッカー（一八三七―一九一〇）は、ロサンゼルスの裕福な実業家だった。最初の投資で、四・五トンの鏡材が今度もサン・ゴバンから調達され、一九〇八年にパサデナの平地にある天文台の本部に届けられた。しかし、リッチーがこの巨大なガラス円盤の削りと研磨にかかったのは、一九一〇年になってからで、作業には五年もの年月がかかった。完成した望遠鏡は改良型イギリス式赤道儀架台（第11章参照）に乗せられ、これは極軸が長方形の鋼鉄の台枠の形になっていた。このいわゆるヨーク式架台で望遠鏡を赤緯方向に動かすには、台枠の長辺の間で振り動かすことになる。この架台は、天の北極付近に望遠鏡を向けられない欠点があったが、これは、最初の一〇〇トン望遠鏡建造には何よりも技術的実利性が必要とされた証拠であった。

六〇インチと同様、フッカー望遠鏡の主鏡も口径比が約五であった。リッチーが以前に作った二三・五インチ望遠鏡よりいくぶん遅いものであったが、これは、大きな鏡ではその面を「速く」するのがむずかしいことに彼が気づいていたからであろう。それでも、渦巻星雲の写真からその詳細を明らかにするには十分の速さで、ウィルソン山天文台の若い天文学者エドウィン・パウエル・ハッブル（一八八九―一九五三）が星雲天文学で大きな突破口を開いたのは、これらによる写真画像からだった。

一九一九年〜一九二四年にフッカー望遠鏡で撮影した一連の写真を使って、ハッブルは、北天の星座アンドロメダ座とさんかく座にある二つの渦巻星雲に、あるタイプの周期的変光星（時間により決まったパターンで明るさが変化する星）を発見した。セファイド変光星として知られるこれらの星々は、明るさの変化の周期からその本来の明るさが決まる特性を持っている。したがって、それらの星は「基準のろうそく」、つまり明るさのわかっている灯台として役立つのだ[13]。

彼が発見した渦巻星雲は非常に遠いところにあった。それらの渦巻星雲は、私たちの天の川銀河の果てをはるかに超えた何百万光年の彼方にある。これら二つの星雲が、渦巻星雲は独立して存在する巨大な恒星系、つまり「島宇宙」であるという考えを確実にしたのである。今日、私たちはこれらを銀河と呼んでいる。物事を大きなスケールで見れば、アンドロメダ座の星雲もさんかく座の星雲も、私たちに「ごく」近い銀河であることがわかっている。

しかし、すぐに問題が生じた。ハッブルの発見は、ウィルソン山天文台の年上のメンバーのアドリアン・ファンマーネン（一八八四―一九四六）が少し前に得た結果と、真っ向から対立したのだ[14]。このオランダ生まれのアメリカ人天文学者は、一九〇八年の六〇インチ望遠鏡完成直後にジョージ・リッチーが撮った写真と、一九一五年以降に彼自身が撮った写真とを使って渦巻星雲を研究していた。初期の写真と後の写真を比較して、ファンマーネンは、星雲の回転を検出したと考えた。それは、星雲が近傍の小天体である場合にだけ可能なことだった。もし、それが遠くの大きな天体だったら、外側の領域の天体は光速を超える速度で飛び回っていることになる。それは当時すでにありえないこととわかっていた。

ここに袋小路があり、ウィルソン山天文台が科学の世界に一致した戦線を張ることを切望して当惑した人がいた。膝もとに問題が落ちてきたその人物は、天文台長のウォルター・シドニー・アダムス・ジュニア（一八七六―一九五六）だった。彼はたくみに舞台裏の技術を行使して、最終的には『アストロフィジカルジャーナル』八一巻（一九三五）に、相互に受け入れられるような方法でそれぞれの理論の主唱者の意見を示し、また天文台の誠実さにきずがつかないような、二本の関係論文を仕上げた。

一九九〇年代初期に公開されたウィルソン山天文台の古い文献でつい最近明るみに出たのは、これを自らの手でなしとげなければならなかったアダムスの苦心である。いったんハッブルが渦巻星雲の真の距離を見出したからには、彼はファンマーネンの観測との食い違いの真相を調べたいと考えたらしい。彼は、他の二人の天文学者とともに六〇インチの写真を再計測した。しかし、同じ結果は得られなかった。今では、最初の写真乾板は、実際には望遠鏡の調整が完了しないときのテストの写真で、像質の悪さが誤った結果を引き起こしたらしいことがわかっている。しかし、ファンマーネンは渦巻星雲の回転が真実であると確信し、自分の意見に固執していた。

一九三五年のアダムスの内密のメモ書きによると、この時点でハッブルは、「ところどころ度を過ごした」り、はっきりと「悪意ある態度」を示す言葉を含む文書を出版したりして、ファンマーネンに対する中傷運動を始めていた。ハッブルは、ファンマーネンの結果の根拠のなさと、その結果に固執するファンマーネン自身をあからさまに怒っていた。ハッブルは寸分たりとも和解に応じようとせず、アダムスは以下のように書いている。

状況はきわめてむずかしくなった……この件におけるファンマーネンの態度は、ハッブルよりはるかに立派だ。自分の測定の示す運動の存在を完全に信じているファンマーネンは、系統誤差が存在する可能性を認めるところまでいった。一方、ハッブルは、一般的にいってはるかに重みのある良い証拠を持っているのに、まったく寛容ではなく、ほとんど報復的な気持ちを持っていた。科学者として意見を表明する際に、ハッブルが自分の感情を述べるのに節度のない狭量なやり方をして自分自身をひどく傷つけたケースは、これが最初ではない。

結局、ハッブルに「度を過ごした」その文書を撤回させ、ファンマーネンの論文といっしょに、短い要旨を『アストロフィジカルジャーナル』に書き直させることに成功したのは、ウォルター・アダムスの外交手腕のなせる技だった。数十年後の今日私たちが記憶しているのはハッブルの明晰さのみで、その執念深さではない。天文学上最も有名な軌道上に打ち上げられた宇宙望遠鏡が彼にちなんで名づけられたことは、歴史に名を残すのに「善人」である必要はない事実をストレートに強調している。

さらに広い視野を求めて

さまざまなことが巨大屈折望遠鏡時代の終焉を意味していたにもかかわらず、リッチーの新しい反射望遠鏡自身にもアキレス腱があり、それは巨大な凹面鏡の性質にあった。第7章と第8章で見たように、平行光線（たとえば恒星からの光）が望遠鏡に入るとき、完全な点像を結ばせるには、鏡は放物面という特殊な形をしていなければならない。しかし、この完全さは、入ってくる光の向きが鏡の軸方向にぴたりと一致しているときにだけ達成される。軸と傾いている向きだと、「コマ〔髪の毛〕」といわれる光学的収差によって、像の質が悪くなる。コマとは、星が視野の中心から離れる方向に尾を引いて、小さい彗星のような形に見えるもので、その見え方からこの名がつけられた。

放物面鏡では、視野の中心からのずれがわずか一度にも達しないうちにコマが目立つようになる。さらに悪いのは、口径比が速くなるにつれて〔つまり数値が小さくなるにつれて〕コマがひどくなることだ。したがって、リッチーの速い反射望遠鏡は、星雲の天文学に大きな潜在力を持つにもかかわらず、非常に広視野の写真を撮影するのにはほとんど使えない。そして、広視野撮影はまさに、光の弱い巨大星雲を記録するのに必要な手段なのだ。

速い口径比の望遠鏡で広角写真を撮る問題を解決したのは、もう一人の風変わりで他人となじみにくい天才、ベルンハルト・フォルデマール・シュミット(15)であった。この変わった男の生涯は、望遠鏡物語の逸話の中でも最も感動的な部類に属する。彼は一八七九年三月三〇日、フィンランド湾のナーゲンというエストニアの島で生まれ、日々行なう漁業、農作業、ルター派の教会へ通うこと以外は何も知らない世界に育った。一九三五年一二月一日のハンブルクでの死のときまでに、彼は光学の達人、聡明な発明家として才能を認められるようになっていたが、帰化した国の事件に深く巻き込まれた。

平和主義者である彼は、ナチの台頭と自分との対立が避けがたいこと、人間性に役立つように彼が望んでいる発明が軍事的に利用されることを予見していた。彼は正しかった。第二次世界大戦では、両陣営ともシュミット型の光学製品を戦略目的で使ったのである。[16]

人生の初期、ナーゲンでのシュミットについてわかっていることからは、彼が想像力に富む冒険好きな若者だったことがうかがい知れる。彼は、よかれと思ってした実験がうまくいかず、少なくとも二回、家を焼く寸前になったことがある。より重大だったのは、手作りの火薬を詰めた金属筒が手の中で爆発し、右手の親指と人差し指を吹き飛ばした出来事である。怪我は恐るべきものだったが、さらに事態を悪くしたのは、田舎の公共病院の外科では、ベルンハルトの手首を丸ごと切断するしか治療のすべがなかったことである。その結果生じた障害が、おそらく、生涯歩むことになる技術職の道を彼に取らせたのだろう。驚くべきことに、それが応用光学者としての彼の能力を損なうことはなかった。でも、彼自身は常にそのことを意識していた。ただ、第一次世界大戦の大殺戮で、手足を失った人が巷によく見られるようになったときだけは、彼は自分の障害がいくぶん目立たないと感じたに違いない。

シュミットは、スウェーデン、イェーテボリーのチャルマース工科大学で光学を学び、それから世紀が変わる頃に、勉強を続けるためドイツのミットワイダの小さな町に引越した。彼は、学問の環境における統制された堅苦しさを避けていたが、アマチュアとプロ両方の天文家たちに高品質の放物面鏡をいくつか作って、生計を補うのを喜んでいた。この仕事では彼は大いに成功したのである。

シュミットを一九二六年にハンブルク天文台に招き寄せたのは、要するに彼の応用光学者としての才能であり、彼はそこで「ボランティアの台員」として働いた。この奇妙な人事によって、風変わりで孤独な応用光学者は自由な行動が許されたが、それでも、彼がそうしたいと思ったときなら、ハンブルクの天文家たちはその才能を利用することができた。到着後間もなくシュミットは、二〇世紀半ばの最も偉大な天文学者の一人、ウォルター・バーデ（一八九三―一九六〇）に会った。バーデは、十分に広い視野を持つ速い反射望遠鏡の設計の可能性を研究するようにとシュミットを励ました。一九三〇年、シュミットが最終的にそれに成功したとき、バーデは喜び、その設計が内容に値するだけの評価を受けたのは彼のおかげであった。バーデは、シュミットの名を永久にこの新しい望遠鏡に結びつけることを確実にしただけでなく、バーデがのちにアメリカに移ったとき、アメリカの天文学者たちにこの設計を推奨した。彼らは喜んで、次々にこれを採用したのである。

天空の何平方度にもわたるかすかな星雲を記録する問題をこうも鮮やかに解決したすばらしい発明とは、どんなものだったのだろう？　本当のところそれ自体は単純で、その背景にある推理は、取り上げた光学的問題に対するシュミットの明晰な理解力を示すものであった。[17]コマが放物面の有効性を限定することに注目した彼は、放物面の必要性を捨て、代わりに、断面が単に円弧である球面鏡に目を向けた。球面鏡は、遠くの物体の像がくっきりと結べない昔からの問題の球面収差があるので、普通の反射望遠鏡では使うことができない。

シュミットは、もし入ってくる光線を球面鏡の曲率中心にあけた「絞り」（私たちにとっては「穴」）によって制限するなら、優先軸はなくなり、したがってコマもなくなることに気づいた。しかし、球面収差だけは残る。それは、多かれ少なかれ像の方向にかかわらず同程度に残る。したがって、もし球面収差を修正できれば、完全に広視野の光学系が得られることになる。

そして彼はその修正をした。シュミットの画期的な工夫は、この何もない穴を薄い補正ガラス板で

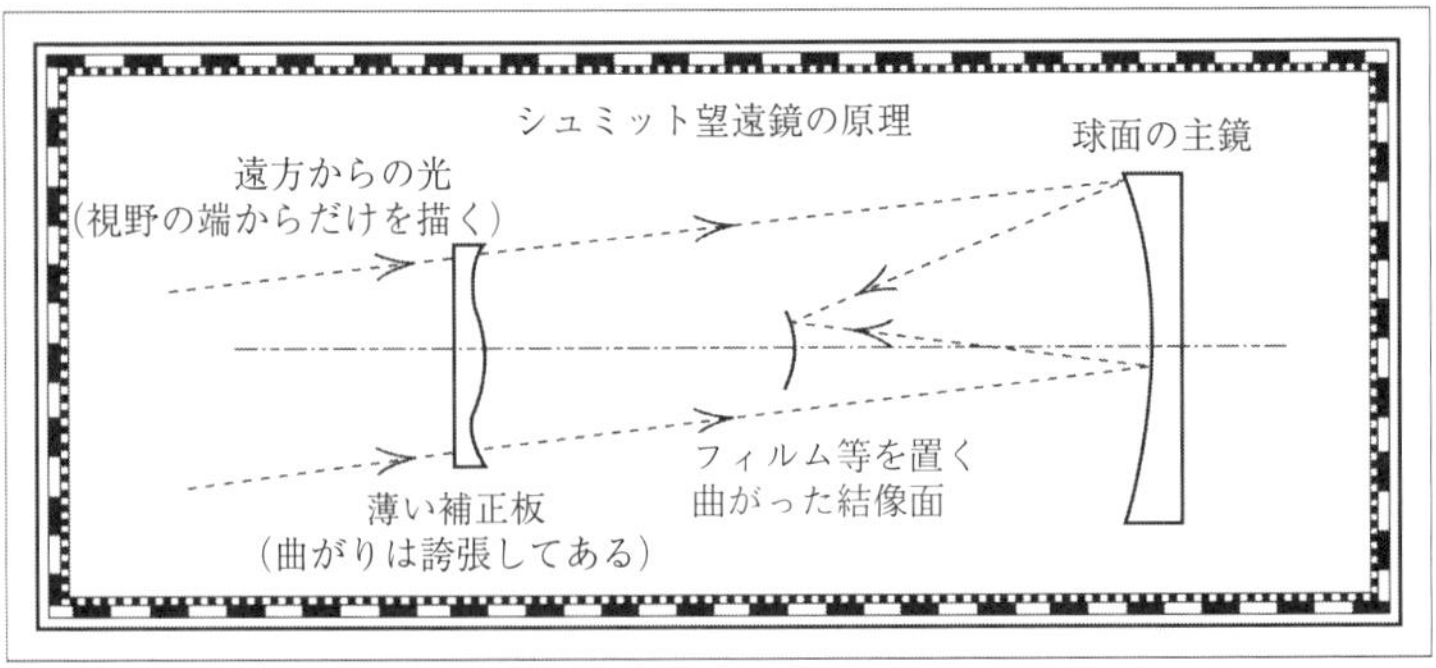

シュミット望遠鏡の光学的配置。広視野を得るために組み込んだ、ガラスの補正板と球面鏡がある

埋めるものであった。この補正板は、反射鏡の球面収差をちょうど打ち消すように入射光線を向ける、凹凸の浅い光学断面を持つガラス板である。これは鮮やかな解決で、実用上もたいへんうまくいくことが確認された。

シュミットは、口径（補正板の直径）が一四インチ（三六センチ）の試作望遠鏡を作った。その口径比はｆ一・七ときわめて速く、視野は一五度と驚異的な広さを持っていた。そして見事に機能した。ベルンハルト・シュミットは、天文学の世界に、広視野にわたる光の弱い天空領域の探査にまさに必要な道具を提供したのである。悲しいことに、それが最終的にもたらした進歩を見るまで彼は生きられなかったし、試作望遠鏡を後世の人に残すこともなかった。この心優しい発明者の平和への志と同様、試作望遠鏡は第二次世界大戦中に破壊されてしまったのだ。

バーデの熱意によって、シュミット望遠鏡は一九三〇年代に急速にアメリカ合衆国に広まった[18]。そしてその構想は、四八インチ（一・二メートル）のパロマー・シュミット（今日ではオースチン・シュミットとして知られる）という壮大きわまる規模になって一九四八年に完成した。それは、カリフォルニアのパロマー山天文台の、二五年間世界最大だったヘールの名作の二〇〇インチ（五・一メートル）望遠鏡のそばに建造された。二台の望遠鏡どうしの協力関係は伝説的に名高いもので、シュミット望遠鏡はその「捜索」能力で天文学者の興味をそそる新天体を探し出し、その天体は、二〇〇インチ反射望遠鏡で詳細に追跡することができた。

パロマー・シュミット望遠鏡は北天全域の写真掃天観測にも使用され、それによって天文学者は、かつてなかったほど詳細に精密に撮影された写真星図を自由に使えるようになった。この成功を機に、他の巨大望遠鏡もそれに追随し、一九四八年〜一九七八年の間は、写真撮影用シュミット望遠鏡の真の黄金期となった。補正板の直径が一メートル（三九インチ）を超える望遠鏡が八台も建造された。なぜかというと、補正板はレンズではなく（焦点を結ばせるのは鏡である）、屈折望遠鏡のレンズに比べれば、ガラスのたわみによる問題がほとんど生じないからである。

南半球で最大のシュミット望遠鏡は、パロマーの装置をほぼ複製して一九七三年にオーストラリアに作られた一・二メートルのイギリス・シュミット望遠鏡（UKST）である。どちらの望遠鏡もf二・五で稼働し、一四インチ（三六センチ）四方の乾板かフィルムに六・六度四方の写真を撮るように設計されていた。これは、たとえていえば、UKSTが一度の露出で南十字星の全体を十分撮影できる大きさで、一メートル級の望遠鏡としては驚異的な離れ業である。そして、一枚一枚の写真には、通常五〇万個の暗い星や銀河が写っている。

パロマー（オースチン）・シュミットと同じように、UKSTも従来の巨大反射望遠鏡の近くに建造され、今度の相手は、ニューサウスウェールズ州北西部のサイディングスプリング天文台にある、三・九メートル（一五三インチ）のアングロオーストラリア望遠鏡（AAT）だった。UKSTが南天の写真掃天観測を完全に遂行したのも偶然ではない。しかし現在、どちらのシュミット望遠鏡も写真を撮ってはいない。オースチン・シュミットには巨大なCCD装置が取りつけられている。CCDは写真乾板よりはるかに感度が高い電子の目で、広角で詳細な撮像を続けている。一方のUKSTは、今は完全に違う形で稼働している。

一九八二年にさかのぼると、UKSTの二人の天文学者が、視野内のたくさんの目標からその光を集め、解析するため分光器に送るのに、光ファイバー——細いガラスの糸でできていて柔軟性に富む「光のパイプ」——を用いることを提案した。[19] その科学者の一人は、当時UKSTの管理天文学者（Astronomer-in-Charge）だったジョン・ダウで、もう一人はこの私、フレッド・ワトソンであった。その基本的アイディアは新しいものではなく、三年前、あるアメリカのグループが、この多天体観測技術をアリゾナ州キットピーク国立天文台に属するスチュワード天文台の二・三メートル（九〇インチ）望遠鏡で実施していた。この技術は、アングロオーストラリア望遠鏡でもさらに開発が重ねられていた。しかし、この技術を有効に使うには視野の広さが重要であること、また、シュミット望遠鏡にその大きな潜在能力があることを指摘したのは、ダウと私が最初だった。

二〇有余年後、UKSTは、すべての時間をこの観測方式で動く装置になった。未熟な実験としてスタートしたものが、今では洗練された自動処理で、一五〇個までの天体を同時に観測できる望遠鏡になっている。現在は、局部宇宙の一五万個の銀河の三次元地図を作成するのに使用されていて、この仕事は二〇〇五年に完了の予定である〔予定どおり完了〕。その後は、同時に二二五〇天体を観測する革命的な新システムで、私たちの天の川銀河にある約三〇〇〇万個の星のスペクトルを収集することが期待されている。これら数々の野心的観測は、ベルンハルト・シュミットのすばらしい発明が役立ち続けている雄弁な証拠である。

パロマーとそれを越すもの

ジョージ・エラリー・ヘールは人を説得することにかけて並ならぬ能力を持つ人物だった。それは、一九二八年に二〇〇インチ（五・一メートル）望遠鏡建造を主唱して彼が書いた記事にかいま見ることができる。(20)

地表のどの一マイル四方をとっても星々の光は降り注いでいますが、私たちが現在なしうる最良のことは、直径一〇〇インチの円内に降り注ぐ光線を拾い上げ、そして集中させることです。

そしてまた、天体物理学者が遭遇している非常に広範囲にわたる情勢についてもコメントした。

長い目で見れば、産業の成功が、物質の性質とその変換に関する完全な理解に基づくことがわかります。先見の明のある産業界の指導者なら、その理解が地球上にある「不十分な実験室」によって制約を受けるのは望まないでしょう。必要な情報が現存する天文台から得られないとしたら、産業用研究のため実験室に置く機器に、もう一つ大望遠鏡をつけ加える人物を、私はすぐに思い浮かべることができます。

経済面から合理的に説明しなければならない立場にある二一世紀の私たちからすると、こじつけの感じがするかもしれないが、この駆け引きはうまくいった。その結果、二〇〇インチ望遠鏡の建造費および運営費として、ロックフェラー財団からカリフォルニア工科大学へ年間六〇〇万ドルの助成金が認可されたのであった。

これまで見てきたように、この驚くべき望遠鏡は、結局、カリフォルニア州南部サンディエゴから八〇キロメートル北のサンハシント山脈のパロマー山山頂の台地にその優美な姿を誇ることになった。[21] その建造は助成金の認可直後に着手され、たとえば、主鏡の素材鋳造は、初回の鋳造が失敗したあとの一九三四年一二月になされたが、第二次世界大戦によって建設計画はやむなく遅れた。望遠鏡は最終的に一九四八年六月三日に完成し、偉大な支援者であるジョージ・エラリー・ヘールの名をつけて彼に捧げられた。残念ながら彼はその完成を見ず、すでに世を去っていた。世界最大の望遠鏡を覆う息をのむように優美な直径四二メートル（一三七フィート）のドームは、戦後すぐにアメリカの科学の象徴的存在となって、今に残っている。

ヘール望遠鏡は、以前の一〇〇インチと比較すると、重要な改良が数多く取り込まれていた。たとえば、主鏡はフッカー望遠鏡のような板ガラスではなく、パイレックスで作られていた。[22] これは、オーブン用の皿を製作するアメリカのガラス会社、コーニング社が開発したガラス材であった。オーブン用の皿だって？　なぜオーブン用の皿が望遠鏡の鏡に関係するのか疑問に思うのも当然だ。答えは、どちらも熱膨張を小さくし、形の変化を最小に抑える必要があるからである。これは、オーブン用の皿では熱によってガラスが割れるのを防ぐ意味があるが、望遠鏡では通常の日々の温度変化に対して光学面を完全に保つことを意味する。

一〇〇インチフッカー望遠鏡はこの点で価値ある教訓を残し、今では板ガラスはきわめて不満足な材料であることがわかっている。温度の突然の変化で、望遠鏡が何時間も使えなくなることがあるのだ。パイレックス（実際にはホウ珪酸塩ガラスの一形態）も完全とはとてもいえないが、板ガラスよりはずっとよかった。二〇〇インチ鏡は、背面に肋骨構造が六辺形の模様に鋳造されてかなり軽くされていたが、それでも約一五トンあった。

もう一つの改良点は、主鏡の反射面のメッキの性質にある。一九三〇年代初期に、アルミニウムを蒸発させて鏡面へ定着させる実験が行なわれた。この工程では、密閉されたタンク内に鏡を置いてポンプで空気をすべて出し、その後真空中で少量のアルミニウムを気化させる。最終結果は、鏡を含むタンク内部のすべてのものに、薄い均一なアルミのメッキが施される。アルミのメッキは銀より曇りにくく、また紫外光をより効果的に反射する。フッカー望遠鏡の一〇〇インチ鏡が一九三五年三月にこの方法でメッキされてから、この真空蒸着法はすべての天体望遠鏡の標準的なメッキ法となり、それは今日でも変わっていない。

f三・三の鏡、開放構造の鏡筒、ヨーク型赤道儀式架台のヘール望遠鏡は、一九五〇年にフルタイムの稼働を開始し、その時には時代の最先端を誇っていた。たとえば、その五〇〇トンの駆動装置は、摩擦を最小限にするため、高圧の油の薄膜の上に浮かべられていた。また、天の北極へも向けられるよう、ヨーク式架台の北端は蹄鉄の形に開いた巨大な軸受になっていた。カセグレン焦点や他の焦点には、すべて分光器がつけられていた。放物面鏡のコマ収差は鏡の焦点近くに置いたレンズで修正し、直径〇・五度の写真が撮れるようになっていた。この望遠鏡はその後三〇年余りにわたって光学天文学を支配し、幸運にもこれによる観測時間を確保できた科学者たちに今でも畏敬の念を抱かせていることは、驚くに当たらない。

これとは対照的に、やがて世界最大の座にとって代わった望遠鏡は、期待した成果をあげられない機器であることがわかった。六・〇五メートル（二三八インチ）の「大経緯台望遠鏡[23]」（Bolshoi Teleskop Azimutal'ny, BTA）は、冷戦時代に、旧ソ連がヘール望遠鏡に対抗して建造したものである。北カフカス山脈のゼレンチュクスカヤ近郊の特別天体物理天文台に建てられたこの望遠鏡には、まず第一に、本来の大気のゆらぎによって像が悪い欠点があった。一九七六年にやっと完成した望遠鏡には、パイレックスに似た材質で作られたf四の鏡がつけられていたが、西側の世界ではパイレックスはかなり前から使われなくなっていた。四三トンものとてつもない重量の鏡は、像質の悪さと組み合わさって、完璧な鏡面を形成するのに必要な一様な温度になることは滅多になかった。

しかし、一つの点でBTAは革命的だった。現代の巨大望遠鏡の中で、傾いた極軸を持つ伝統的な赤道儀形式をはじめて廃棄し、経緯台式架台により、上下方向と横方向の動きだけで望遠鏡を天空に向けるようにしたのである。これで、制御系は複雑になったが、機械装置は非常に簡単になった。今やコンピューター[24]は巨大な馬蹄形の軸受よりずっと安価であるから、これは非常に満足のいく取引きになった。この方式は、今日の八メートル、あるいは一〇メートル級の世代の望遠鏡も含めて、一九八〇年以降に完成したほとんどの巨大望遠鏡のモデルとなった。これら巨大望遠鏡の最初の装置であり、分割型の口径一〇メートル反射鏡を備えたW・M・ケック望遠鏡は、一九九一年にロシアの望遠鏡に代わって世界最大になった。ハワイ島マウナケア山頂上に建てられたケック望遠鏡は、一九九六年に、その双子望遠鏡であるケックⅡと結合された。

工場の床で

二〇世紀後半の典型的な望遠鏡を定義づけるものとしてBTA以上に重要なのは、おそらく一九七〇年代から一九八〇年代初期に建造された、いわゆる四メートル級の一群の望遠鏡[25]であった。それらの導入が、望遠鏡建造の用語から、ヤード・ポンド法などイギリスの旧単位の使用を根絶するのを早めたのは間違いない。

口径が三・五～四・二メートルの望遠鏡は八基あった。それらは南北両半球にあり（五つは北半球、三つは南半球）、真の意味で、地球規模の光学天文学に空前の勢いを与えた。写真乾板の二〇倍もの感度を持つ新世代の電子的検出器と組み合わされたこれらの望遠鏡は、人類が見渡す地平を、数百万光年から数十億光年にまで広げたのである。

それらのうち、カナリア諸島ラパルマ島にある四・二メートルのウィリアム・ハーシェル望遠鏡以外のものは、すべて旧式の赤道儀式架台を使用していた。これを、ヘール望遠鏡時代からの保守主義の名残り[26]と批判する人もいた。しかし、四メートル級の望遠鏡は、進歩した材質[27]の主鏡を例外なく備えていた。ほとんどは、温度によって形が変わらず望遠鏡の光学素材として完全な、ガラスとセラミックを巧妙に混ぜ合わせた材料を使用していたのである。この材料は、アメリカのオーウェンス・イリノイ社が「セルヴィット」[28]の商標名で製造していたが、やがて、その製造工程がイリノイ州公害規制委員会の規制に引っかかり、製造停止のやむなきに至った。そして、環境に問題の生じない改良品がこれに代わった。今日最もよく知られているのは、ドイツのショット社が製造している「ゼロデュア」である。

四メートル級の望遠鏡は世界中のあちこちの工場で生産されたが、昔建てられたある工場はその三つを製作する主要な役割を果たした。一世紀前、ダブリンのハワード・グラブ卿の会社は、メルボルン大望遠鏡の製作で有名で、第14章で見たように、一九世紀の大屈折望遠鏡のいくつかを作り続けていた。しかし一九二〇年代のはじめに会社は困難な状況になった。[29] 第一次世界大戦中は、イギリス政府と潜水艦用の潜望鏡を作る契約を交わしていたが、終戦後、国家的な光学工業の不況の悪影響を受けたのだ。一九二五年一月に、会社は自己破産の状態に入った。

しかし、援助はすぐ手の届くところにあった。それは想像しうる限りぴかぴかの甲冑に身を固めた、最もふさわしい騎士からさしのべられた。ハワード・グラブ卿の父トマスは、レビヤタンで有名なロス卿の親しい友人だった。ロスの一番下の息子のチャールズ・パーソンズ卿(一八五四—一九三一)は、一八八四年に蒸気タービンを完成させたことで技術者として有名になっていた。[30] チャールズはまた光学にも興味を持っていたので、この二人の息子が手を組む以上に良い組み合わせがあったろうか。一九二五年四月に、科学誌『ネイチャー』は以下のように報じている。[31]

ハワード・グラブ・パーソンズ社として営業するこの新会社は、清算人から営業権、売上高、工場の種々の設備や機械を買い上げた。最新の設計を取り入れた工場が、巨大望遠鏡や天文台設備の建造に特に適しているニューカッスル・アポン・タインのヒートンに建てられた。ハワード・グラブ卿による助言と経験がこの新会社に提示され……

グラブ・パーソンズ社として広く知られるようになった新会社は、一九三五〜一九五六年の間に、五基もの七四インチ(一・九メートル)反射望遠鏡を含む多くの主要望遠鏡を生産し続けた。[32] ハワード卿自身は一九三一年に八七歳で世を去っていた。

一九五〇年七月、この会社に、有望な若いケンブリッジ大学の卒業生、デヴィッド・スキャチャード・ブラウンが加わった。彼は、巨大望遠鏡の主鏡の設計と試験に天賦の才能を示した。DSB(彼は仕事ではこの名で知られていた)が、一九六二年からガラス店を経営している応用光学者デヴィッド・ジンデンを仲間に加え、光学主任として仕事を進めるようになるまでに、長くはかからなかった。この二人の紳士は恐るべきコンビであることがわかった。[33]

これ以上違うタイプの二人がいっしょに働くことはありえないだろう「と、この会社の前の常務取締役ジョージ・シッソンは書いている」。一人は数学に対する深い理解力とわかりにくいテストの問題点を解釈する能力を持ち、もう一人はガラスや松やにの固さ、研磨機の組み立てや動作の仕組みに対する実用的で本能的な感覚を持っていた。

五年ほどあと、この完成したチームに、セントアンドルーズ大学を卒業したばかりの明らかに未熟な若い物理学者が加わり、二年間彼らとともに働いた。その人物は私で、DSBは私の最初の上司だった。

あとで言うのはたやすいことであるが、デヴィッド・ブラウンの寛大な指導にもかかわらず、私がこの黄金のチャンスを利用するのに完全に失敗したのは明らかである。でも、このようなことは、グラブ・パーソンズではよくあることだった。ハイテク製品に深く関わったにもかかわらず、会社は一九世紀にしっかりと根を下ろしているかのようだった。たとえば、デヴィッド・ブラウンが巨大鏡の光学面研磨を補助するのにコンピューターを使用する方法を開拓していた(34)一方で、ビッグ・ジム・マッケイは、地獄の別館のような部屋で、研磨材用の松やにを煮立てる大釜の番をして生涯を過ごしたのである。このような不釣り合いが存在するのは、自らを必死になって二〇世紀へ引っ張っていこうとしている会社の状況を示すものだった。

結局、グラブ・パーソンズは変革に失敗した。トマス・グラブが最初の巨大反射望遠鏡を完成させたちょうど一五〇年後の一九八五年、会社はその扉を永久に閉じたのである。しかしその前に、会社は四メートル時代の最良の望遠鏡を三台――三・九メートルのアングロオーストラリア望遠鏡(一九七四年)、三・八メートルUK赤外線望遠鏡(一九七八年)、ラパルマ島の四・二メートルウィリアム・ハーシェル望遠鏡(一九八七年)――を作っていた。また、一・二メートルUKシュミット望遠鏡も作った。私は、これらの見事な望遠鏡のすべてで観測する特権的立場を得ているし、今では幸運にも、それらの二台について管理天文学者(Astronomer-in-Charge)になっている。

グラブ・パーソンズが会社をたたんだとき、すでにデヴィッド・ジンデンはニューカッスル・アポン・タインに自分の光学製品の会社を設立し、大きな成功をつかむために退社していた。しかし、デヴィッド・ブラウンは最後まで技術監督としてグラブ・パーソンズに留まり、その後近くのダーハム大学へ移り、研究者になった。彼は適任で、光学の世界で人も羨む評価を獲得した。しかしそれは短い間だった。一九八七年七月、この優しく気取らない人物は、わずか五九歳で亡くなった。オーストラリア人天文学者のベン・ガスコインは彼の業績を以下のように称えた[35]。

今は亡き彼は、巨大［光学］望遠鏡の整形技術において、同世代の中でほとんど並ぶ者のない達人であった。彼は明らかに、リッチーやその他の偉大な過去の光学技術者と並ぶべき存在であり、イギリスの観測装置開発天文学者の中でも高い地位を与えられることは確かである。

現在の世代の望遠鏡製作者は、デヴィッド・ブラウンの知恵を失い、はるかに見劣りのする状態になってしまった。もし存命したなら、彼はまた、口径三〇メートルから一〇〇メートルにも及ぶ次世代の光学望遠鏡設計者たちに賢明な助言を与えたであろうことは疑いない。そして、明らかに彼らの能力が及ばないそれら驚くべき観測装置が、心底からデヴィッドをわくわくさせたはずだ。

第16章　銀河とともに歩む——五〇〇〇年後へ向かって

二〇世紀後半、人類は最終的に巨大な宇宙と真正面から向き合うことになった。エドウィン・ハッブルが銀河の本質を発見したことに続き、一九二九年、銀河は異常な速さで互いに遠ざかり、遠くの銀河ほど速い速度で離れていくことを認識するに至った(1)。次いで、私たちが膨張する宇宙に住み、宇宙はその中に銀河を抱えて運びながら、他ならぬ宇宙構造そのものが拡張していることを物理学者たちが認識するようになった。それは、宇宙がビッグバンと呼ばれる爆発で生まれたことを示唆していた。ビッグバンという言葉は、偉大なイギリス人物理学者フレッド・ホイル（一九一五—二〇〇一）が、一九四八年のＢＢＣのラジオ番組でこの考えをけなして名づけた呼び名だった。ホイル自身はこれと対立する定常宇宙論の熱烈な擁護者だったが、今日、彼の理論は支持されていない。

私たちに宇宙の起源と進化を教えるのは科学的宇宙論である。最新の研究は、ビッグバンが一三七億年前に起こったものであり、その数値に含まれる誤差は二億年程度に過ぎないことを示している。宇宙論はまた、宇宙にはおそらく一〇〇〇億個ぐらいの銀河があり、一つ一つの銀河はざっと一〇〇〇億個ぐらいの恒星を含んでいることを述べている。妙な一致であるが、一〇〇〇億という数字はまた人間の脳細胞の概数でもある。

二〇世紀が進むにつれて、優秀な頭脳は、宇宙論の新しい問題に取り組むようになった。積み重ねられた証拠は、宇宙には目や望遠鏡に入るもの以外に、ある種の隠れた物質が、見えている物質以上に宇宙を支配していることを示唆していた。(2) たとえば、銀河は、恒星やガスがすべてまとまっている場合に回転するはずの速さより速く回転していることが一九七〇年代から知られていた。銀河を囲む謎の暗黒物質のハローがないと、銀河はすぐばらばらになって飛び散ってしまうだろう。

一九九〇年代に事態はさらに複雑になった。非常に遠くで爆発した星々の観測から、宇宙の膨張は時の経過とともに重力の効果で徐々に減速するのではなく、現実にはスピードアップしていることがわかった。これにより、ダークエネルギー——空間自身の一種のバネの作用——が示唆されることになった。しかしその性質は、暗黒物質と同じくらい不可解で、謎の上に謎を重ねるものであった。

この結果は、ヘール望遠鏡やアングロオーストラリア望遠鏡、ケック望遠鏡のような光学望遠鏡から得られたものではなかった。というのも、二〇世紀後半に宇宙論を推し進めたのは、光学以外の大きな進歩、つまり、天文学者の目を電磁波スペクトルの全波長域に開いたことだった。第二次世界大戦終了からのち、「望遠鏡」という言葉は、徐々に、可視光を集める機械以上の意味を持つようになった。二〇世紀の終わりまでに、「望遠鏡」は、以前と同じとは思えないほど変わったのだ。

一八世紀の終わりに赤外線放射を発見し、「目に見えない」天文学の考えを最初に開拓したのは、ウィリアム・ハーシェルだった。彼は、「〔太陽からの〕放射熱は、こういってよいのなら、主要部分ではないとしても、少なくとも一部は不可視光によっている」ことに気づいていた。(3)

その名がウィリアム・ハーシェルなら、どんなことをいっても許されただろうが、その種の好意は、不可視光の天文学を次に開拓した者には与えられなかった。彼の名はカール・グーテ・ジャンスキー

T型フォードの車輪上に組まれたジャンスキーの1932年のアンテナは、最初の電波望遠鏡だった

（一九〇五—一九五〇）で、ニュージャージー州ホームデルのベル電話研究所で働いていた。一九三二年、天の川から届く波長一四・五メートルの干渉電波〔雑音〕を発見したとき、彼は科学界からほとんど無視された。Tフォード車からくすねてきた車輪の上で、粗末な木と真鍮の骨組み構造が回転するジャンスキーのアンテナは、最初の電波望遠鏡[4]だった。

一九三七年に、向きを変えることができるお椀型の最初の観測装置である直径一〇メートル（三一フィート）の反射型電波望遠鏡がその後に続いた。これはジャンスキーが作ったのではなく、グロート・リーバー（一九一一—二〇〇二）というもう一人の先駆的アメリカ人が作ったものだった。晩年をタスマニアで過ごしたリーバーは、ほぼ一〇年間、世界でただ一人の電波天文学者であって、天の川だけでなく、すべての新種の電波源を観測していた。他の人々がこの新しい科学に手をつけたのは、やっと第二次世界大戦後であった。波長四・二メートルで働くイギリス軍のレーダーが、偶然にも一九四二年の曇った日々に太陽を探知したが、最初は誤ってそれを敵の妨害電波と判断してしまった。これは戦後に追跡調査が行なわれ、対空用レーダー・アンテナは、間もなく初期の電波望遠鏡としてすきの刃型に作り上げられた。

実をいうと、電波天文学の急速な進展を促進したのは、戦争余剰品として膨大な量の電波設備が入手できたことだった。最初にこの新しい科学に飛びついたのは、これまでの光学天文学に深い疑問を感じていた技術者たちだった。たとえばオーストラリアで、英連邦天文台（今日のストロムロ山天文台）の台長は、一九四七年に「一〇年後に電波天文学はどうなっていると思うか」と尋ねられたときに、苦々しげにこう答えている。[5]「忘れられているさ」。

しかし結局、二つの波長域は同じ宇宙についてそれぞれ異なった見方を示すことがわかり、互いに補完的な役割をすると考えられるようになった。電波天文台は、オーストラリア、オランダ、イギリスに建造され、ジョドレルバンク天文台（一九五七年に完成）の七六メートル（二五〇フィート）鏡や、パークス天文台（一九六一年）の六四メートル（二一〇フィート）鏡などの望遠鏡が、すみやかに新しい科学を象徴する存在となった。これらの偉大な電波望遠鏡は、対応する光学望遠鏡と同様、非常に長い寿命を持って稼働を続けている。

今日の電波望遠鏡は、おなじみの一つのお椀の形か、あるいはたくさんの独立した望遠鏡を配列し、それらをはるかに巨大な望遠鏡に統合する形式をとるかのどちらかである。世界最大の単一のお椀型の望遠鏡は、プエルトリコのアレシボ観測所（一九六三年）にある三〇〇メートル（一〇〇〇フィート）望遠鏡で、その固定されたお椀は、自然の地形の窪みを利用して作られている。これはおそらく、この種の装置の大きさの上限だろう。しかし、配列形式にすれば空そのものが大きさの限界で、いくつかの電波望遠鏡は「文字通り」宇宙空間に配列されて稼働している。さらに野心的なのは、地上に設置した平方キロメートル望遠鏡（Square Kilometre Array）で、これは最初の銀河が形成される以前の、いわゆる暗黒時代の弱い放射を集めるように設計されている。二〇一〇年からの一〇年間に、直径一〇〇〇キロメートルの電波望遠鏡が建造されれば――その場所はおそらく中部オーストラリアになるだろうが――一〇〇万平方キロメートルの面積からの電波を合成できる。

大気のゆらぎによる妨げを受けない電波天文学者たちは、配列した望遠鏡を使って天体の細部まで描き出す方法を開拓し、〇・〇〇一秒角（一〇〇〇分の一秒角）の分解能を得るのは今や当たり前になった。地上の光学天文学者たちは、うらやましげにそれを見るのみである。

宇宙にある望遠鏡

一九五六年一月一日、リチャード・ヴァン・デル・リエット・ウーリー（一九〇六―一九八六）は、第一一代グリニッジ天文台長として王立グリニッジ天文台にオフィスを構えていた。この施設は、光害のひどくなったグリニッジから、サセックス州の田園地帯のハーストモンソー城に、つい最近移転したところであった。ウーリーは根っからの光学天文学者で、彼は以前、キャンベラの英連邦天文台長の職にあったとき、この新しいだけの電波天文学にきわめてはっきりとした見解を打ち出していた。(6)

イギリスに到着したとき、彼はあるジャーナリストから、宇宙空間研究の見通しについて尋ねられた〔ここでいう宇宙空間とは、探査機などで直接探査のできる地球近傍の空間を意味している〕。「たわごとをいうな！」という彼の答えは、私がほぼ二〇年後、ハーストモンソー城に着いたときにも、まだその回廊に響き渡っていた。しかし、イギリスで最年長の天文学者のこの明確な宣言から二年も経たないうち、ソビエトの無人衛星スプートニク一号が打ち上げられ、それとともに世界は宇宙空間の時代に入ったのであった。(7)

公平を期すためにいえば、ウーリーの評判を落としたこのコメントは、おそらく熟慮した判断ではなく、とっさの逃げ口上であった。というのは、彼は誰にも増して望遠鏡を宇宙に置く利益を評価していたからである。しかし、彼が知りえなかったことは、通常は、地球大気に吸収されている放射の波長範囲が、最終的に宇宙の見方を決めることであった。

最初に探査された新しい波長域は、可視光の両端にある紫外線と赤外線だった。天文学者は、一九六〇年代に、地上に設置された装置で、短波長の赤外線（赤外線スペクトルの可視光に「近い方の」端）を使って天空の探査を始めた。このような近赤外線天文学は、今日では巨大光学望遠鏡で探査が可能な範疇に含まれる。しかし、宇宙の塵雲を突き抜けて低温の星の状態を明らかにし、赤外線天文学の潜在的能力をはっきり示したのは、地球大気の上に運ばれた観測装置のみであった。

宇宙赤外線望遠鏡と、それに対応する紫外線波長域の望遠鏡などの一連の観測装置は、一九七〇年代から一九八〇年代にかけて、私たちの描く宇宙像に変革を起こしはじめた。ＩＲＡＳ（Infrared Astronomy Satellite、赤外線天文衛星）やＩＵＥ（International Ultraviolet Explorer、国際紫外線天文衛星）などの頭字語が、この時期に天文学者の間でよく知られた名になった。同時に、Ｘ線やガンマ線として知られる非常に短い波長域の放射が宇宙空間で探査され、最も高エネルギーの波長範囲での宇宙の変化の過程が明らかになった。

　時に予期せぬ棚ぼたの収穫もあった。一九六七年、違法な核実験から生じるガンマ線のきらめきを探知するために設計されたアメリカ空軍の一連の衛星は、天空で頻繁に起こるガンマ線バースト[8]を見つけはじめた。分析の結果、一九七三年、それらは間違いなく深宇宙からきていることがわかった。さらに観測が行なわれたが、これらの謎のガンマ線バーストが宇宙のどれほど深部で起こっているかを天文学者が突きとめたのは、二十数年も後のことだった。一九九七年、バーストに即座に対応できる光学望遠鏡を用いて一連の追跡調査を継続的に行なった結果、それらは文字通り数十億光年も離れた天体からやってくることがわかったのである。あるガンマ線バースターの短時間の輝きは、その間宇宙の他のどんな天体よりも明るかったので、膨大な量のエネルギーを放出したに違いない。それらは、超巨大質量の星が短い寿命の最後に爆発して生じるものである。この現象はある星では一度起こればその後はけっして起きないので、今ではその放射が宇宙の広大な領域に広がっていく間だけ私たちに見えていると、考えられている。

　今日、宇宙空間で使用される望遠鏡は多数あり、多岐にわたっている。最も有名なのは、NASAの「四大望遠鏡」——ハッブル宇宙望遠鏡（紫外線と可視光観測のため一九九〇年打ち上げ）、コンプトンガンマ線天文衛星（一九九一年打ち上げ、二〇〇〇年に軌道から外れる）、チャンドラX線衛星（一九九九年打ち上げ）、スピッツァー宇宙望遠鏡（赤外線観測のため二〇〇三年打ち上げ）——だろう。加えて、X線による太陽監視からビッグバンそのものの名残りの分布図作成に至るまで、さまざまな仕事をするために設計され、さまざまな宇宙機関が運用している望遠鏡が、あまりにもたくさんある。驚くことに、宇宙の誕生の残響である弱いマイクロ波が、いまだに、その先へ突き抜けることの決してできない「宇宙の壁紙」として検知できる。そして、これらの見えない放射だけでは不十分だというかのように、宇宙線や陽子、ニュートリノなど、宇宙からくる原子より小さい粒子[9]を検出するように設計された機器が、すべての領域をカバーして、地上にも宇宙空間にも存在する。

実際、現代の天文学者は、宇宙の秘密を読み解くために、当惑するほど膨大なデータの渦に直面している。今では、それらすべてに通じることは、個人では誰も不可能である。だから、第三ミレニアムの最初の大いなる共同事業の一つとして、混乱しきった情報を国際的仮想天文台（Global Virtual Observatory）と呼ばれる、世界規模のコンピューター・ネットワークへ組織化する作業が進められている。そこでは、マウスをクリックしさえすれば、天空上のどんな天体に対しても、複数の波長によるデータが資料集積所から引き出せる。それは、地上にあるもの、空中にあるものなど、世界中の大望遠鏡すべてが残す不朽の資産となるだろう。

さらにもう一つ、きわめて重要な知見が科学の世界にほの見えたのは、二〇世紀後半の天文学がこの上ない興奮にあるまっただ中であった。そして、それは宇宙論学者にとってとりわけ有益なものに変わった。それは、望遠鏡はまったく人間が発明して生まれたものではなく、自然自身が創り出したものだということである。

当然のことながら、ほとんどの人は、目と望遠鏡とは多くの共通点を持っていることを知っている。目も像を生成するシステムであり、もし、水晶体のレンズの焦点距離が十分長ければ、世界を拡大して眺めることもできる。生存にさらに役立っているのは普通の目に備わっている広角の視野で、せいぜいつつましいホタテ貝程度にすぎない生物の目[10]が、小型のシュミット望遠鏡と神秘的なほど類似しているのだ。さらに、自然ははるかに大きなスケールでも望遠鏡を作ったのである。

一九六〇年代、可視光天文学と電波天文学が協力して大きな成功を収め、新種の天体が発見された。その天体は、quasi-stellar radio source（準恒星状電波源。星のように見えるが強い電波を放射する）を短縮してクェーサー[11]と名づけられた。今ではクェーサーは、若い銀河の激しく活動している中心核であり、超巨大質量のブラックホール――宇宙にある奇妙な重力の落ち込み口で、そこからは光すら逃れることができない――からエネルギーを得ていることがわかっている。今ではクェーサーは光が消えていて、ガンマ線バースターと同様、何十億年もさかのぼった時間に対応する距離にあるものだけを見ることができる。

一九七九年、アリゾナ州キットピーク国立天文台で二・一メートル（八四インチ）望遠鏡を使っていた天文学者たちは、二重クェーサーを発見した。それは、天空上で約六秒角離れ、まったく同じスペクトルを持つ二つの天体であった。このように区別がつかないほど似ているクェーサーが偶然並ぶことがあるのだろうか？　それは確率の法則に反しているので、空間の一種の蜃気楼であり、同じ天体が二重像として見えているのではないかと示唆した人もいた。続いて同様な他の例も現われた。その後一九八〇年代半ば、巨大銀河団の近くに謎めいたかすかな光の弧が見られた。それらは何か？　銀河から分離したかけらの星が何十億もさまよっているのか？　それとも、何かきわめて不思議なことが起こっているのか？

天文学者たちはすぐに理解した。そうだ。自分たちは、半世紀前にアルバート・アインシュタイン（一八七九―一九五五）による特別な予言が現実化したものを見ているのだ。この伝説的な物理学者は、もし、銀河や銀河団のような大質量の天体が、銀河よりはるかに遠くの天体と私たちとのちょうど中間に存在したら、その銀河は巨大なレンズ[12]の作用をして、遠くの天体の像を光の環の形に焦点を結ばせることを示唆していた。なぜかというと、重力自体が光線を曲げるからで、これは、一九一五年のアインシュタインの一般相対性理論から導かれる結論であり、その事実は四年後の皆既日食のときに確証されていた。この現象は重力レンズとして知られ、それが作る像はアインシュタイン・リングと呼ばれる。[13]もし、完全に一直線上に並んでいない場合には二重像や不完全な弧が形成されるので、天文学者たちはまさにこれを見たのである。そしてもし、時に起こることであるが、間に入る銀河や銀河団が暗すぎて見えなければ、これらの二重像や弧に対する重力レンズの源をはっきり知ることはできない。

今日では、いろいろなタイプの像を生成している重力レンズがたくさん知られている。完全なアインシュタイン・リングはまれだが、遠くの銀河団の深宇宙の像にはかすかな光の弧がたくさん見られ、天文学者や宇宙論者にとって大きな価値がある。そこからまずわかるのは、見えるものも見えないものもあるが、間に入る銀河団の物質分布である。それは、宇宙における明るい物質と暗黒物質の集まり方が、遠くの天体の像の形や位置に影響を与えるからである。したがって重力レンズは、暗黒物質の性質を探る道具になる。

しかし、それより重要なのは、重力レンズ効果が、遠くの天体の光を増幅させることである。私たちから非常に遠くにあるために普通なら見えない銀河やクェーサーが、それよりずっと近い銀河の重力レンズ効果で検出できるのだ。それによって、信じられないほど遠くにあるこれらの天体の虹のスペクトルを測定し、宇宙の幼少期にさかのぼって、光がその天体を離れたときの一般的な状態を探ることができる。重力レンズはまさに望遠鏡の役割を果たすのだ。生成される像はとても完全とはいえず、ごく粗雑なものである。しかし、光を増幅する点で、それは直径が数百万、時には数億光年の望遠鏡レンズの機能を果たすのである。

宇宙探査の機器建造にあたって、歴史上の望遠鏡製作者や天文学者は、単に、自然が最大規模の配置でなしとげていることを模倣しているだけである。本書で述べてきたすばらしい人々のほとんどは、このことをまったく知らないだろうが、彼らはまさに銀河とともに歩んでいたのだ。

エピローグ——二一〇八年九月二一日

望遠鏡ができてから五〇〇年が経過する直前、振り返ってみると、どこで躍進が起こったかは容易にわかる。地球軌道の内側までやってくる小惑星二〇四一FUが二〇四一年三月に発見され、その数か月後に、この大きさ一キロメートルの天体が九九・九パーセントの確率で二〇六〇年四月に地球にぶつかることがわかった(1)。その直後の期間は、世界がこれまで見なかったほど宇宙工学に力が注がれた時期になった。それに比べると、二〇〇九年~二一年にわたる中国の月探査や、二〇三〇年代半ばのイシディス平原におけるマンデラ国際火星基地建設は、重要さがかすんでしまったようである。

二〇四一FUをイオンビーム推進装置で安全な軌道にそらせるのに成功したことは、人類に宇宙旅行の時代が到来したことを印象づけた。それはまた、災いをもたらすまっ黒な物体の存在を暴いた望遠鏡の決定的な役割を強調することにもなった。というのは、二一世紀前半、天文学者の望遠鏡には、幸運も不運も入り混じっていたからである。

＊

望遠鏡はおおむねうまく稼働したため、技術的には大した問題は起こらなかった(2)。たとえば、二〇一〇年代はじめに打ち上げられたジェームズ・ウェッブ宇宙望遠鏡は、近赤外線で見た宇宙像を二〇ミリ秒角の分解能で送ってきた。そして、水銀入りの回転槽で整形した液体主鏡による上に向けた一組の光学望遠鏡はすばらしい成功であった。一九九〇年代に開始されたカナダの研究の最終成果として、その種の観測装置で最大のものが二〇一五年に稼働し、三〇メートル級の最初の光学望遠鏡になった。その約四年後、分割鏡で向きを変えることができる主鏡を持つ一〇〇メートルのOWLがこれを引き継いだ。

しかし、世界中で光害問題が多発し、それを抑制するために法規制をますます厳しくしたにもかかわらず、かつてない巨大望遠鏡を地上に設置した光学天文台を存続させるのはたいへんむずかしくなってきた。特にOWLは背景の空の明るさに悩まされた。OWLは、多共役波面補償光学システムの信頼性が欠け続けたこともあって、二〇三三年ヨーロッパ南天天文台は、それを分解し組織を解散する異例の決断をすることになった。

同様に、遠距離通信量の増加により、電波も非常に汚染された。二〇一四年にオーストラリア中央部に一〇億ドルをかけて建造した平方キロメートル配列の電波望遠鏡（Square Kilometre Array）は、二〇二九年に、地球から見て月の裏側に当たる電波の静かな基地に、中国の宇宙船で移動しなければならなかった。この由緒ある望遠鏡は、約八〇年後になっても、まだいくつかの高度に目標を絞った計画に対し役立つデータを提供し続けている。

しかしそれらの汚染は、二一世紀初期の天文学衰退の物語のほんの一部でしかなかった。もっと深刻だったのは、科学が自分自身の成功の犠牲になったかのようだったことだ。長らく観測天文学の中心だった宇宙論は、二〇二〇年代までにあまりにも緻密な科学となったため、残された問題は、iの上に点を打つとか、ｔに横棒を引くとかいう程度の瑣末なものだけになってしまった。暗黒物質とダークエネルギーに関する大きな問題も、二〇一二年に、主要な望遠鏡の観測計画のすべての関心をさらった有名な「大当たり」によって解決した。三・九メートルのアングロオーストラリア望遠鏡は、今ではほとんど四〇年も経っているが、最近、ＴＩＰＫＩＳＳ（The Instrument Previously Kept In Strictest Secrecy）という妙な名前のついた新しい多天体分光器を装備し、「大きな謎」（the Big Unknowns）を解く決定的糸口をつかむのに十分なほど宇宙を奥深くまで見通せるようになった。その観測は、高価な装置を動かす前に安上がりで手早い実験をし、一番重要な結果をすくい取る、すっかり確立している科学の伝統にのっとって行なわれた。

宇宙論があらかたの問題を解決したことに伴って、天文学者の関心は宇宙の他の大問題へと転じた。すなわち、私たちは孤独なのか？、である。ここで問題は、それまでと非常に異なったものになった。天文学者たちは、ビッグバンで取り残された原始雲から銀河が進化しはじめた時代にさかのぼるのではなく、私たちの天の川銀河にある近傍の星々を、さらに詳細に観測する必要が生じた。観測の対象が、何十億光年という距離から、突如として、石を投げれば届くほどの数十光年の距離になってしまったのだ。

宇宙生物学という地球外生命を研究する新しい科学が、一九九〇年代に盛んになりはじめた。それは、天文学、地球物理学、化学、生物学その他の、広範囲にわたる学問分野を統合するものであった。当然のこととして、太陽系内の地球外生命の存在に関する疑問は、二一世紀の最初の二〇年間に、火星と、さらに見込みのある外惑星の衛星の両方に送られた無人宇宙探査機によって答えが得られた。

火星で発見された生きているバクテリアと、木星の衛星エウロパの氷に覆われた海にいた粘液状の生物体は、太陽系のあちこちに生命が存在することを証明したが、人類が依然として最も高度に発達した形であることも示していた。

それよりはるかに興味深く、さらに大きな挑戦だったのは、他の恒星の惑星に対する生命の探査だった。いわゆる系外惑星がかなり普通に存在することは、二〇世紀末から知られていた。太陽から数光年以内に存在する恒星の少なくとも一〇パーセントは、そのまわりに木星くらいの大きさの惑星を持っているが、そのほとんどは、太陽系の惑星とはまったく似ていない特殊な軌道を描いていた。これらの系に、地球のような惑星の存在する余地があるだろうか？

これは、いらいらするくらい解答の得にくい問いであった。巨大望遠鏡を使用して親天体の運動の揺れを見つけ、惑星を発見する方法は、木星のように大きい惑星にしか役立たなかった。いわゆる「系外地球」を検出するのは、その質量が小さいために本質的な困難があった。それにもかかわらず地球型惑星の探査は、二〇二〇年代の緊急の問題として宇宙論にとって代わった。そして、一番近い恒星に対してさえ宇宙船の旅が不可能なことは、問題をはっきり浮き彫りにしたにすぎなかった。

さんざん繰り返されてきた喩えだが、太陽とその一番近くにある恒星プロキシマケンタウリを二個のビー玉としよう。その縮尺にすれば、四・二光年の隔たりは三〇〇キロメートルになり、これは、たとえばシドニーからキャンベラ、あるいはロンドンからリヴァプール、またはニューヨークからボストンまでの距離になる。非常に遠くとはいえないが、その縮尺でいえば、その間を化学エネルギーで飛ぶ宇宙船の速度は、芝生が伸びる速さにしかならない。一般の人々が宇宙の研究や天文学への興味を失うのも不思議ではなかった。

二〇三〇年代は、科学への熱意があまりに失せてしまったため、知的暗黒時代だという噂が一般的になった。大多数の人々が余暇にまず考えることは、観察をするだけのバーチャル・リアリティ・テレビであった。二〇四〇年九月、肉眼で見える五個の惑星が夕空の角度一〇度の円内に集まった際の集団ヒステリー(3)に対し、科学は何もいわず、その落ち込みは頂点に達した。しかし、翌年、小惑星二〇四一FUの発見がすべてを変えた。

天体衝突の脅威は世紀半ばまでに除去され、新たに開発された宇宙技術が容易に使えるようになって、天文学者が直面する疑問に再び注意が向けられるようになった。太陽近傍の星を回る「系外地球」はどうしたら発見できるか？　そこの生物が知的生活を送っているかどうかを、天文学者はどうしたら見極められるか？

二〇四三年、有名なフランス人天文学者アントワーヌ・ラベリの誕生百周年を祝う会議が開かれた。この人物はパリのコレージュ・ド・フランスの教授だった人で、巨大望遠鏡設計において、一貫して型にはまらないものの考え方をしていた。二一世紀のまさに前夜、彼は、軌道を周回する一五〇個の宇宙船からなり、それぞれが直径三メートルの望遠鏡を搭載し、直径一五〇キロメートルの空中に広がる、「ハイパー望遠鏡」を開発する提案をした。(4)この装置は、マイクロ秒角という、現存するどんな望遠鏡よりも一〇〇〇倍も良い分解能で目的の天体の詳細を明らかにできる。また、一億倍もある親天体の輝きを除去する適当な装置があれば、この望遠鏡は、一〇光年の距離にある地球型惑星の像を識別し描き出すだけの十分な感度がある。

事実、「スーパー・ダーウィン」と呼ばれるラベリ型のハイパー望遠鏡は、二〇一〇年代後半にヨーロッパ宇宙機関によって打ち上げられたが、その感度の範囲内では「系外地球」の検出はできなかった。この企画はほとんど忘れ去られたが、百周年記念会議と宇宙や天文学への新たな関心の高まりにより、二〇四〇年代後半に、再度計画にのせられることになった。

しかし今度は、ラベリのもう一つの名案を取り入れた、はるかに大きい鏡を使った新ハイパー望遠鏡が提案された。その鏡は、セラミックガラスで作るのではなく、無重力下で、赤外線レーザーから放射される光の圧力によって完全な形を保つ、精巧な反射膜で作られる予定だった。[5]そしてこの望遠鏡は、光学天文学ではきわめて斬新なもの、すなわち、微弱な光の非常に短い脈動を探知し解析する能力を備えることになっていた。その能力は、一〇〇年近くにわたって地球外知的生命探査（SETI）に携わっていた電波天文学者の分野のものだったが、そこではいまだかつて確かなシグナルが発見されたことはなかった。しかし、もし地球外知的生命が、彼（彼女あるいはそれ）が、必要な水準の技術的進歩に到達していることを告知するため、可視波長域のレーザーを使ったとしたら、どうだろう？

宇宙研究の熱意が空前の高まりになり、新しいハイパー望遠鏡は二〇五五年には打ち上げの準備ができた。翌年はじめに配備されるやいなや、一〇〇個の直径三〇メートルの薄くて軽い鏡は、月を永久に回る軌道をすべるように静かに飛びはじめた。しかし、この冒険的事業はすべての人々を喜ばせたわけではなかった。イギリス人アストロノマー・ロイヤルのプラトニー・ウィルバート卿（二〇一一—二〇九六）は、これについて尋ねられたとき、二一世紀半ばの基準に照らしても激しい言葉で、感情をはっきりと表わしてこういった。「膜の鏡を持つハイパー望遠鏡などばかげたことだ。それが動作するなんて考えるなら、頭がおかしくなっているんだ」。

しかし、それは動作した。二〇五八年、まさに地球型の最初の惑星が、私たちの太陽系から四二光年彼方にある恒星HD一七二〇五一[6]のまわりを回っていることが明らかになった。そのスペクトルには酸素の存在などの生命の徴候があり、表面には地球のアマゾン盆地によく似ている場所があった。しかし、半世紀の間観測しつづけたにもかかわらず、どのような波長域でも、この惑星から人工的起源の信号は探知できなかった。ハイパー望遠鏡が発見した他の三〇個ほどの「系外地球」でも同様だった。

しかし、ハイパー望遠鏡が明らかにしたものは、光学波長域で見るときわめて移ろいやすい現象を示す、まったく新しい宇宙だった。たとえば、私たちの銀河は、その起源や特徴がいまだに明らかではない光のまたたきに満ちていることが今ではわかっている。望遠鏡生誕五〇〇年を祝いながらも、私たちは、最新の機器が、新しい「大疑問」の解決につながるのを熱烈に待ちこがれている。ガリレオ、ハーシェル、ヘール、ラベリの生み出した装置に続く価値のある後継機、それは、宇宙で最初に創出された人工ブラックホールを利用して空間に形成された、直径一光日の重力レンズ望遠鏡で、GLTと呼ばれるものである。

謝辞

「このとんでもない本のおかげで、私はほとんど気が狂いそうになった」故スパイク・ミリガンは、最初の小説の前書きにこう書いたが、彼がどんな気持ちだったか私にはよくわかる。要するに、本書も、もう少しで家族を狂わせるところだった。だから、私が最も感謝しなければならないのは彼らである。トリッシュ、ジェームズ、ウィル、（スコットランドから私を遠隔操作した）ヘレンとアンナがいなければ、この仕事はできなかった。

また、シドニーにあるアングロオーストラリア天文台図書館員のサンドラ・リケッツの熱意あふれる助けなしには、本書はやはりできなかったろう。サンドラは、私が頼んだ情報のあいまいな参考資料を見つけ出すために、最大限の努力をしてくれ、そして、非常に短いメモを渡すだけで、図版の検索という気が遠くなるような仕事を顔色ひとつ変えずに引き受けてくれた。エディンバラ王立天文台図書館員であるカレン・モランは、クロフォード・コレクションを快く案内してくれた。他の大学、特に、クイーンズ大学、ベルファスト大学、ウェスターン・シドニー大学の大勢の図書館員からも非常に親切にしてもらった。アングロオーストラリア天文台のポール・カスは、寛大にも彼個人の天文学の蔵書を見せてくれた。

また、パトリック・ムーア卿には、「まえがき」で好意的な言葉を書いていただいただけでなく、生涯にわたる励ましをいただいたことに感謝する。本書にすばらしい写真を提供してくださったデヴィッド・マリンに対しても、同様に感謝をささげる。また、サイディングスプリングとシドニーのアングロオーストラリア天文台の同僚にも、私を支えてくれたことに深謝する。

本書は、何年もにわたって私を助け、励ましてくれた他の同僚に負うところが大きい。ピーター・アブラハムズ、スクディープ・オーラーク、リチャード・ビンガム、ブライアン・ボイル、マリリン・キャンプベル、マシュー・コレス、ロジャー・デイヴィス、ジョン・ダウ、ハイデン・ガブリエル、ベン・ガスコイン、ピーター・ギリンガム、イアン・グラス、トム・ジャレット、ケヴィン・ジョンソン、ニック・ロム、アリソン・モリソン-ロー、イアイン・ニコルソン、バディー・オーツ、ウェイン・オーチストン、ジョン・パードリックス、ギルバート・サタースウェイト、アレン・シンプソン、デヴィッド・ジンデン、ジョン・ワトソン、スー・ワースウィックに感謝する。また、私の最初の上司だった恩人、故デヴィッド・ブラウンにも深く感謝する。

本書の執筆は、アレン・アンド・アンウィン社のイアン・ボーリングの鋭い提案のおかげであり、彼の手引きと、長期間にわたって計画を暖めていた間の尽きることない熱意は、計り知れないほど大切なものであった。アレン・アンド・アンウィン社の編集長であるエマ・コッターと仕事ができたのは特にすばらしいことであり、本書が形になったのはとりわけ優れた彼女の手腕のおかげである。同社のマリー・ベアード、エリザベス・ブレイ、ジョー・ポール、エマ・ジンガー、ルース・ウィリアムズにも感謝する。

本書は、ジム・ベネット、ロナルド・S・ブラシャー、ランダル・C・ブルックス、アラン・チャップマン、ジョン・R・クリスティアンソン、オーウェン・ギンガリッチ、リチャード・F・ハリソン、レイモンド・ハインズとロスリン・ハインズ、ジョン・B・ハーンショー、ノリス・S・ヘザリントン、アラン・W・ハーシフェルト、マイケル・ホスキン、デヴィッド・レヴァリントン、アニータ・マコンネル、リチャード・マクギー、故コリン・A・ロナン、エンゲル・スルーター、スチュアート・タルボット、故ヴィクター・E・ソーレン、アルバート・ヴァン・ヘルデン、ブライアン・ワーナー、レイ・N・ウィルソンの出版物から多くの内容を負っている。こういった学識あふれる天文史学者の方々に、賛辞と感謝を述べる。

クヌートストルプにあるティコ・ブラーエの生家の所有者であるヘレーネ・ワハトマイスターとヘンリック・ワハトマイスターには、一九九六年の訪問の際に暖かいもてなしを受け、感謝の気持ちでいっぱいである。最後に、アンジェラ・カターンズ、ロス・エドワーズとヘレン・エドワーズ、マルク・ハートレーとラウラ・ハートレー、ジャン・ラーシー、ジェームズ・オログリン、ウィリアム・ライドとニナ・ライドにも、その励ましに感謝する。

図版クレジット

以下の機関・個人の方々は、該当ページの図版を快く提供してくださり、深くお礼を申し上げる。

Crawford Collection, Royal Observatory Edinburgh (pp. 37, 40, 41, 45, 114, 116, 171)
States General Manuscripts via Albert Van Helden 'The invention of the telescope' (p. 79)
Petworth Manuscripts via *Journal for the History of Astronomy* (p. 90)
Thomas Seminary, Strasbourg (p. 96)
US Naval Observatory Library (pp. 121, 124)

Dibner Collection (p. 140)
Royal Society (pp. 147, 150)
Royal Astronomical Society via Ray Wilson *Reflecting Telescope Optics I* (p. 181)
Padua Observatory (p. 185)
Royal Astronomical Society via *Journal for the History of Astronomy* (p. 189)
Anglo-Australian Observatory Library (pp. 194, 216, 231, 237, 239, 260, 268)
Physical Sciences Library, University of New South Wales (p. 207)
Tartu Observatory (p. 212)
Kensington and Chelsea Public Libraries via *Journal for the History of Astronomy* (p. 221)
Master and Fellows of Trinity College Cambridge, courtesy Ian Glass (p. 224)
David Sinden (p. 227)
Strand Magazine, 1896, courtesy Ian Glass (p. 247)
Australian National University (p. 253)
The Engineer, 1886, courtesy Ian Glass (p. 270)
Carnegie Institute of Washington (p. 281)
Australia Telescope National Facility Library (P. 303)

本書図版の著作権者に連絡をとるためには最大限の努力をした。もし漏れがあったとすれば、意図的ではなく不注意によるものである。著作権者としての権利を主張したい人は出版社へ連絡されたい。

本書の次の版では適切な修正を行なう。

用語集

アイレンズ　eye lens　複数のレンズからなる接眼鏡のうち目に一番近いレンズ。

アクロマートレンズ　achromatic lens　複数のレンズの使用によって色収差が修正されたレンズ。最も一般的なアクロマートレンズはダブレット（つまり、二枚組レンズ）である。

アポクロマート　apochromat　通常トリプレット（三枚組レンズ）の形をとり、高レベルで色収差の修正を行なった組み合わせレンズ。

イギリス式赤道儀　English equatorial　極軸がその両端で支えられ、赤緯軸が中央で横木の形をとる形の赤道儀。ドイツ式赤道儀より古い。

色収差　chromatic aberration　レンズがその表面でさまざまな色の光線を屈折するとき、色によって屈折率が異なるために像にできる色のついた輪郭。

宇宙　Universe　今までに探知することができたすべてのもので、空間、時間、物質、放射全部を含む。

X線　X-rays　波長が約〇・〇四～一〇ナノメートルの範囲の電磁放射。

凹レンズ　concave lens　中央が縁より薄いレンズ。

オーラリ　orrery　惑星の相対的な運動がギアによって模された太陽系の小型モデル。四代目コークおよびオーラリ伯爵（本名チャールズ・ボイル）にちなんで名づけられた。

オキュラー　ocular　接眼鏡（eyepiece）の古い言い方。

オランダ式望遠鏡　Dutch telescope　ガリレオ式望遠鏡の昔の言い方。

回折格子　diffraction grating　表面に細かい線が多数引かれたガラス板あるいは鏡。回折作用により光を分散し、プリズムと似た働きをする。

可視光　visible light　慣例上は、波長が三五〇〜一〇〇〇ナノメートルの電磁放射（目で感知できる範囲よりいくぶん広い）。

カセグレン式望遠鏡　Cassegrain telescope　カセグレンによって公表された（しかしおそらくグレゴリーによって発明された）反射望遠鏡の形式。凹型の放物面鏡を、凸型双曲面の副鏡および接眼鏡と組み合わせて使用する。

架台（望遠鏡の）　mounting（of a telescope）　望遠鏡の鏡筒を支えてさまざまな方向に向けるようにする構造物。

カタディオプトリック　catadioprtic　光の反射と屈折の両方に関係すること、もしくはそれらを両方使用すること。

ガリレオ式望遠鏡　Galilean telescope　凸レンズと凹レンズの単純な組み合わせからなり、遠景を拡大した像を正立させるための光学的部品を何も必要としない望遠鏡。

ガンマ線　gamma rays　波長が〇・〇四ナノメートルより小さい電磁放射。

吸収線　absorption lines　恒星のスペクトルに現われる暗い線。恒星大気のガスがある特定波長の光（色）を吸収することで生じ、そこから恒星に関する詳細な情報が得られる。

球状星団　globular cluster　非常に古い恒星が球形、あるいは球形に近い形に集まった集団。今日では、銀河（私たちの銀河系も含まれる）周辺に多数存在することが知られている。

球面収差　spherical aberration　鏡あるいはレンズの表面が球面の一部であることによって生じる像のぼけ。

鏡筒　tube (of a telescope)　もとは、望遠鏡の光学部品をいっしょに保持し、また、外部からの光が入るのを避けるために閉じた筒のこと。今日の望遠鏡では、光学部品を支える開放式構造を指す。

銀河　galaxy　恒星、ガス、塵からなる巨大な系で、太陽をメンバーに持つ天の川銀河がその例である。銀河は、今日では宇宙全体にわたって非常に多数存在することが知られているが、以前には星雲と区別がつかなかった。

クェーサー　quasar　超大質量ブラックホールからエネルギーを得て明るく輝く若い銀河での核。

屈折　refraction　光がある透明な媒体から別の透明な媒体へと進行するとき（空気からガラスなど）に進行方向が変わること。

屈折系　dioptric　光の屈折に関係すること、もしくは光の屈折を使用すること。

屈折望遠鏡　refracting telescope or refractor　主要な集光部品がガラスの凸レンズか凹レンズの組み合わせである望遠鏡。

クラウンガラス　crown glass　以前にブロー・アンド・スピン法で生産されたことから名付けられた一般的なガラス。

グレゴリー式望遠鏡　Gregorian telescope　グレゴリーの設計した型の反射望遠鏡。凹型の放物面鏡を凹型の楕円面の副鏡および接眼と組み合わせてある。

経緯台　altazimuth　垂直軸（方位角方向）まわりにも水平軸（高度方向）まわりにも動かせる架台。測量従事者の使用するセオドライトと同じように、望遠鏡を天空のどこにでも向けられる。赤道儀とは異なり、恒星の追尾には両軸を動かす必要がある。

ケプラー式望遠鏡、天体望遠鏡または倒立望遠鏡　Keplerian, astronomical or inverting telescope　二枚の凸レンズ（あるいはレンズのグループ）を組み合わせ、それらが遠くの物体の拡大した倒立像を作り出す望遠鏡。

光学的収差　optical aberration　レンズもしくは鏡による光学系に生じる像の欠陥で、ボケや正しくない色などが発生する。例として、球面収差、色収差、コマ収差などがあげられる。

光学望遠鏡　optical telescope　可視光を利用するように設計された望遠鏡。

口径　aperture　望遠鏡の集光部分の直径で、通常、反射望遠鏡では反射鏡の、屈折望遠鏡では対物レンズの直径である。

広視野、広角　wide-field or wide-angle　広い視野を持つこと。

恒星分光学　stellar spectroscopy　恒星のスペクトルに関する研究分野。

高度　altitude　水平方向から上に向けて測った角度による天体の高さ（水平線の〇度から天頂の九〇度までの範囲にわたる）。

光年　light-year　光が一年間に進む距離で、約九兆五〇〇〇億キロメートルである。

コマ　coma　視野の中心から離れている星の像に生ずる欠陥。これによって、星が短い尾を持つ彗星のように見える。

シーイング　seeing　大気のゆらぎによってぼかされた星像の直径。〔定量的には〕秒角単位で測られる。

紫外線　ultraviolet rays　波長が約一〇〜三五〇ナノメートルの範囲の電磁放射。

視野　field of view　光学機器を通した場合に見える円形の領域の角直径で、通常度単位で表わされる。

視野レンズ　field lens　いくつものレンズからなる接眼鏡の中で視野を広げるために使われるレンズ。

集光レンズ　burning glass　太陽光を利用して熱し、あるいは点火するために使われるレンズもしくは鏡。単独でも組み合わせでも使われる。

重力レンズ　gravitational lens　銀河や銀河団のような大質量天体によって生み出される空間のゆがみ。広範囲にわたり天然の大まかなレンズのような作用をする。

主鏡　primary mirror　反射望遠鏡で集光用に使われる主要な鏡。

主鏡セル　mirror cell　望遠鏡の主鏡を支えるための構造物。

照準筒　sighting tube　望遠鏡に似た空の筒で、天体の輝きを減少させたり視線をはっきりさせるために使用する。

焦点　focal point　レンズあるいは鏡が遠くの物体の像を作る位置。

焦点距離　focal length　レンズあるいは鏡からその焦点までの距離。

スパイグラス　spyglass　もとは、小型のガリレオ式望遠鏡を意味した言葉。今日では一般的に地上望遠鏡のことをいう。

スペキュラム　speculum　反射望遠鏡の反射鏡を意味する古い言葉。

スペキュラム金属　speculum metal　銅、錫その他の物質による合金。以前は反射鏡材に用いられた。

スペクトル　spectrum（pl. spectra）　天体あるいは他の光源からくる光が異なる波長に対して虹色に広がったもの。光が含んでいる物理的情報を明らかにできる。

星雲　nebula　霧のようで形がはっきりしない天体。もとはこのような天体をすべて指したが、今日ではガスやチリの雲の天体に特定して使われる。

星表　star catalogue　恒星の位置と明るさなどを詳細にリストしたもの。

正立レンズ　erecting lens　ケプラー式望遠鏡で、像を反転させて正立させるために、対物レンズと接眼レンズの間に置いた凸レンズ（あるいはレンズの組み合わせ）。

赤緯　declination　地上の緯度と同様に表わした天球上の緯度。すなわち、天の赤道からの隔たりの角度。

赤外線　infrared　波長が一〇〇〇ナノメートル〜〇・三五ミリメートルの範囲の電磁放射。

赤道儀式架台　equatorial mounting　望遠鏡を地軸と平行な極軸（天の極を指すためにこう呼ばれる）まわりに動かせるようにした架台。極軸と直角の二番目の軸（赤緯軸）を使って望遠鏡を天空のどこへでも向けることができる。いったん見つけた天体を追尾するには、望遠鏡を極軸のまわりに動かすだけでよい。

接眼鏡　eyepiece　レンズ、あるいはその組み合わせで、目の近くに置かれ、対物レンズ（鏡）によって作られた遠景の像を拡大するために使われる。

双眼鏡（の）　binocular　形容詞の場合は「二つの目の」という意味。名詞の場合は、一九世紀の「双眼で視野を見る眼鏡」の略称。今日の英文では、普通複数形で、プリズム型双眼鏡を意味する。

双曲面　hyperboloid　双曲線をその軸まわりに一回転させてできる曲面。この形の一部から作った凸面鏡は、放物面鏡と組み合わせてカセグレン式望遠鏡を構成する。

測地学　geodesy　地球の形と大きさを研究する学問分野。

大気のゆらぎ　atmospheric turbulence　空気の流れの中に生じる無秩序な動き。

対物レンズ（鏡）　objective　望遠鏡における主要な集光部品であるレンズもしくは鏡。遠くの物体の像を作る。

楕円面　ellipsoid　楕円をその長軸まわりに一回転させてできる曲面。楕円面の一部で作った凹面鏡は、放物面鏡と組み合わせてグレゴリー式望遠鏡を構成する。

ダブレット　doublet　二枚のレンズが近くに置かれているか接触している形式のアクロマートレンズ。

単一鏡　monolithic mirror　一枚のガラスから作った望遠鏡の反射鏡。

地上望遠鏡　terrestrial telescope　正立像を作る望遠鏡。この言葉は通常、単純なガリレオ式望遠鏡を意味するのではなく、正立レンズを追加したケプラー式望遠鏡を指す。

中性子星　neutron star　直径が数キロメートルの非常に高密度の恒星。中性子の圧力のみでブラックホールへの崩壊を免れている。

超新星　supernova　大質量の恒星がその生涯の終わりに起こした劇的な大爆発。

天球　celestial sphere　観測者を中心とした仮想上の球。その球面に天空のすべての天体が投影されるように見たてられる。

電磁放射　electromagnetic radiation　電場と磁場が互いに直角に振動しあうことで生じ、光速で空間を進むエネルギーの流れ。

天体望遠鏡　astronomical telescope　古くは、ケプラー式望遠鏡の別名だったが、今日では天文学に使用するすべての望遠鏡を指す。

天頂　zenith　まっすぐ頭上の天球上の点。

天の極　celestial pole　天球全体がそのまわりを回転しているように見える天空上の点。その高度は観測者のいる緯度に等しい。

電波　radio waves　波長が一〇ミリメートルより長い電磁放射。

ドイツ式赤道儀　German equatorial　赤道儀の一形態。極軸と赤緯軸とがT型になっていて、赤緯軸の片方に望遠鏡が、もう片方に釣り合いをとるための重りがある。

凸レンズ　convex lens　中央が縁より厚いレンズ。

トリプレット　triplet　三枚のレンズを近づけ、あるいは接触させて組み合わせたレンズで、通常は色収差を補正するために用いる。

ドローチューブ望遠鏡　drawtube telescope　運びやすいように分解可能にした一連の筒を使用した地上望遠鏡。通常はかなりの長さがある。

ナノメートル（nm）　nanometre　一〇〇万分の一ミリメートルのこと。

ニュートン式望遠鏡　Newtonian telescope　凹面の放物面鏡を平面の副鏡および接眼鏡と組み合わせて構成した反射望遠鏡。ニュートンが設計した。

倍率　magnification　望遠鏡を通して遠くの物体が見える大きさの、肉眼で見える大きさに対する比率。

反射系　catoptric　光の反射に関係すること、もしくは光の反射を使用すること。

反射望遠鏡　reflecting telescope or reflector　主要な集光部品が凹面鏡である望遠鏡。

非球面　aspheric　たとえば放物面や楕円面のように、光学面の形が球面の一部ではない曲面。

秒角　arcsecond（or second of arc）　三六〇〇分の一度の角度。

副鏡　secondary mirror　反射望遠鏡において、主鏡からくる光をそらせたり、再度焦点を結ばせたりするために使用される鏡。

フラウンホーファー線　Fraunhofer lines　太陽光スペクトル中に見られる吸収線。

ブラックホール　black hole　非常に高密度のため、何物も、光ですらその引力から逃れることのできない天体。

フリントガラス　flint glass　普通のクラウンガラスとは非常に異なった光学特性を持つ、高密度で明るく輝くガラス。

分解能　resolution　望遠鏡が細部を明らかにできる詳細さの程度。

分割複合鏡　segmented mirror　たくさんの六角形の鏡を集めて作った望遠鏡の反射鏡。おのおのの鏡は独立してコンピューターで制御され、統合されるので、全体で一枚の鏡のような働きをする。

分光器　spectrograph　天体のスペクトルを記録するために使用される機器。

ホイヘンス〔ハイゲン〕**式接眼鏡**　Huygens eyepiece　二枚の凸レンズ（視野レンズとアイレンズ）を特殊な形に組み合わせた接眼鏡で、光学機器の視野と像質を改善する。その焦点は二枚のレンズの間にある。

方位　azimuth　天体の方向を北から東まわりで測った角度。

放物面　paraboloid　球面収差を生じさせずに遠くの天体の像を作ることができる鏡面の形。数学的には、放物線をその軸まわりに回転させて作ることができる。

補償光学　adaptive optics　良くないシーイングによってぼやけた像を修正し、失われている詳細な情報を回復しようとする望遠鏡の補助装置。

補助観測装置（望遠鏡の光学系以外の）instrumentation　望遠鏡に付けて、天体からの光や放射を計測し、分析する機器。

マイクロメーター（接眼マイクロメーター）micrometer（or eyepiece micrometer）望遠鏡を使って小さい角度（たとえば惑星の直径や二重星の離れる距離）を計測するのに使う、可動式の糸のある装置。

ミリ波（マイクロウェーブ）millimetre waves（microwaves）波長が一〜三〇ミリメートルの範囲の電磁放射。

無定位　astatic　荷重とバランスをとるためにピボット型の重りを使用する鏡の支え方。

ラムスデン式接眼鏡　Ramsden eyepiece　二枚の凸レンズ（視野レンズとアイレンズ）をある特定の形に組み合わせ、光学機器の視野と像質を改善させる接眼鏡。その焦点は二枚のレンズの外側にある。

世界の巨大望遠鏡

以下は、二〇〇四年現在で稼働中、もしくは近日稼働予定の地上に設置された光学望遠鏡（可視光および赤外線望遠鏡のうち、最も巨大な望遠鏡のリストである。

口径三・六メートル以上の反射望遠鏡

VLT（Very Large Telescope）八・二メートルの薄い単一鏡四枚（組み合わせると実質一六・四メートル）。チリのセロパラナル（標高二六三五メートル）に建造、一九九八〜二〇〇一年に完成し、それぞれが「太陽」、「月」、「南十字星」、「金星」（Antu, Kueyen, Melipal and Yepun）と命名された。ヨーロッパ南天天文台が運営。

ケック望遠鏡（Keck Telescopes I, II）九・八メートルの分割複合鏡二枚（組み合わせると実質一三・九メートル）。ハワイのマウナケア（標高四一四五メートル）に建造、一九九一年、一九九六年に完成。W・M・ケック天文台（カリフォルニア大学、カリフォルニア工科大学、NASA）が運営。

大双眼望遠鏡（Large Binocular Telescope, LBT）八・四メートルの回転鋳造の単一鏡二枚（組み合わせると実質一一・九メートル）。アリゾナ州グラハム山（標高三二六〇メートル）に建造、二〇〇五年に稼働予定〔実際には二〇〇七年から稼働〕。アリゾナ大学、アルチェトリ天文台（イタリア）、その他のアメリカやドイツの機関による共同運営。

カナリア大望遠鏡（Gran Telescopio Canarias, GTC）一〇・四メートルの分割複合鏡。カナリー諸島ラパルマ島のローケデロスムチャーチョス（標高二四〇〇メートル）に二〇〇四年に建造予定〔二〇〇七年から観測を開始している〕。スペインのカナリア天体物理研究所とその他の機関による共同運営。

ホビー-エバリー望遠鏡（Hobby-Eberly Telescope, HET）有効口径九・一メートルの分割複合鏡。テキサス州フォーク山（標高二〇二五メートル）に一九九七年に完成。アメリカとドイツの大学による共同運営。

南アフリカ大型望遠鏡（Southern African Large Telescope, SALT）有効口径九・一メートルの分割複合鏡。南アフリカ、サザーランド（標高一七九八メートル）に二〇〇四年完成予定〔実際には二〇〇五年から稼働した〕。南アフリカ、ポーランド、ニュージーランド、アメリカの大学による共同運営。

すばる望遠鏡（Subaru）八・二メートルの薄い単一鏡。ハワイのマウナケア（標高四一三九メートル）に一九九九年完成。日本の国立天文台が運営。

ジェミニ北望遠鏡（Gemini North Telescope）八・一メートルの薄い単一鏡。ハワイのマウナケア（標高四二一四メートル）に一九九九年完成。アメリカ、イギリス、カナダ、オーストラリア、アルゼンチン、ブラジル、チリが協力するジェミニ天文台が運営。

ジェミニ南望遠鏡（Gemini South Telescope）八・一メートルの薄い単一鏡。チリのセロパチョン（標高二七一五メートル）に二〇〇二年完成。アメリカ、イギリス、カナダ、オーストラリア、アルゼンチン、ブラジル、チリが協力するジェミニ天文台が運営。

MMT天文台（MMT Observatory）　六・五メートルの回転鋳造による単一鏡。一九七九年、アリゾナ州ホプキンス山（標高二〇〇六メートル）に複合鏡望遠鏡として建造されたものを改造し、二〇〇〇年に完成。スミソニアン協会とアリゾナ大学による共同運営。

マゼラン望遠鏡（Magellan Ⅰ, Ⅱ）　六・五メートルの回転鋳造による単一鏡二枚。チリのラスカンパナス（標高二三〇〇メートル）に二〇〇〇年、二〇〇二年に完成し、バーデ望遠鏡、クレー望遠鏡と名づけられた。カーネギー協会、ハーヴァード大学、ミシガン大学、アリゾナ大学、マサチューセッツ工科大学による共同運営。

大経緯台望遠鏡（Bolshoi Telescope Azimutal'ny, BTA）　六・〇メートルの巨大単一鏡。ロシアのパシュトゥーコフ山（標高二一〇〇メートル）に、一九七六年に完成。ロシア科学アカデミーの特別天体物理天文台が運営。

巨大天頂望遠鏡（Large Zenith Telescope, LZT）　回転する水銀盤から作られる六・〇メートルの液体鏡。カナダ・ブリティッシュコロンビア州メープルリッジ（標高三九五メートル）に二〇〇一年完成。ブリティッシュコロンビア大学、ラバル大学、パリ天体物理研究所が運営。

ヘール望遠鏡（Hale Telescope）　五・一メートルの巨大単一鏡。カリフォルニア州パロマー山（標高一七〇六メートル）に一九四八年完成。カリフォルニア工科大学が運営する。

ウィリアム・ハーシェル望遠鏡（William Herschel Telescope）　四・二メートルの巨大単一鏡。カナリー諸島ラパルマ島のロークデロスムチャーチョス（標高二三三二メートル）に一九八七年完成。イギリス、オランダ、スペインが協力するアイザック・ニュートン望遠鏡グループが運営。

SOAR望遠鏡（SOAR Telescope）　四・二メートルの薄い単一鏡。チリのセロパチョン（標高二七〇一メートル）に二〇〇二年完成。ブラジル、アメリカ国立光学天文台、アメリカの大学の協力による天体物理研究南天文台が運営。

ヴィクター・M・ブランコ望遠鏡（Victor M. Blanco Telescope）四・〇メートルの巨大単一鏡。チリのセロトロロ（標高二二一五メートル）に一九七六年完成。アメリカ国立科学財団と天文学研究大学連合が出資するセロトロロ汎アメリカ天文台が運営。

ニコラス・U・メイヨール望遠鏡（Nicholas U. Mayall Telescope）四・〇メートルの巨大単一鏡。アリゾナ州キットピーク（標高二一二〇メートル）に一九七三年完成し、キットピーク国立天文台が運営。

アングロオーストラリア望遠鏡（Anglo-Australian Telescope）三・九メートルの巨大単一鏡。オーストラリア・サイディングスプリング山（標高一一五〇メートル）に一九七四年完成。アングロオーストラリア天文台が運営。

イギリス赤外線望遠鏡（United Kingdom Infrared Telescope）三・八メートルの単一鏡。ハワイ・マウナケア（標高四一九四メートル）に一九七九年完成。イギリス、カナダ、オランダの協力による共同天文学センター運営。

高度電気光学系望遠鏡（Advanced Electro-Optical System Telescope）三・六メートルの薄い単一鏡。ハワイ・ハレアカラ（標高三〇五八メートル）に二〇〇〇年完成。アメリカ空軍研究所が運営。

カナダ-フランス-ハワイ望遠鏡（Canada-France-Hawaii Telescope）三・六メートルの巨大単一鏡。ハワイ・マウナケア（標高四二〇〇メートル）に一九七九年完成。カナダ-フランス-ハワイ望遠鏡協会が運営。

国立ガリレオ望遠鏡（Telescopio Nazionale Galileo）三・六メートルの単一鏡。カナリー諸島ラパルマ島・ローケデロスムチャーチョス（標高二三七〇メートル）に一九九七年完成。イタリアの天文学・天体物理学研究のためのガリレオ・ガリレイ国立共同センターが運営。

ESO三・六メートル望遠鏡（ESO 3.6-m Telescope）三・六メートルの単一鏡。チリ・ラシーヤ（標高二三八七メートル）に一九七六年完成。ヨーロッパ南天天文台が運営。

口径七〇センチ以上の屈折望遠鏡

ヤーキス四〇インチ屈折望遠鏡（Yerkes 40-inch Refractor）口径一〇二センチ対物レンズ。ウィスコンシン州ウィリアムズベイ（標高三三四メートル）に一八九七年完成。シカゴ大学が運営する。

リック三六インチ屈折望遠鏡（Lick 36-inch Refractor）口径九一センチ対物レンズ。カリフォルニア州ハミルトン山（標高一二八〇メートル）に一八八八年完成。リック天文台、カリフォルニア大学が運営。

ムードン三三インチ望遠鏡（Meudon 33-inch, Grande Lunette）口径八三センチ対物レンズ。フランス・ムードン（標高一六二メートル）に一八八九年完成。パリ天文台が運営。

ポツダム屈折望遠鏡（Potsdam Refractor）口径八〇センチ対物レンズ。ドイツ・ポツダム（標高一〇七メートル）に一八九九年完成。ポツダム天体物理協会が運営。

ソー屈折望遠鏡（Thaw Refractor）口径七六センチ対物レンズ。フィラデルフィアのピッツバーグ（標高三八〇メートル）に一九一二年完成。ピッツバーグ大学アレゲニー天文台が運営。

ビシュホーフスハイム望遠鏡（Lunette Bischoffscheim）口径七四センチ対物レンズ。フランス・

グロー山（標高三七二メートル）に一八八六年完成。コートダジュール天文台が運営。

グリニッジ二八インチ屈折望遠鏡（Greenwich 28-inch Refractor） 口径七一センチ対物レンズ。イギリス・グリニッジ（標高四七メートル）に一八九三年完成。王立グリニッジ天文台が運営する。

口径一・〇〇メートル以上のシュミット望遠鏡

LAMOST（Large-Area Multi-Object Survey Telescope） 五・七〇×四・四〇メートルの分割複合反射補正板が、六・七〇×六・〇〇メートルの分割球面鏡に付属する。中国・興隆（Xinglong、標高九六〇メートル）に二〇〇六年完成予定〔二〇〇八年完成〕。北京天文台が運営。

タウテンブルク・シュミット望遠鏡（Tautenburg Schmidt Telescope） 口径一・三四メートルの補正板が二・〇〇メートルの球面鏡に付属する。ドイツ・タウテンブルク（標高三三一メートル）に一九六〇年完成。カール・シュワルツシルト天文台が運営。

オースチン・シュミット望遠鏡（Oschin（Palomar）Schmidt Telescope） 口径一・二四メートルのアクロマート補正板が、一・八三メートルの球面鏡に付属する。カリフォルニア州パロマー山（標高一七〇六メートル）に一九四八年完成。カリフォルニア工科大学が運営。

イギリス・シュミット望遠鏡（United Kingdom Schmidt Telescope） 口径一・二四メートルのアクロマート補正板が一・八三メートルの球面鏡に付属する。オーストラリア・サイディングスプリング山（標高一一四五メートル）に、一九七三年完成。アングロオーストラリア天文台が運営する。

木曽シュミット望遠鏡（Kiso Schmidt Telescope） 口径一・〇五メートルの補正板が一・五〇メートルの球面鏡に付属する。木曽（長野県木曽郡木曽町、標高一一三〇メートル）に一九七六年完成し、東京大学が運営する。

ESOシュミット望遠鏡（ESO Schmidt Telescope）　口径一・〇〇メートルのアクロマート補正板が一・六二メートルの球面鏡に付属する。チリ・ラシーヤ（標高二三一八メートル）に一九七二年完成。ヨーロッパ南天天文台が運営する。

ラーノデルハト・シュミット望遠鏡（Llano del Hato Schmidt Telescope）　口径一・〇〇メートルの補正板が一・五二メートルの球面鏡に付属する。ベネズエラ・メリダ（標高三六一〇メートル）に一九七八年完成。ベネズエラのF・J・デュアルテ・センター（Centro F.J. Duarte）が運営する。

ビュラカン・シュミット望遠鏡（Byurakan Schmidt Telescope）　口径一・〇〇メートルの補正板が一・五〇メートルの球面鏡に付属する。アルメニア・アラガッ山（標高一四五〇メートル）に一九六一年完成。ビュラカン天体物理観測所が運営する。

クビスタベリ・シュミット望遠鏡（Kvistaberg Schmidt Telescope）　口径一・〇〇メートルの補正板が、一・三五メートルの球面鏡に付属する。スウェーデン・クビスタベリ（標高三三メートル）に一九六三年完成。ウプサラ大学ウプサラ天文台が運営する。

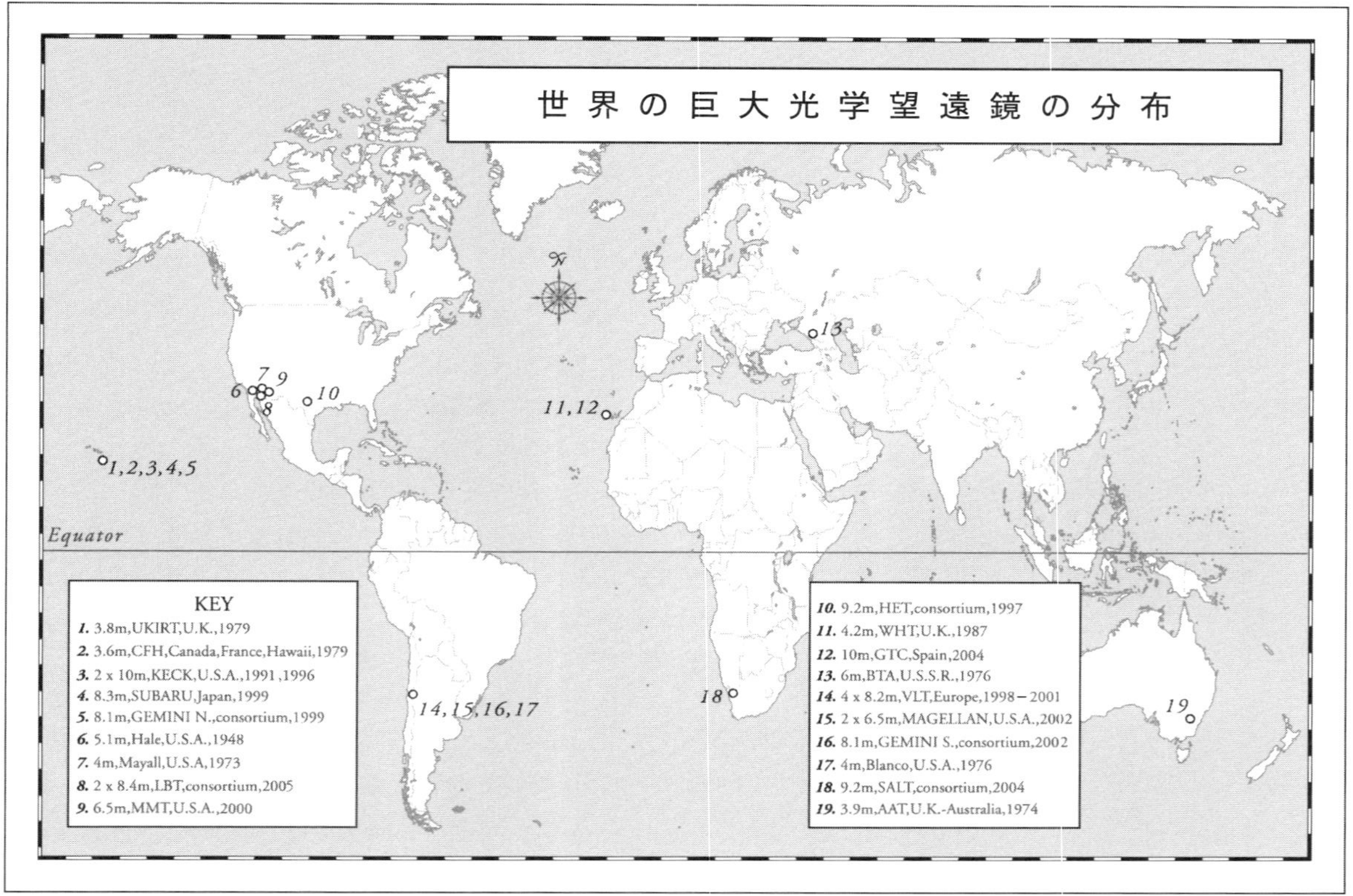
世界の巨大光学望遠鏡の分布
Equator
1,2,3,4,5
6
7
8
9
10
11,12
13
14,15,16,17
18
19
KEY
1. 3.8m,UKIRT,U.K.,1979
2. 3.6m,CFH,Canada,France,Hawaii,1979
3. 2 x 10m,KECK,U.S.A.,1991,1996
4. 8.3m,SUBARU,Japan,1999
5. 8.1m,GEMINI N.,consortium,1999
6. 5.1m,Hale,U.S.A.,1948
7. 4m,Mayall,U.S.A,1973
8. 2 x 8.4m,LBT,consortium,2005
9. 6.5m,MMT,U.S.A.,2000
10. 9.2m,HET,consortium,1997
11. 4.2m,WHT,U.K.,1987
12. 10m,GTC,Spain,2004
13. 6m,BTA,U.S.S.R.,1976
14. 4 x 8.2m,VLT,Europe,1998－2001
15. 2 x 6.5m,MAGELLAN,U.S.A.,2002
16. 8.1m,GEMINI S.,consortium,2002
17. 4m,Blanco,U.S.A.,1976
18. 9.2m,SALT,consortium,2004
19. 3.9m,AAT,U.K.-Australia,1974

訳者あとがき

本書は、望遠鏡の進歩、発達の歴史を描き出した本である。ここには、四〇〇年前に初めて出現したおもちゃのような望遠鏡が、どのようにして口径一〇メートルにも達し、はるか遠く宇宙の奥底まで見通す現代の巨大望遠鏡に進化したかが述べられ、それに関わった数多くの人々の物語が書かれている。できるだけ遠くの対象を、少しでもはっきり見たいという彼らの情熱、執念がなければ、ここまで望遠鏡が進歩することはなかったろう。望遠鏡のこの発達に、生身の人間がどのように関わったか、それが本書に明らかである。

「望遠鏡」というと、一般の多くの人にはほとんど縁のないものと思われるかもしれない。しかし、望遠鏡に相当するものは身のまわりにたくさん存在する。旅行に、観劇にと持ち歩くオペラグラスも望遠鏡である。バードウォッチングで使うフィールドスコープも、カメラに付ける望遠レンズも望遠鏡である。しかしそれらの中で、「天体望遠鏡」という言葉に私は特別の感慨がある。それは、みみっちいものではあるが、天体望遠鏡に関してささやかな、苦い思い出があるからである。個人的な話なので、ここに書くのにいささかのためらいはあるが、お許しを願って述べてみることにしよう。

私の父は旧日本陸軍の職業軍人であった。技術畑に属していたので、戦争の第一線に駆り出されることはなく、太平洋戦争終結の半年くらい前に退役となった。小学生時代、私にとって、この父は怖い存在であった。やさしい父親というイメージはまったくなかった。それは、何かにつけて叱られたからである。その上、私が思いついて何か目新しいことをしようとすると、確実に反対された。その結果、何をするにも私は、父の目につかないよう、父に知られることのないよう、ひそかに行なうようになった。

あるとき、私は天体望遠鏡を作るキットを手に入れた。小学五、六年の頃で、模型店で買ったように記憶している。キットといっても、対物レンズ（口径四センチくらい）と接眼レンズのそれぞれひとつだけ、どちらも単レンズで、簡単な組み立ての説明書がついていた。私はそのレンズをボール紙の筒にはめ込み、望遠鏡を組み立てた。架台はなく、手持ちである。遠くの景色を見ると、倒立像ではあるが、それなりに拡大された像が見えた。そこで、その望遠鏡を空に向けた。最初の対象はもちろん月である。すると、月面にクレーターが見えた。少なくとも、見えたような気がした。いま考えると、この望遠鏡はせいぜい四、五倍に過ぎなかったと思われ、本当にクレーターが見えたかどうかは疑わしい。

それはともかく、何か見えるような気がして、私は勢いづいた。何とかもっとよく見えるようにしたい。そこで私は、今でも大勢の人が落ち込む誤りに落ち込んだ。それは、倍率を上げさえすればもっとよく見えるはずだと考えたことである。望遠鏡の倍率が対物レンズと接眼レンズの焦点距離の比であることは知っていた。それなら、倍率を上げるには、もっと焦点距離の長い対物レンズを手に入れればよい。何かうまいレンズはないか。

そこで思いついたのは、父の老眼鏡であった。どういうわけか、父はレンズや眼鏡に異常な興味を持ち、たくさんの眼鏡を持っていた。ひそかに調べると、もう使っていないと思われる、度のごく弱い老眼鏡があった。当時の眼鏡レンズは円形だったので、望遠鏡を作るのには都合がよかった。焦点距離を測ってみると、それまでの対物レンズよりかなり長そうであった。

「父に見つかったら、どんなに叱られるか」という危惧はあったが、私はその老眼鏡を持ち出し、苦心して枠からレンズをはずし、それまでの対物レンズに代え、そのレンズを使って私は望遠鏡を組み立てた。そして、勢い込んでそれを月に向けた。しかし、期待は裏切られた。見えたものは、周辺に虹の色をにじませて、ぼんやりとした月の姿であった。ドローチューブをいくら出し入れしても、きれいな月は見えず、私は落胆した。このときの虹の色が色収差によるものであることを知ったのは、何年も後になってからである。そのあとしばらく、私の行為がいつ父に発見され叱られるかとびくびくしていたが、結局、叱られることはなかった。気付かれなかったのか、気付いても何も言わなかったのか、今となってはわからない。

戦後、私の一家は、開拓農家として栃木県へ移り住んだ。私が中学一年を終わったときである。六人もの子を抱え、軍人恩給を打ち切られた父にとって、それしか一家を支えていく手段はなかったのだろう。一五年後に父が亡くなったとき、後におびただしい数の眼鏡が残されていた。どうしようかと考えた後、私は、裏山に穴を掘ってその眼鏡をみんな埋め、そこに「眼鏡塚」と書いた木標を立てた。

自作望遠鏡の改良は失敗に終わったが、やはり私は天体望遠鏡が欲しかった。せめて口径一〇センチくらいの望遠鏡を持ち、さまざまの天体を見たい。その夢を私は永いこと持ち続けた。その後、私は大学で天文学を専攻し、大学院へ進学した。しかし、貧しい学生だった私に、望遠鏡を手にいれる余裕はまったくなかった。

一九六三年、東京天文台（現国立天文台）の岡山天体物理観測所へ観測にいくチャンスが私に訪れた。そこには一九六〇年に完成したばかりの、口径一八八センチの、当時日本最大の反射望遠鏡があった。この望遠鏡は、本書の著者フレッド・ワトソンも一時在籍したグラブ・パーソンズ社製である。観測するのは東京天文台のT氏であり、私はその手伝いに過ぎなかったが、それまで本物の天体望遠鏡に触ったことのなかった私は、内心大いに興奮し、期待を持った。

その観測の最初の夜のことは忘れられない。七月二〇日のことである。回帰する彗星を検出すべくあちこちに望遠鏡を向けていたT氏は、雲が出たこともあって、観測の合間に一八八センチ鏡を土星に向けてくれた。土星は「やぎ座」にあった。幸いなことに、その夜はシーイングに非常に恵まれていた。焦点距離一〇メートルの望遠鏡のニュートン直焦点にできた土星の実像。私はそのとき、生まれて初めて望遠鏡を通して土星を見、その環を見たのだった。衛星も三個ほど見えていた。ルーペで拡大してそれを眺め、「なんてきれいなんだろう」と感嘆する一方、たった二、三ミリにすぎないその姿に、「日本最大の望遠鏡で見てもたったこれだけか」という、ちょっとがっかりした気持ちもあった。

その後、私は何回か岡山を訪れ、一八八センチ鏡を使う機会があった。いずれも手伝いであったが、ニュートン焦点の高い観測台に登り、自分で写真を撮るのを許されたこともあった。ただ、最初ほどシーイングの良い夜は一度もなかった。そして、ふと気付いたら、「自分で望遠鏡を持ちたい」という思いは、いつしか、まったくなくなっていた。

一八八センチの望遠鏡で観測するチャンスは、一般の人にそうあることではない。だが、大きな望遠鏡に接する経験は、人間を内面から変えるような気がする。そう思うのは私だけだろうか。その後、ほぼそれに匹敵する口径の反射望遠鏡は日本にも何基か建設され、国立天文台はハワイに口径八・二メートルの望遠鏡「すばる」を持つようになった。それらに触れた人もかなり増えたはずである。子供の頃、「日本最大の望遠鏡は東京天文台の六五センチ屈折望遠鏡」と聞かされていた時代から、日本の状況は大きく変わった。そして、目を転じると、世界の状況はさらに大きく変わりつつある。書の第1章や、末尾に添えた「世界の巨大望遠鏡」の一覧を見ると、その思いはいっそう強まる。

本書（*Stargazer: The Life and Times of the Telescope*, Allen & Unwin, 2004）の著者であるフレッド・ワトソンは、二〇〇九年現在、オーストラリア、ニューサウスウェールズ州にある、アングロオーストラリア天文台に勤務する天文学者である。彼の主要な研究分野は、恒星や銀河の運動に関するもので、多数の恒星の視線速度を測定するプロジェクト、RAVE（Radial Velocity survey of a million stars）計画の責任者でもある。また、彼は新しい観測機器の開発にも大きな力を注ぎ、多数の天体を同時に観測するために光ファイバーを利用する方法の開発、推進にも力を尽くした。これは、恒星、銀河の統計的研究に新時代を画した方法であった。

しかし、フレッドはオーストラリア生まれではない。一部は本書で述べられているように、イギリス、ヨークシャー州、ブラッドフォードに生まれ、スコットランドのセントアンドルーズ大学に学び、エディンバラ大学で学位を取っている。その後しばらくグラブ・パーソンズ社で働いた。このとき、あちこちの天文台を訪れて大望遠鏡に触れる機会をもち、天文学、望遠鏡に関心を深めたと思われる。

フレッドはむずかしいことを平易に解説する独特の才能によって、科学を一般大衆に身近なものにしている。たとえば、オーストラリアのABCラジオ局にはレギュラー・ゲストとして定期的な放送時間帯をもち、天文学のさまざまな話題を述べ、解説をしている。一方、数多くテレビにも出演し、宇宙についての話をしている。さらに、いくつかの一般向け著書を通じて、科学的な話題を解りやすく説明している。本書もそのひとつであるが、他にも『なぜ天王星はひっくりかえっているのか』(*Why is Uranus Upside Down?*)などの著書がある。そして、科学を一般に普及させた功績により、二〇〇三年にデヴィッド・アレン賞(David Allen Prize)、二〇〇六年にエウレカ賞(Eureka Prize)を受賞している。本書によって、日本の読者も、彼のその才能の一端を感じ取ることができるだろう。

本書は、永山淳子と私(長沢)の二人で翻訳を行なった。まず、永山が全体の訳文を作り、それを天文学、物理学の専門の立場から私が見直して、必要と思われる修正を施すのが大略の方針であった。言葉遣いや語順などにも私が一部手を加えた。しかし、訳の基本部分はほとんど永山によるものである。原文の英語は比較的平易であるが、あちこちに、素直に言えるところで表現をちょっとひねる、といった言い回しが存在するのを感じた。これがイギリス的なのだろうか。なるべく原文に沿って訳したつもりではあるが、それをどこまで表現できたかはわからない。本書を通じて、望遠鏡発展四〇〇年の歴史に触れ、読者の方々が、望遠鏡に、そして天文学、光学に関して何らかの興味を持っていただくきっかけにでもなれば、これにまさる幸いはない。

長沢　工

二〇〇九年二月六日

Zeiss, Carl, GmbH, 1996, *Anticipating the Future*, Microscopes Business Unit, Carl Zeiss, Jena.

Yearbook of Astronomy, Macmillan, London, pp.162-83.
——2001, "The enduring legacy of Bernhard Schmidt" in Sir Patrick Moore (ed.), *2002 Yearbook of Astronomy*, Macmillan, London, pp.224-42.
——2002, "Newton's telescope and the half-filled bathtub", *Anglo-Australian Observatory Newsletter*, no.100, pp.14-15.
——2003a, "Absolutely nebulous" in Sir Patrick Moore (ed.), *2004 Yearbook of Astronomy*, Macmillan, London, pp.233-44.
——2003b, "Optical spectroscopy today and tomorrow" in John Mason (ed.), *Astrophysics Update*, Springer-Praxis, Chichester, pp.185-214.
Watson, W., & Sons Ltd, c.1925, *A Catalogue of Binoculars and Telescopes* (44th edn), London.
Welther, Barbara L., 1999, "Leonardo da Vinci and the Moon", *Sky & Telescope*, vol.98, no.4, pp.40-4.
Wennberg, Arne, 1996, *Tänk, om det är så! Om Tycho Brahes instrument och vad han kunde göra med dessa*, Maxi Data HB, Landskrona.
Wesley, Walter G., 1978, "The accuracy of Tycho Brahe's instruments", *Journal for the History of Astronomy*, vol.9, pp.42-53.
West, Richard M., 1997, "Tycho and his observatory as sources of inspiration to modern astronomy" in Arne Ardeberg (ed.), *Optical Telescopes of Today and Tomorrow: Following in the Direction of Tycho Brahe, Proc. SPIE*, vol.2841, pp.774-83.
Westfall, Richard S., 1989, "The trial of Galileo: Bellarmino, Galileo and the clash of two worlds", *Journal for the History of Astronomy*, vol.20, pp.1-23.
——1991, "Victor E. Thoren (1935-1991)", *Journal for the History of Astronomy*, vol.22, pp.253-4.
White, Michael, 2000, *Leonardo: The First Scientist*, Little Brown, London.
Willach, Rolf, 2001, "The development of lens grinding and polishing techniques in the first half of the 17th century", *Bulletin of the Scientific Instrument Society*, no.68, pp.10-15.
——2002, "The Wiesel telescopes in Skokloster Castle and their historical background", *Bulletin of the Scientific Instrument Society*, no.73, pp.17-22.
Wilson, R.N., 1996, *Reflecting Telescope Optics* I, Springer, Berlin.
——1999, *Reflecting Telescope Optics II*, Springer, Berlin.
Wright, David, 1985, "Introduction" to his translation of Chaucer's *The Canterbury Tales*, Oxford.
Yapp, Nick, 2000, *The British Millennium: 1000 Remarkable Years of Incident and Achievement*, Könemann, Köln.

Thiel, Rudolf, 1958, *And There was Light: The Discovery of the Universe* (trans. Richard and Clara Winston), Andre Deutsch, London.

Thoday, A.G., 1971, *Astronomy 2: Astronomical Telescopes*, Science Museum, H.M. Stationery Office, London.

Thoren, Victor E. (with contributions by John R. Christianson), 1990, *The Lord of Uraniborg: A Biography of Tycho Brahe*, Cambridge.

Tomalin, Claire, 2002, *Samuel Pepys: The Unequalled Self*, Penguin Books, London.

Turnbull, H.W. (ed.), 1959, *The Correspondence of Isaac Newton*, Vol.1: 1661-1675, Cambridge.

Turner, A.J., 1977, "Some comments by Caroline Herschel on the use of the 40-ft telescope", *Journal for the History of Astronomy*, vol.8, pp.196-8.

——2002, "The observatory and the quadrant in eighteenth-century Europe", *Journal for the History of Astronomy*, vol.33, pp.373-85.

Van Helden, Albert, 1977a, "The development of compound eyepieces, 1640-1670", *Journal for the History of Astronomy*, vol.8, pp.26-37.

——1977b, "The invention of the telescope", *Transactions of the American Philosophical Society*, vol.67, part 4.

——1989, "Introduction" and "Conclusion" to the translation of Galileo's *Sidereus Nuncius*, Chicago.

Wachtmeister, Hélène and Wachtmeister, Henrik, c.1996, *Welcome to Knutstorp*, privately-produced leaflet.

Wailes, Rex, 1963, "James Nasmyth—artist's son" in The Institute of Mechanical Engineers, *Engineering Heritage: Highlights from the History of Mechanical Engineering*, Heinemann, London, pp.106-11.

Waller, Maureen, 2000, *1700: Scenes from London Life*, Hodder & Stoughton, London.

Warner, Brian, 1975, "A forgotten 41-inch refractor", *Sky & Telescope*, vol.50, no.6, p.370.

——1982, "The Large Southern Telescope: Cape or Melbourne?", *Quarterly Journal of the Royal Astronomical Society*, vol.23, pp.505-14.

Watson, Fred, 1995, *Binoculars, Opera Glasses and Field Glasses*, Shire Publications, Princes Risborough.

——1999a, "How Zeiss binoculars made their London début", *Zeiss Historica*, vol.21, no.2, pp.4-11.

——1999b, "Optical astronomy, the early Universe and the telescope superleague" in Patrick Moore (ed.), *2000 Yearbook of Astronomy*, Macmillan, London, pp.178-204.

——2000, "The dawn of binocular astronomy" in Patric Moore (ed.), *2001*

——1992, "James Gregory and the reflecting telescope", *Journal for the History of Astronomy*, vol.23, pp.77-92.

Sisson, George, 1989, "David Scatcherd Brown (1927-1987)", *Quarterly Journal of the Royal Astronomical Society*, vol.30, pp.279-81.

Sluiter, Engel, 1997a, "The first known telescopes carried to America, Asia and the Arctic, 1614-39", *Journal for the History of Astronomy*, vol.28, pp.141-5.

——1997b, "The telescope before Galileo", *Journal for the History of Astronomy*, vol.28, pp.223-34.

Sobel, Dava, 1999, *Galileo's Daughter*, Fourth Estate, London.

Spaight, John, Tracy, 2004, ""For the good of astronomy": the manufacture, sale and distant use of William Herschel's telescopes", *Journal for the History of Astronomy*, vol.35, pp.45-69.

Spargo, P.E., 1984, "Burning glasses", *Bulletin of the Scientific Instrument Society*, no.4, pp.7-8. (See also the erratum in *Bulletin of the Scientific Instrument Society*, no.5, p.23.)

SPIE, 2000a, *Telescope Structures, Enclosures, Controls, Assembly/ Integration/Validation and Commissioning, Proc. SPIE*, vol.4004.

——2000b, *Discoveries and Research Prospects from 8-10 Meter-Class Telescopes, Proc. SPIE*, vol.4005.

——2000c, *Adaptive Optical Systems Technology, Proc. SPIE*, vol.4007.

——2000d, *Optical and IR Telescope Instrumentation and Detectors, Proc. SPIE*, vol.4008.

Steel, Duncan, 2002, "Near-Earth objects: getting up close and personal" in Sir Patrick Moore (ed.), *2003 Yearbook of Astronomy*, Macmillan, London, pp.154-80.

Stooke, Philip, 1996, "The mirror in the Moon", *Sky & Telescope*, vol.91, no.3, pp.96-8.

Strandh, Sigvard, 1979, *Machines: An Illustrated History*, AB Nordbok, Gothenburg.

Talbot, Stuart, 1996, "Jesse Ramsden F.R.S.: his optical testament", *Bulletin of the Scientific Instrument Society*, no.50, pp.27-9.

——2002, "The astroscope by James Mann of London: the first commercial achromatic refracting telescope c.1735", *Bulletin of the Scientific Instrument Society*, no.75, pp.6-8.

Temple, Robert, 2000, *The Crystal Sun: Rediscovering a Lost Technology of the Ancient World*, Century, London.

Thackeray, A.D., 1961, *Astronomical Spectroscopy*, Eyre & Spottiswoode, London.

O'Connor, John J. and Robertson, Edmund F., *The MacTutor History of Mathematics Archive*, http://www-history.mcs.st-andrews.ac.uk/history/index.html[May 2004]

Panek, Richard, 2000, *Seeing and Believing: The Story of the Telescope, or How We Found Our Place in the Universe*, Fourth Estate, London.

Proust, Dominique, 1992, "William Herschel (1738-1822)—organ works", sleeve note for *Pièces d'orgue de William Herschel*, Disques Dom, Vincennes (DOM CD 1418).

Reid, William, 1983, "Binoculars in the Army, Part II, 1904-19" in Elizabeth Talbot Rice and Alan Guy (eds), *Army Museum* '82, National Army Museum, London, pp.15-30.

——2001, "*We're Certainly Not Afraid of Zeiss": Barr & Stroud Binoculars and the Royal Navy*, National Museums of Scotland, Edinburgh.

Riekher, Rolf, 1990, *Fernrohre und ihre Meister* (*Telescopes and Their Masters*), 2nd edn, Verlag Technik GmbH, Berlin.

Ronan, Colin A., 1991, "The origins of the reflecting telescope", *Journal of the British Astronomical Association*, vol.101, no.6, pp.335-42.

Ronan, Colin A., Turner, G.L'E., Darius, J., Rienitz, J., Howse, D. and Ringwood, S.D., 1993, "Was there an Elizabethan telescope?", *Bulletin of the Scientific Instrument Society*, no.37, pp.2-10.

Roslund, Curt, 1989, "Tycho Brahe's innovations in instrument design", *Bulletin of the Scientific Instrument Society*, no.22, pp.2-4.

Russell, H.C. (attrib.), 1892, *Description of the Star Camera, at the Sydney Observatory*, Minister for Public Instruction, Sydney.

Schilling, Govert, 2000, "Giant eyes of the future", *Sky & Telescope*, vol.100, no.2, pp.52-6.

Schmidt, Bernhard, 1931, "Ein lichtstarkes Komafreies Spiegelsystem", *Zentralzeitung für Optik und Mechanik*, vol.52, pp.25-6. (Trans. Nicholas U. Mayall, 1946, "A rapid coma-free mirror system", *Publications of the Astronomical Society of the Pacific*, vol.58, pp.285-90.)

Schmidt, Erik, 1995, *Optical illusions: The Life Story of Bernhard Schmidt, the Great Stellar Optician of the Twentieth Century*, Estonian Academy Publishers.

Schütz, Wilhelm, 1966, "Ernst Abbe: university teacher and industrial physicist" in *Carl Zeiss: 150th Anniversary of his Birthday* (supplement to *Jena Review*), pp.13-23, Carl Zeiss, Jena.

Simpson, A.D.C., 1985, "Richard Reeve—the "English Campani"—and the origins of the London telescope-making tradition", *Vistas in Astronomy*, vol.28, pp.357-65.

Office, London.
McKenna-Lawlor, Susan and Hoskin, Michael, 1984, "Correspondence of Markree Observatory", *Journal for the History of Astronomy*, vol.15, pp.64-8.
Mills, A. (attrib.), 1992, "Did an Englishman invent the telescope? Leonard Digges' "Perspective" of 1560", *Bulletin of the Scientific Instrument Society*, no.35, p.2.
——1993, "Postscript—nature got there first!", *Bulletin of the Scientific Instrument Society*, no.37, p.10.
Misch, Tony and Stone, Remington, *James Lick, the "Generous Miser": The Building of Lick Observatory*, University of California Observatories/Lick Observatory, http:/www.ucolick.org/[February 2002]
Molesini, Giuseppe, 2003, "The telescopes of seventeenth-century Italy", *Optics & Photonics News*, vol.14, no.6, pp.34-9.
Møller, Palle (ed.), 1996, *Hubble Space Telescope Cycle 7 Call for Proposals*, Space Telescope Science Institute, Baltimore.
Moore, Patrick, 1996, *The Planet Neptune: An Historical Survey Before Voyager*, 2nd edn, John Wiley, Chichester.
——1997, *Eyes on the Universe: The Story of the Telescope*, Springer, London.
Moss, Michael and Russell, Iain, 1988, *Range and Vision: The First 100 Years of Barr and Stroud*, Mainstream Publishing, Edinburgh.
Mountain, Matt, and Gillett, Fred, 1998, "The revolution in telescope aperture", *Nature*, supplement to vol.395, no.6701, pp.A23-A29.
Murdin, Paul, 1998, "The origin of cosmic gamma-ray bursts" in Patrick Moore (ed.), *1999 Yearbook of Astronomy*, Macmillan, London, pp.169-79.
Natarajan, Priyamvada, 1998, "The Universe through gravity's lens" in Peter Coles (ed.), *The Icon Critical Dictionary of the New Cosmology*, Icon Books, Cambridge, pp.99-114.
Newton, Isaac, 1730, *Opticks*, 4th edn, Dover Publications, New York (Dover edn 1979).
Nicholl, Charles, 2001, "A "mad priest of the sun" burns", *BBC History Magazine*, vol.2, no.2, pp.44-5.
Nicolson, Iain, 2001, "A Universe of darkness" in Sir Patrick Moore (ed.), *2002 Yearbook of Astronomy*, Macmillan, London, pp.243-64.
Osterbrock, Donald E., 1994, "Getting the picture: wide-field astronomical photography from Barnard to the achromatic Schmidt, 1888-1992", *Journal for the History of Astronomy*, vol.25, pp.1-14.

Kinder, Hermann and Hilgemann, Werner, 1974, *The Penguin Atlas of World History*, vol.1 (trans. Ernest Menze), Penguin Books, London.
King, Henry C., 1955, *The History of the Telescope*, Griffin, London.
Kizer, Kristin, 2000, "Viking conquest of the heavens?", *Astronomy*, vol.28, no.9, pp.32-4.
Koestler, Arthur, 1959, *The Sleepwalkers: A History of Man's Changing Vision of the Universe*, Hutchinson, London.
König, Albert and Köhler, Horst, 1959, *Die Fernrohre und Entfernungsmesser* (*Telescopes and Rangefinders*), 3rd edn, Springer, Berlin.
Labeyrie, Antoine, 1979, "Standing wave and pellicle: a possible approach to very large space telescopes", *Astronomy and Astrophysics*, vol.77, pp.L1-L2.
——1999, "Snapshots of alien worlds: the future of interferometry", *Science,* vol.285, pp.1864-5.
Lacey, Robert and Danziger, Danny, 1999, *The Year 1000: What Life was Like at the Turn of the First Millennium*, Abacus, London.
Lamont-Brown, Raymond, 1989, *The Life and Times of St Andrews*, John Donald, Edinburgh.
Learner, Richard, 1986, "The legacy of the 200-inch", *Sky & Telescope*, vol.71, no.4, pp.349-53.
Leverington, David, 1995, *A History of Astronomy from 1890 to the Present,* Springer-Verlag, London.
Ley, Willy, 1963, *Watchers of the Skies*, Sidgwick & Jackson, London.
Longhurst, R.S., 1957, *Geometrical and Physical Optics*, Longmans, Green, London.
Lynch, David K. and Livingston, William, 1995, *Color and Light in Nature*, Cambridge.
Marra, Monica, 2000, "New astronomy library in Bologna is named after Guido Horn D'Arturo: a forefather of modern telescopes", *Journal of the British Astronomical Association*, vol.110, no.2, p.88.
Martin, L.C., 1948, *Technical Optics* vol.1, Pitman, London.
Mayr, Otto et al., 1990, *The Deutsches Museum*, Scala, London.
McConnell, Anita, 1992, *Instrument Makers to the World: A History of Cooke, Troughton & Simms*, William Sessions, York.
——1994, "Astronomers at war: the viewpoint of Troughton & Simms", *Journal for the History of Astronomy*, vol.25, pp.219-35.
McCrea, W.H., 1975, *The Royal Greenwich Observatory: An Historical Review issued on the Occasion of its Tercentenary*, H.M. Stationery

Cambridge.
Hearnshaw, J.B., 1986, *The Analysis of Starlight: One Hundred and Fifty Years of Astronomical Spectroscopy*, Cambridge.
——1996, *The Measurement of Starlight: Two Centuries of Astronomical Photometry*, Cambridge.
Hetherington, Norriss S. and Brashear, Ronald S., 1992, "Walter S. Adams and the imposed settlement between Edwin Hubble and Adriaan van Maanen", *Journal for the History of Astronomy*, vol.23, pp.52-6.
Hewitt-White, Ken, 2003, "Observing Lord Rosse's spirals", *Sky & Telescope*, vol.105, no.5, pp.116-21.
Hirshfeld, Alan W., 2001, *Parallax: The Race to Measure the Cosmos*, Freeman, New York.
Hodges, Paul C., 1953, "Bernhard Schmidt and his reflector camera" in Albert G. Ingalls (ed.), *Amateur Telescope Making* (Book Three), Scientific American, pp.365-73.
Holmes, Paul, 1987, *Brahms*, Omnibus Press, London.
Hoogerdijk, Wim, et al., c.1994, *Binnenhof*, Information Centre Binnenhof, The Hague.
Hoskin, Michael, 1982, *Stellar Astronomy: Historical Studies*, Science History Publications, Chalfont St Giles.
——1989, "Astronomers at war: South v. Sheepshanks", *Journal for the History of Astronomy*, vol.20, pp.175-212.
——2002, "The Leviathan of Parsonstown: ambitions and achievements", *Journal for the History of Astronomy*, vol.33, pp.57-70.
——2003, "Herschel's 40-ft reflector: funding and functions", *Journal for the History of Astronomy*, vol.34, pp.1-32.
Hoskin, Michael, et al., 1991, "More on "South v. Sheepshanks"", *Journal for the History of Astronomy*, vol.22, pp.174-9.
Hoyle, Fred, 1962, *Astronomy*, Macdonald, London.
Hubble, Edwin P., 1925, "Cepheids in spiral nebulae", *Publication of the American Astronomical Society*, vol.5, pp.261-4.
——1929, "A relation between distance and radial velocity among extra-galactic nebulae", *Proceedings of the National Academy of Sciences*, vol.15, pp.168-73.
Humphreys, W.J., 1920, *Physics of the Air*, Franklin Institute, Philadelphia.
Hydbom, Doris, 1995, *Hven Ön i Öresund* (information leaflet), Landskrona-Vens Turistbyrå.
Károlyi, Ottó, 1965, *Introducing Music*, Penguin Books, London.

Chicago (see Van Helden 1989).
Gascoigne, S.C.B., 1996, "The Great Melbourne Telescope and other 19th-century reflectors", *Quarterly Journal of the Royal Astronomical Society,* vol.37, pp.101-28.
Gascoigne, S.C.B., Proust, K.M. and Robins, M.O., 1990, *The Creation of the Anglo-Australian Observatory*, Cambridge.
Gilmozzi, Roberto and Dierickx, Phillipe, 2000, "OWL concept study", *ESO Messenger*, no.100, pp.1-10.
Gingerich, Owen, 1979, "The basic astronomy of Stonehenge" in Kenneth Brecher and Michael Feirtag (eds), *Astronomy of the Ancients*, MIT Press, Cambridge, Mass., pp.117-32.
Gingrich, Mark, 2000, "The telescope of Leonardo's dreams" (letter), *Sky & Telescope*, vol.99, no.3, p.14.
Giscard d'Estaing, Valérie-Anne, 1985, *Inventions*, World Almanac Publications, New York.
Glass, I.S., 1997, *Victorian Telescope Makers*: *The Lives and Letters of Thomas and Howard Grubb*, Institute of Physics, Bristol.
Gleichen, Alexander, 1918, *The Theory of Modern Optical Instruments* (trans. H.H. Emsley and W. Swaine), H.M. Stationery Office, London.
Greco, Vincenzo, Molesini, Giuseppe and Quercioli, Franco, 1992, "Optical tests of Galileo's lenses", *Nature*, vol.358, p.101.
Grubb Parsons, Sir Howard, & Company, 1926, *Astronomical & Optical Instruments Catalogue*, Publication No.4, Newcastle-upon-Tyne.
——1956, *Astronomical Instruments*, Publication No.17, Newcastle-upon-Tyne.
Hale, George Ellery, 1928, "The possibilities of large telescopes", *Harper's Magazine*, vol.156, pp.639-46.
Hall, Simon (ed.), 1995, *The Hutchinson Illustrated Encyclopedia of British History*, Helicon, Oxford.
Harrison, Richard F., 1963, *Abraham Sharp, Mathematician and Astronomer, 1653-1742*, Bolling Hall Museum, Bradford.
Hart, J., van Harmelen, J., Hovey, G., Freeman, K.C., Peterson, B.A., Axelrod, T.S., Quinn, P.J., Rodgers, A.W., Allsman, R.A., Alcock, C., Bennett, D.P., Cook, K.H., Griest, K., Marshall, S.L., Pratt, M.R., Stubbs, C.W. and Sutherland, W., 1996, "The telescope system of the MACHO program", *Publications of the Astronomical Society of the Pacific*, vol.108, pp.220-2.
Haynes, Raymond, Haynes, Roslynn, Malin, David and McGee, Richard, 1996, *Explorers of the Southern Sky: A History of Australian Astronomy,*

Clarke, T.N., Morrison-Low, A.D. and Simpson, A.D.C., 1989, *Brass & Glass: Scientific Instrument Making Workshops in Scotland*, National Museums of Scotland, Edinburgh.

Clay, Roger and Dawson, Bruce, 1997, *Cosmic Bullets: High Energy Particles in Astrophysics*, Allen & Unwin, Sydney.

Danjon, André and Couder, André, 1935, *Lunettes et télescopes*, Éditions de la Revue d'Optique Théorique et Instrumentale, Paris.

Davidson, D.C., 1989, *Spectacles, Lorgnettes and Monocles*, Shire Publications, Princes Risborough.

Dawe, J.A. and Watson, F.G., 1984, "The application of optical fibre technology to Schmidt telescopes" in N. Capaccioli (ed.), *Astronomy with Schmidt-type Telescopes*, D. Reidel, Dordrecht, pp.181-4.

Débarbat, Suzanne and Launay, Françoise, 2002, "The objectives of the "Great Paris Exhibition Telescope" of 1900", *Bulletin of the Scientific Instrument Society*, no.74, pp.22-3.

Desmond, Michael and Pedretti, Carlo, 2000, *Leonardo da Vinci*: The Codex Leicester—*Notebook of a Genius*, Powerhouse Publishing, Sydney.

Dewhirst, David W. and Hoskin, Michael, 1991, "The Rosse spirals", *Journal for the History of Astronomy*, vol.22, pp.257-66.

Di Cicco, Dennis, 1986, "The journey of the 200-inch mirror", *Sky & Telescope*, vol.71, no.4, pp.347-8.

Dimitroff, George Z. and Baker, James G., 1945, *Telescopes and Accessories*, Blakiston, Philadelphia.

Dobbins, Thomas and Sheehan, William, 2000, "Beyond the Dawes limit: observing Saturn's ring divisions", *Sky & Telescope*, vol.100, no.5, pp.117-21.

Dodsworth, Roger, 1982, *Glass and Glassmaking*, Shire Publications, Princes Risborough.

Dreyer, J.L.E. and Turner, H.H. (eds), 1923, *History of the Royal Astronomical Society, 1820-1920*, Royal Astronomical Society, London (rep.1987 by Blackwell, Oxford).

ESA (European Space Agency), 1998, *The Next Generation Space Telescope: Science Drivers and Technological Challengers*, Proceedings of the 34th Liège International Astrophysics Colloquium, ESA SP-429, Noordwijk.

Frame, Tom and Faulkner, Don, 2003, *Stromlo: An Australian Observatory*, Allen & Unwin, Sydney.

Galilei, Galileo, 1610, *Sidereus Nuncius* (trans. Albert Van Helden),

Bloom, Terrie F., 1978, "Borrowed perceptions: Harriot's maps of the Moon", *Journal for the History of Astronomy*, vol.9, pp.117-22.

Brachner, Alto, et al., 1983, *G.F.Brander, 1713-1783: Wissenschaftliche Instrumente aus seiner Werkstatt*, Deutsches Museum, München.

Brenni, Paolo, 1996, "Nineteenth-century French scientific instrument makers, XI: the Brunners and Paul Gautier", *Bulletin of the Scientific Instrument Society*, no.49, pp.3-8.

Brooks, Randall C., 1989. "Methods of fabrication of fiducial lines for 17th-19th century micrometers", *Bulletin of the Scientific Instrument Society*, no.23, pp.11-14.

——1991, "The development of micrometers in the seventeenth, eighteenth and nineteenth centuries", *Journal for the History of Astronomy*, vol.22, pp.127-73.

——2001a, "Techniques of eighteenth century telescope makers—Part 1", *Bulletin of the Scientific Instrument Society*, no.69, pp.27-30.

——2001b, "Techniques of eighteenth century telescope makers—Part 2", *Bulletin of the Scientific Instrument Society*, no.70, pp.6-9.

Brück, Hermann A., 1983, *The Story of Astronomy in Edinburgh from its Beginnings until 1975*, Edinburgh University Press.

Bryden, D.J., 1972, *Scottish Scientific Instrument-Makers, 1600-1900*, Royal Scottish Museum Information Series, Edinburgh.

Burnett, J.E. and Morrison-Low, A.D., 1989, "*Vulgar and Mechanick*": *The Scientific Instrument Trade in Ireland, 1650-1921*, National Museums of Scotland, Edinburgh, and The Royal Dublin Society, Dublin.

Cant, Ronald Gordon, 1970, *The University of St Andrews*, Scottish Academic Press, Edinburgh.

Caspar, Max, 1959, *Kepler* (trans. C. Doris Hellman), Dover Publications, New York (Dover edn 1993).

Chapman, Allan, 1998, *The Victorian Amateur Astronomer: Independent Astronomical Research in Britain*, 1820-1920, Wiley-Praxis, Chichester.

——2002, "Johannes Hevelius: the last renaissance astronomer" in Patrick Moore (ed.), *2003 Yearbook of Astronomy*, Macmillan, London, pp.246-55.

Chaucer, Geoffrey, c.1387, *The Canterbury Tales* (trans. by David Wright), Oxford (see Wright 1985).

Chen, P.K., 2000, "Visions of today's giant eyes", *Sky & Telescope*, vol.100, no.2, pp.34-41.

Christianson, John R., 2000, *On Tycho's Island: Tycho Brahe and His Assistants, 1570-1601*, Cambridge.

参考文献

Acheson, David, 2002, *1089 and All That: A Journey into Mathematics,* Oxford.

Anderson, R.G.W., Burnett,J. and Gee,B., 1990, *Handlist of Scientific Instrument-Makers' Trade Catalogues, 1600-1914*, National Museums of Scotland, Edinburgh.

Anon, 1969, "Giant mirror blanks poured for Chile and Australia", *Sky & Telescope*, vol.38, pp.140-3.

Ariotti, Piero E., 1975, "Bonaventura Cavalieri, Marin Mersenne, and the reflecting telescope", *Isis*, vol.66, pp.303-21.

Baranne, André and Launay, Françoise, 1997, "Cassegrain: un célèbre inconnu de l'astronomie instrumentale", *Journal of Optics*, vol.28, pp.158-72.

Barty-King, Hugh, 1986, *Eyes Right: The Story of Dollond & Aitchison Opticians*, 1750-1985, Quiller Press, London.

Bash, Frank N., Sebring, Thomas A., Ray, Frank B. and Ramsey, Lawrence W., 1997, "The extremely large telescope: a twenty-five meter aperture for the twenty-first century" in Arne Ardeberg (ed.), *Optical Telescopes of Today and Tomorrow: Following in the Direction of Tycho Brahe, Proc. SPIE*, vol.2841, pp.576-84.

Bell, Louis, 1922, *The Telescope*, McGraw-Hill, New York.

Bennett, J.A., 1976, ""On the power of penetrating into space": the telescopes of William Herschel", *Journal for the History of Astronomy*, vol.7, pp.75-108.

——1992, "The English quadrant in Europe: instruments and the growth of consensus in practical astronomy", *Journal for the History of Astronomy,* vol.23, pp.1-14.

Birr Scientific and Heritage Foundation, *Birr Castle Demesne,* http://www.birrcastleireland.com, March 2004.

Bishop, Roy L., 1980, "Newton's telescope revealed", *Sky & Telescope,* vol.59, p.207.

Bloom, Jonathan and Blair, Sheila, 2000, *Islam: A Thousand Years of Faith and Power*, TV Books, New York.

(3) [302, 16]　King (1955, p.140)。

(4) [303, 9]　電波望遠鏡の開発は、Leverington (1995, Ch 15) に概説がある。オーストラリアにおける電波天文学の発展については、Haynes et al. (1996, Chs 8ff.) も参照。

(5) [304, 10]　Frame and Faulkner (2003, P. 108) を参照。

(6) [305, 16]　McCrea (1975, pp.51-66)。

(7) [306, 1]　Frame and Faulker (2003, p.108)。

(8) [307, 3]　ガンマ線バースターの話は、Murdin (1998) を参照。

(9) [308, 2]　原子より小さい粒子に関する天文学には、Clay and Dawson (1997) という入門書がある。

(10) [308, 18]　ホタテ貝の目とシュミット型光学製品については、Mills (1993) を参照。

(11) [309, 4]　クェーサーの発見については、Leverington (1995, pp.237-40) を参照。

(12) [310, 1]　重力レンズの初期の例は、Leverington (1995, pp.241-3) に記載されている。

(13) [310, 5]　重力レンズとアインシュタイン・リングの作用は、Natarajan (1998) に書かれている。

エピローグ

(1) [313, 5]　小惑星 2041FU は架空の天体だが、小惑星の衝突のもたらす潜在的な影響はそうではない。たとえば Steel (2002) を参照。

(2) [313, 12]　この部分は、この種の開発として起こりうることを示唆した、現在の計画に関する冗談半分の話である。

(3) [317, 3]　2040年 9 月 8 日に惑星が 1 列に並ぶのは、本当の出来事である。

(4) [317, 14]　Labeyrie (1999)。

(5) [318, 6]　Labeyrie (1979)。

(6) [319, 2]　HD172051 は、今日、太陽系外で地球に似た惑星を探査する候補として示された恒星の一つである。

Watson（2003b）により概説されている。

⒇［291, 6］ Hale（1928）。

㉑［292, 7］ ヘール望遠鏡については、King（1955, pp.401-15）、Riekher（1990, Ch 16）、Wilson（1996, pp.427-30）に詳述されている。

㉒［292, 14］ Di Cicco（1986）は、ヘール望遠鏡の鏡材の製作と納入について解説している。

㉓［294, 3］ BTA については、Riekher（1990, Ch 22）と Wilson（1996, pp.430-3）に書かれている。

㉔［294, 14］ 本書の第1章と引用文献を参照。20世紀後半の大反射望遠鏡の多くは、Moore（1997）によって図解されているが、図の説明にはいくつかの誤りがあることに注意されたい。

㉕［295, 3］ 4m 級の望遠鏡については、Riekher（1990, Ch 21）と Wilson（pp.433-42）に解説がある。

㉖［295, 12］ ヘール望遠鏡が後の望遠鏡の設計に与えた影響についての議論は、Learner（1986）に見られる。

㉗［295, 12］ 望遠鏡の鏡材の材質の詳細な比較は、Wilson（1999, pp.216-31）に書かれている。

㉘［295, 15］ 2枚の大きいセルヴィット材の鋳込みは、Anon（1969）に書かれているが、他方、アングロオーストラリア望遠鏡のためのセルヴィット材の調達については、Gascoigne et al.（1990, Ch 6）にすべて記述されている。

㉙［296, 4］ グラブの会社の最後とパーソンズの引継ぎについては、Glass（1997, pp.213-25）に概要が書かれている。

㉚［296, 10］ 蒸気タービンにおけるチャールズ・パーソンズ卿の業績は、Strandh（1979, pp.132-5）に詳述されている。

㉛［296, 12］ Glass（1997, p.225）に、*Nature*, vol. 115, p.581が引用されている。

㉜［297, 2］ 1950年代中頃までのグラブ・パーソンズ社の天文関係の製品については、Grubb Parsons（1956, p.28）に概略が書かれている。

㉝［297, 8］ Sisson（1989）。

㉞［298, 3］ コンピューターを利用した光学製品の研磨の研究については、Wilson（1999, pp.3-4）にも書かれている。

㉟［299, 1］ Gascoigne et al.（1990, p.97）を参照。

第16章　銀河とともに歩む

⑴［301, 4］ 銀河の速度－距離関係は Hubble（1929）により公式化された。Leverington（1995, pp.236-7, Ch 12）も参照。

⑵［302, 2］ 暗黒物質とダークエネルギーの観測的証拠については、Nicolson（2001）による説得力のある概説がある。

p.262)、Glass（1997, p.46)、Riekher（1990, p.223）を参照。

(3)［276, 8］ ガラス鏡と金属鏡との比較については、Gascoigne（1996)、Riekher（1990, p.224）を参照。

(4)［276, 16］ Glass（1997, pp.69-70)。ピアッツィ・スミスについては、Brück（1983, Chs 4-5）を参照。

(5)［277, 1］ King（1955, pp.262-4)、Riekher（1990, pp.224-7)。

(6)［277, 17］ 20世紀半ばの天文写真術と写真用望遠鏡については、Dimitroff and Baker（1945, Chs 3 and 4）に明確な説明がある。

(7)［278, 4］ たとえばHearnshaw（1996, pp.136-42）を参照。『写真天図星表』(*Carte du Ciel*）作成のためのシドニー天文台の13in（33cm）写真用望遠鏡については、Russell（1892）にその建造を大いに喜ぶ記述がある。対物レンズはハワード・グラブにより作られた。

(8)［279, 3］ King（1955, p.327)、Riekher（1990, pp.267-9)、Wilson（1996, p.416)。

(9)［279, 4］ 40in屈折望遠鏡との比較については、Leverington（1995, p.264)を参照。

(10)［279, 7］ Leverington（1995, pp.284-5）を参照。

(11)［280, 7］ この60in望遠鏡は、King（1955, pp.328-32)、Riekher（1990, pp.269-76)、Wilson（1996, pp.416-19、「終末を告げる鐘」(death-knell）の引用はここにある)を参照。

(12)［280, 13］ フッカー望遠鏡については、King（1955, pp.332-8)、Riekher（1990, pp.276-81)、Wilson（1996, pp.419-22)に記述されている。フッカー望遠鏡への出資については、Hale（1928）を参照。

(13)［282, 10］ 渦巻星雲の距離測定に突破口が開かれたことは、Hubble（1925）によって報じられた。

(14)［282, 17］ ハッブルとファンマーネンとの確執は、(この問題に関するアダムスの内密の覚え書きの文面を含めて）Hetherington and Brashear（1992）に書かれている。

(15)［285, 14］ シュミットの生涯と業績の詳細については、甥の解説（Schmidt 1995）が信頼でき、Hodges（1953）や他の著者によって繰り返し述べられた誤った認識をいくぶん取り除いている。

(16)［286, 3］ シュミット型の光学製品の戦時中の使用については、Osterbrock（1994）に詳述されている。

(17)［287, 11］ シュミットの唯一の科学的出版物は、彼自身の光学系の解説である（Schmidt 1931)。

(18)［288, 16］ 今日までの巨大シュミット望遠鏡の使用については、Watson（2001）に解説されている。

(19)［290, 8］ 複数の天体の分光技術におけるシュミット望遠鏡の利点は、Dawe and Watson（1984)に要約されており、また、この技術の発展は

(9) [258, 7]　King (1955, pp.346-50)。
(10) [259, 6]　Riekher (1990, pp.193-7)、King (1955, pp.248-9)。
(11) [259, 14]　トマス・クックの生涯と業績については、McConnell (1992, Chs 6-8)が解説している。
(12) [259, 15]　ハギンズとその屈折望遠鏡については、Chapman (1998, pp. 114-15)に書かれている。
(13) [260, 17]　1672年2月6日付のニュートンからOldenburgへの手紙 (Turnbull 1959, p.92)。
(14) [261, 4]　分光に関する初期の研究については、Hearnshaw (1986, Chs 2-4) に解説がある。一般的入門書には、Thackeray (1961) がある。
(15) [264, 14]　Hoskin (1982, pp.151-2)。
(16) [265, 7]　詳細の説明と、また、それをどのように処理するのかは、たとえばWatson (2003a) を参照。
(17) [266, 9]　Newallの屈折望遠鏡の詳細は、McConnell (1992, p.57) と King (1955, pp.252-4) を参照。
(18) [266, 15]　クラークとワシントンの屈折望遠鏡については、King (1955, pp.255-9) に書かれている。
(19) [267, 5]　グラブのウィーンの屈折望遠鏡については、King (1955, p.306) とGlass (1997, Ch 4) に書かれている。
(20) [267, 12]　グラブとリック望遠鏡については、Glass (1997)の第5章を参照。
(21) [267, 14]　Misch and Stone (ウェブサイト)。
(22) [269, 15]　口径1mを超える3番目の屈折望遠鏡もできるはずだったが、ついに完成しなかった。望遠鏡はロシアのプルコヴォ天文台用のもので、望遠鏡とドームは1929年にできたが、41in (1.04m) の対物レンズ用のガラス材がソ連の天文学者たちに受け入れられず、計画は立ち往生した (Grubb Parsons 1926, Figs. 2, 6; Warner 1975を参照)。
(23) [269, 16]　King (1955, pp.314-18)。
(24) [271, 7]　パリ万博の大望遠鏡は、Brenni (1996) や、レンズの再発見についても報じているDébarbat and Launay (2002) に書かれている。
(25) [273, 3]　当時の軍事用の光学製品については、Gleichen (1918)、König and Köhler (1959)、Moss and Russell (1988, Chs 1-3) を参照。
(26) [273, 7]　軍事用の光学製品とドイツの光学製品をイギリスが買おうとしたことについては、Reid (2001, Ch 1)、Reid (1983)、and McConnell (1992, pp.75-6)を参照。

第15章　銀とガラス

(1) [275, 2]　Gascoigne (1996)。
(2) [276, 7]　フーコーとシュタインハイルの望遠鏡については、King (1955,

(4) [242, 13]　Warner (1982)、Glass (1997, p.40)、Haynes et al. (1996, p.98)。

(5) [243, 3]　Glass (1997, pp.42-3)。

(6) [243, 10]　Warner (1982) and Glass (1997, p.44)。

(7) [244, 1]　ヴィクトリア朝の繁栄とウィルソンの打診については、Haynes et al. (1996, pp.98-9)、Glass (1997, p.44)、Gascoigne (1996)を参照。

(8) [244, 5]　ヴァードンの役割と英国学士院の返答については、Haynes et al. (1996, p.99)を参照。

(9) [245, 11]　Haynes et al. (1996, p.101)、Glass (1997, pp.46-7)、Gascoigne (1996)。

(10) [245, 17]　Glass (1997, pp.44, 49)、Gascoigne (1996)。

(11) [246, 6]　Glass (1997, p.49)。長年にわたるグラブの工場の名前の変遷については、Burnett and Morrison-Low (1989, p.125) と Anderson et al. (1990, p.35)を参照。

(12) [246, 15]　望遠鏡の製造とテストについては、Glass (1997, pp.49-58) に記述されている。

(13) [248, 11]　Haynes et al. (1996, p.103)。

(14) [249, 5]　像質の悪さ、ル・スーエルの再研磨と辞職、鏡の問題点とGascoigne の結論は、すべて Gascoigne (1996) に書かれている。

(15) [251, 13]　King (1955, p.267)。

(16) [252, 9]　第二次大戦後の発展については、Haynes et al. (1996, pp.111-13)、Gascoigne (1996)、Hart et al. (1996)、Frame and Faulkner (2003, Chs 6, 7 and 10) を参照。

(17) [253, 5]　Frame and Faulkner (2003, pp.271-6)。

第14章　夢の光学

(1) [255, 3]　ブラームスとドイツ・レクイエムについては、Holmes (1987, Ch 7) を参照。

(2) [255, 14]　1676年2月5日付のニュートンからフックへの書簡 (Turnbull 1959, p.416)。

(3) [256, 1]　音楽と数学の表記法と構造に関する非常に読みやすい入門書には、Károlyi (1965) と Acheson (2002) がある。

(4) [256, 8]　(旧東ドイツから見た) アッベの業績の評価は、Schütz (1966) にある。

(5) [256, 16]　Wilson (1996, pp.472-6)。

(6) [256, 19]　Martin (1948, Ch 8)。

(7) [257, 11]　たとえば Zeiss (1996, pp.6-12) を参照。

(8) [258, 3]　ツァイスの双眼鏡の開発については、Watson (1995, 1999a) を参照。

されるためデヴィッド・ジンデンの工房で木枠に詰められるところを、私は特別に見ることができた。

(6) [226, 12]　Glass（1997, p.21）。

(7) [227, 9]　Birr Scientific and Heritage Foundation（ウェブサイト）。

(8) [227, 15]　ロス卿の初期の望遠鏡については、King（1995, pp.206-9）とHoskin（2002）を参照。

(9) [228, 8]　*Phil. trans.*（vol.130, pp.503-27, 1840）からの引用（Glass（1997, p.22））。Wilson（1996, p.404）も参照。

(10) [228, 12]　ロス卿の望遠鏡の使用目的については、Hoskin（2002）を参照。

(11) [229, 3]　King（1955, p.208）、Hoskin（2002）。

(12) [229, 13]　Hoskin（1989, 2002）。

(13) [230, 6]　6ft鏡の鋳込みと冷却については、King（1955, pp.210-11）と Hoskin（2002）を参照。

(14) [232, 7]　King（1955, pp.212-13）。

(15) [232, 19]　渦巻星雲の初期の観測と発見については、Hoskin（2002）を参照。

(16) [233, 17]　Dewhirst and Hoskin（1991）、Hewitt-White（2003）。

(17) [235, 2]　ナスミスの生涯と業績については、Wailes（1963）を参照。

(18) [235, 10]　ナスミスのユーモアと Flossie（Russell?）との関係については、Chapman（1998, pp.108, 350 n.99）を参照。

(19) [235, 13]　King（1955, p.217）、Wailes（1963）、Thoday（1971）。

(20) [235, 19]　ナスミスによる記述がChapman（1998, p.348 n.82）に見られる。

(21) [238, 1]　Wilson（1996, p.473）。

(22) [238, 4]　King（1955, p.218）。

(23) [238, 9]　Moore（1996, p.39）。1996年、トリトン発見の150周年記念式典として、リヴァプールで24インチ望遠鏡の実物大のレプリカの除幕式が行なわれた。それには、実物の望遠鏡の2枚の鏡のうち1枚が使用されている（Chapman 1998, pp.110, 125）。

(24) [239, 12]　King（1955, pp.220-4）。ナスミスによる開放式鏡筒の提案については、Chapman（1998, p.107）を参照。また Wilson（1996, pp.406-8）も参照。ラッセルの「無定位」支持法についてはWilson（1999, pp.257-8）を参照。

第13章　悲嘆の種

(1) [241, 9]　King（1955, pp.200-3）、Bennett（1976）。

(2) [241, 15]　Warner（1982）に引用。

(3) [242, 12]　Warner（1982）and Glass（1997, pp.39-40）。

7）に詳述されている。

(8)［210, 3］　イギリスの独占時代に最も繁栄したドイツの機器製作者はGeorg Friedrich Brander（1713-1783）だった。Brachner（1983）を参照。

(9)［211, 1］　フラウンホーファーの生涯の初期と彼の抜擢については、Hirschfeld（2001, Ch 13）とKing（1955, pp.178-9）を参照。

(10)［211, 8］　フラウンホーファーの業績とドルパト大屈折望遠鏡については、Hirschfeld（2001, Chs 13 and 14）、King（1955, pp.180-8）、Riekher（1990, Ch 7）を参照。

(11)［214, 7］　たとえばBrooks（1991）を参照。

(12)［214, 17］　Hirschfeld（2001, pp.242-3）、King（1955, p.188）。

(13)［215, 9］　彼の後の業績とコーショワへのガラスの販売については、King（1955, pp.179-80）を参照。

(14)［216, 10］　ジェームズ・サウスとリチャード・シープシャンクスのことと、彼らの確執については、Hoskin（1989, 1991）、McConnell（1992, pp.29-30）を参照。

(15)［218, 10］　McConnell（1994）。

(16)［218, 13］　Chapman（1998, p.43）。

(17)［219, 5］　シムズのノートについては、McConnell（1994）を参照。

(18)［221, 8］　Dreyer and Turner（1923, pp.52-5）。

(19)［222, 2］　サウスのレンズが一時的な架台上で時たま使用されたことについては、Dreyer and Turner（1923, p.52n）と、Hoskin（1991）の中でDuncan Steelによって述べられている。サウスはこのレンズを、1863年2月17日にロス卿が学長（Chancellor）に就任したのを機に、ダブリン大学に贈った（Glass 1997, pp.29-32）。この贈り物は、トマス・グラブによって建てられたダンシンク天文台のサウス望遠鏡の対物レンズになった（第12章を参照）。この望遠鏡は今でも使用されている。

第12章　レビヤタン

(1)［223, 12］　ロムニー・ロビンソンとトマス・グラブについては、Glass（1997, pp.9-11）を参照。

(2)［225, 1］　グラブのマークリー望遠鏡については、Glass（1997, pp.13-16）とMcKenna-Lawlor and Hoskin（1984）に記述されている。

(3)［225, 11］　Chapman（1998, p.49）は、望遠鏡の生みだした成果についてGlass（1997, p.15）より好意的な評価を下している。

(4)［225, 15］　アーマーの反射望遠鏡とそれを釣り合わせるこの仕組みは、Glass（1997, pp.17-19）に記述されている。今日、鏡のこのような支え方は、馬具を引く力を均等にする横木を表わす米語にちなんで浮動棒（whiffle-tree）といわれている。

(5)［226, 10］　2004年2月、完全に修理された望遠鏡が、アイルランドに返

(1912) にあり、Kingがこれを引用している。

⑽ [190, 7] ハーシェルの7ft、10ft、20ft望遠鏡の詳細は、Bennett (1976) に書かれている。

⑾ [191, 18] たとえばHirschfeld (2001, pp.180-1) を参照。レクセルによる確証と惑星の命名については、Hoyle (1962, p.164) を参照。

⑿ [193, 2] 王からの年金、ワトソンの受け取り分、30ft、巨大な20ftについては、King (1955, pp.124-7) を参照。

⒀ [193, 8] 望遠鏡製作事業は彼に、少なくとも15000ポンド、おそらく20000ポンドぐらいはもたらした (Spaight 2004)。

⒁ [194, 15] Bennett (1976)。

⒂ [195, 13] King (1955, pp.127-8)、Bennett (1976)。

⒃ [196, 15] 18世紀の天文台の伝統的位置観測については、たとえばBennett (1992) やTurner (2002) を参照。

⒄ [198, 2] Bennett (1976)、King (1955, pp.128-9)、Hoskin (2003)。

⒅ [198, 5] カロラインの話はTurner (1977) に引用されている。

⒆ [198, 16] 40ft望遠鏡の建造と運命については、King (1955, pp.129-34) とBennett (1976) を参照。

⒇ [199, 9] Bennett (1976)、King (1955, p.128)。

(21) [199, 13] King (1955, p.139)、Hirschfeld (2001, p.178)、Bennett (1976)。

(22) [199, 15] Bennett (1976)。

(23) [200, 2] King (1955, p.128)、Hirschfeld (2001, p.182)、Hoskin (2003)。

(24) [200, 18] 40ft望遠鏡による最後の観測については、King (1955, p.133) に書かれているが、Hoskin (2003) による訂正を参照されたい。

(25) [201, 2] Hoskin (2003)。

(26) [201, 6] Bennett (1976)。

(27) [203, 6] King (1955, p.142)。

第11章 感心できない天文学者たち

⑴ [206,6] アンドルー・バークレーの生涯と業績については、Clarke et al. (1989, pp.197-202) を参照。

⑵ [208, 12] Barty-King (1986, p.92)。

⑶ [209, 2] King (1955, p.189)。

⑷ [209, 3] Hall (1995)。

⑸ [209, 5] King (1955, p.176)、Hirshfeld (2001, p.232)。

⑹ [209, 8] King (1955, p.189)、Barty-King (1986, p.95)。

⑺ [209, 9] ギナンの業績とベネディクトボイエルンへの引越しについては、King (1955, pp.176-9) を参照。その技術についてはRiekher (1990, Ch

(19) [170, 7]　ショートの生涯と業績については、Clarke et al.(1989, pp.1-10) を参照。

(20) [172, 7]　ドロンドとバスの出会いとアクロマートレンズの開発については、Barty-King (1986, Ch 1)、King (1955, pp.145-8)、Talbot (1996) を参照。

(21) [172, 13]　ドロンドの特許とその成功、ジョンの死、裁判の判決については、Barty-King (1986, Ch 1)、 King (1955, pp.154-5)、Talbot (1996) を参照。

(22) [176, 15]　ラムスデンの結婚とのちのピーターとの論争については、Barty-King (1986, pp.42-3)（結婚の年は誤りであることに注意)、King (1955, p.162)、Talbot (1996) を参照。

(23) [177, 9]　トリプレットとピーター・ドロンドののちの製品については、King (1955, pp.156-60) を参照。

(24) [178, 9]　戦争で使われたドロンドの望遠鏡、ピーターの引退と死については、Barty-King (1986, pp.79-82)を参照。

第10章　天へ至る道

(1) [179, 4]　第８章とその中の文献を参照。

(2) [180, 9]　ハドレーの業績、望遠鏡、123ft 望遠鏡と比較しての性能については、King (1955, pp.77-84)、Bell (1922, pp.24-7) を参照。

(3) [182, 9]　Brooks (2001a, b) は、18世紀の鏡の製作についてさらに詳細を記している。

(4) [183, 10]　ジェームズ・ショートの生涯の初期、経歴と望遠鏡の発展については、Clarke et al. (1989, pp.1-5) に記されている。Bryden (1972) も参照。

(5) [185, 13]　彼の最大の望遠鏡と業績に関する King の言及は、King (1955, p.85) にある。口径18インチの望遠鏡には1742年の日付があり、今日でもオックスフォードの科学史博物館 (Museum of the History of Science) に残っている (Chapman 1998, p.342, n.15)。

(6) [186, 15]　ハーシェルの業績に関するこのコメントは、Wilson (1996, p.15) をわかりやすく言い換えたもの。

(7) [187, 6]　ハーシェルの生涯の初期については、Hirshfeld (2001, Ch 10) で述べられている。

(8) [187, 17]　ハーシェルのオルガンの作品の録音は、Disques Dom, Vincennes (DOM CD 1418) から出された Dominique Proust による *Pièces d'orgue de William Herschel* にある。ハーシェルの音楽的業績は、CD のライナーノート (Proust (1992)) に要約されている。

(9) [188, 18]　King (1955, pp.120-4)。屈折望遠鏡に対するハーシェルの見解は、J.L.E. Dreyer による *Scientific Papers of Sir William Herschel*

pp.153-5)。

(23) [154, 17] Simpson (1992)。グレゴリーは、John Collins (この人物はニュートンとも手紙のやり取りをしていた) への1672年9月23日付の手紙 (Turnbull 1959, pp.239-41) と、1673年3月7日付の手紙 (Turnbull 1959 pp.258-61) で返事を書いている。

(24) [155, 14] セントアンドルーズに対するグレゴリーの不満、エディンバラへの移動、若年での死については、O'Connor and Robertson (ウェブサイト)に書かれている。

(25) [156, 9] Ariotti (1975)。

第9章 スキャンダル

(1) [159, 6] Waller (2000, pp.309-11)。

(2) [159, 12] Waller (2000, p.376)には、この追いはぎはJohn Hallだったと書かれている。タイバーンでの処刑については、Waller (2000, pp.327-32) に拠る。

(3) [160, 16] Newton (1730, p.100)。

(4) [161, 8] Newton (1730, p.102)。

(5) [161, 12] デヴィッド・グレゴリーとその業績については、O'Connor and Robertson (ウェブサイト) を参照。

(6) [162, 1] 引用は、*Catoptricae et dioptricae sphericae elementa* の第2版 (1735) から (King (1955, p.144))。

(7) [162, 6] Newton (1730, pp.101-2)。

(8) [162, 12] Barty-King (1986, p.21)。

(9) [163, 4] チェスター・ムア・ホールの生涯、職業、アクロマートレンズの発明、死については、Barty-King (1986, pp.22, 46)に書かれている。

(10) [163, 14] King (1955, pp.68-71)。

(11) [163, 17] クラウンガラスとフリントガラスの説明は、Dodsworth (1982, pp.9-10)にある。

(12) [165, 2] スカーレットについてはSimpson (1985) を、マンについてはTalbot (2002) を参照。

(13) [165, 17] ラムスデンの生涯と業績については、King (1955, pp.162-72) を参照。

(14) [166, 13] 全文はTalbot (1996) に収められている。

(15) [168, 2] Talbot (2002) を参照。

(16) [168, 4] Talbot (1996)。

(17) [168, 13] ドロンドの生涯の初期、Dollond & Sonの起源、ドロンドの書簡については、Barty-King (1986, Ch. 1) とKing (1955, pp.145-50) を参照。

(18) [169, 15] Haynes et al. (1996, Ch 2)。

ついて書いている。

(6) [144, 7] グレゴリーから 英国学士院の著名な会員である John Collins (1625-1683) への書簡 (1673年3月7日付) (Turnbull 1959, pp.258-61)。

(7) [144, 10] グレゴリーから John Collins (1625-1683) への書簡 (1672年9月23日付) (Turnbull 1959, pp.239-41)。

(8) [144, 18] King (1955, p.77)。

(9) [145, 6] リーヴの業績、殺人に対しての裁判、本人の死については、Simpson (1985) が解説している。カンパーニの現存する望遠鏡については、現代の光学テストにより、彼の機器が完璧だったことが確実になった。Molesini (2003) を参照。ペストの大流行については、Hall (1995) と Tomalin (2002, Ch 11) を参照。

(10) [146, 17] ニュートンの生涯と業績は、O'Connor and Robertson (ウェブサイト) の Newton の項目に要約されている。

(11) [148, 2] 色に関するニュートンの実験については、Newton (1730) の第1巻、King (1955, pp.68-71)、Thiel (1958, pp.173-8) を参照。

(12) [148, 8] Newton (1730, p.102)。

(13) [148, 12] Newton (1730, p.106)。

(14) [149, 1] King (1955, p.74)。

(15) [149, 5] Newton (1730, p.104)。

(16) [150, 2] Newton (1730, p.103) で、彼は、自分の望遠鏡とその機能を屈折望遠鏡と比較している。曲面が球面の鏡の焦点距離は球の半径の半分なので、ニュートンは、望遠鏡の長さを、「球の直径」の1/4であるといっている。

(17) [151, 16] King (1955, p.74)。英国学士院のニュートン式望遠鏡の出所は、Bishop (1980) が論じている。

(18) [152, 10] Danjon and Couder (1935, p.613)、King (1955, p.75)、Turnbull (1959 p.151n)、Wilson (1996, p.9)、Baranne and Launay (1997)。

(19) [152, 12] たとえば、Bell (1922, p.22)、King (1955, p.75)、Wilson (1996, p.470) を参照。

(20) [152, 17] Baranne and Launay (1997)。

(21) [153, 17] Simpson (1992)。グレゴリーは、1672年9月23日付の Collins 宛ての手紙で、自分の試みについて「私は今でも、小さい凹型と凸型反射鏡の両方をテストしています」と明かしている (Turnbull 1959, pp. 239-41)。結果的に、凸型の副鏡の光学テストがむずかしいため、使い物になるグレゴリー式を作る方が使い物になるカセグレン式を作るよりやさしいことがわかった。通常、カセグレン式を本気で最初に作ろうとしたのはラムスデン (第9章参照) とされている (Wilson 1996, p.15)。

(22) [154, 7] 1672年5月4日付の Oldenburg への手紙 (Turnbull 1959,

Thiel（1958, pp.157–8）に引用されている。

(28)［125, 4］ King（1955, pp.63–4）と Thoday（1971）を参照。ホイヘンスのレンズの質の悪さは、Ronan et al. の著作（1993, p.5）の中で Turner によって記されている。17世紀の光学ガラスの最近の科学的検討については、Molesini（2003）も参照。

第7章 反射望遠鏡について

(1)［127, 7］ イスラム文化の基礎については、Bloom and Blair（2000）を参照。

(2)［127, 9］ Al-Haytham のフルネームは、O'Connor and Robertson（ウェブサイト）に記されている。Bloom and Blair（2000）も参照。

(3)［127, 13］ King（1955, p.26）、Ronan（1991）を参照。

(4)［128, 3］ 引用は The Squire's Tale から。Chaucer（c. 1387）、Fragment V（Group F）、Ronan（1991）を参照。Chaucer の科学への関心については、Ronan（1991）と Wright（1985）が述べている。

(5)［129, 9］ Danjon and Couder（1935, p.605）、Ariotti（1975）を参照。

(6)［129, 13］ ズッキの実験については、Danjon and Couder（1935, p.608）や King（1955, p.44）によって書かれている。

(7)［130, 12］ Watson（2002）は、レンズと鏡に要求される表面精度を比較し、浴槽の実験のことを記している。

(8)［132, 2］ Willach（2001）を参照。

(9)［132, 17］ Wilson（1996, p.10）がこのパラドックスを明らかにしている。

(10)［133, 16］ O'Connor and Robertson（ウェブサイト）の Descartes の項を参照。

(11)［134, 2］ デカルトとメルセンヌの功績は、King（1955, p.48）と Wilson（1996, pp.2–6）が述べている。

(12)［137, 2］ Danjon and Couder（1935, p.609）、King（1955, p.48）、Wilson（1996, p.5）を参照。

第8章 鏡の像

(1)［139, 12］ Lamont-Brown（1989, Ch 3）を参照。

(2)［140, 12］ O'Connor and Robertson（ウェブサイト）には、Copson、Gregory 両方の項目がある。

(3)［141, 4］ O'Connor and Robertson（ウェブサイト）の Gregory の項目、Simpson（1992）、Cant（1970, p.74）を参照。

(4)［141, 10］ O'Connor and Robertson（ウェブサイト）、Cant（1970, p.75）。

(5)［142, 8］ Simpson（1992）は、望遠鏡とリーヴの光学部品製作の試みに

(10) ［108, 3］ 初期の接眼マイクロメーターについてはBrooks（1991）を参照。

(11) ［108, 13］ Van Helden（1977a）。

(12) ［109, 2］ ガリレオの30倍の望遠鏡の大きさについては、King（1955, p.43）を参照。ウィーゼルの価格表は大英博物館に保存されており（'Sloane' 651, 169–71）、König and Köhler（1959, p.440）、 Van Helden（1977a）に引用されている。

(13) ［110, 18］ Van Helden（1977a）。

(14) ［111, 2］ Simpson（1992）。

(15) ［111, 7］ 色収差の影響は、実際には球面収差の1000倍以上である（Newton（1730, p.100））。King（1955, p.68）や本書の第9章も参照。

(16) ［112, 3］ Samuel Hartlib Papers, Bundle 8, iii。書簡は全文が Van Helden（1977a）に引用されている。Willach（2002）も参照。

(17) ［114, 18］ 19枚レンズの望遠鏡は、ナポリのエスタキオ（Eustachio of Naples）によって作られた（King 1955, p.56）。ロバート・フックは、組み合わせレンズも使用した（König and Köhler 1959, p.440）。

(18) ［115, 12］ 王政復古とピープスの引用については、Hall（1995）を参照。また、Tomalin（2002, Ch 7）も参照。

(19) ［115, 15］ Yapp（2000, p.309）を参照。

(20) ［116, 1］ Van Helden（1977a）は、チャールズの戴冠の日にリーヴ家で起きた事柄について書き、ホイヘンスが兄に宛てた手紙を引用している。Simpson（1985)は、リーヴの業績（名前は、Reeve、Reive、Reeves ともつづられている。King 1955, p.62を参照）について論じている。

(21) ［117, 14］ ホイヘンス接眼鏡の光学的仕様はKing（1955, pp.54–6）に引用されている。

(22) ［118, 5］ コック、コックス、他の人々の業績については、King（1955, p.62）を参照。

(23) ［118, 18］ 王立天文台の起源は、たとえばMcCrea（1975, pp.5–7）に書かれている。フラムスティードの機器は、たとえばKing（1955, p.63）を参照。アブラハム・シャープとフラムスティードとの関係は、William Cudworthの*Life and Correspondence of Abraham Sharp*（1889）を引用したHarrison（1963）に書かれている。

(24) ［120, 4］ ヘヴェリウスの業績に関する最近の評価については、Chapman（2002）を参照。

(25) ［120, 10］ 焦点距離の長い屈折望遠鏡の解説は、King（1955, pp.49–65）を参照。

(26) ［122, 5］ ヘヴェリウスが提案した塔形の天文台は、たとえばKönig and Köhler（1959, p.441）に図示されている。

(27) ［122, 10］ たとえばKing（1955, p.54）を参照。ルイ14世宛ての書簡は

(12) [93, 8] Greco et al.（1992）と Molesini（2003）による最近のテストで、ガリレオの望遠鏡が光学的に非常に高い品質を備えていたことが示された。

(13) [94, 7] それらの考え方の発展についてはCaspar（1959, pp.123-42）を参照。

(14) [95, 4] 『星界の報告』出版後のガリレオの観測については、Van Helden（1989, pp.102ff）と King（1955, pp.37-9）に記載されている。

(15) [95, 9] ジョルダーノ・ブルーノ（1548-1600）の生涯についてはNicholl（2001）に簡潔な解説がある。Van Helden（1989, p.97）も参照。

(16) [95, 12] これは、太陽黒点について記したガリレオの書簡である（Koestler 1959, pp.430-1を参照）。異端審問の前のガリレオの苦労とその後の人生についての一般的解説は、King（1955, pp.40-1）、Thiel（1958, pp.142-56）、Koestler（1959, Part 5）、Ley（1963, Ch 6）を参照。Westfall（1989）には、ガリレオの裁判について最近の広範な分析がある。

(17) [96, 4] ケプラーの性格、信仰心、洗濯嫌いについては、Caspar（1959, pp.368-9）と Christianson（2000, pp.299-306）を参照。

(18) [97, 1] このことと宮廷数学者への任命については、Caspar（1959, pp.116-22）と Christianson（2000, pp.299-306）を参照。

(19) [97, 14] 『星界の報告』に対する彼の反応は、Caspar（1959, pp.192-8）と Van Helden（1989, pp.94-9）を参照。

(20) [98, 14] Caspar（1959, pp.198-202）。

(21) [100, 19] King（1955, p.45); Van Helden（1977a）。

(22) [101, 3] Caspar（1959, pp.204-8）。

(23) [101, 14] Caspar（1959, pp.264-90）。

(24) [102, 1] 『ルドルフ表』とケプラーの死については、Christianson（2000, p.305）を参照。

第6章　進化

(1) [103, 3] Van Helden（1977a）。

(2) [103, 12] Caspar（1959, p.201）。

(3) [103, 15] Van Helden（1977a); Willach（2002）。

(4) [104, 9] Sluiter（1997a）。

(5) [104, 13] たとえばKing（1955, p.46）を参照。

(6) [105, 5] レイタとウィーゼルについては、Van Helden（1977a）、König and Köhler（1959, pp.439-40）、Willach（2002）を参照。

(7) [107, 2] Hall（1995）を参照。

(8) [107, 9] King（1955, pp.94-7）。

(9) [107, 15] クモの糸を使わなくなったこととその再発見については、Brooks（1989）を参照。

⑾［81, 1］　ヤコブ・メティウスは1628年に亡くなった。彼の兄のアドリアン（1571–1635）のこと、また、アドリアンとティコとの関係は、Christianson（2000, p.322）を参照。
⑿［83, 2］　フックスとオランダ人との遭遇に関するマリウスの記述は、*Mundus jovialis*（1614）の前書きにあり、Van Helden（1977b, pp.47–8）がこれを引用している。マリウスは1573年〜1624年に生存し、その生涯の詳細は、ティコとの関係も含めてChristianson（2000, pp.319–21）に記載されている。
⒀［83, 13］　ミッデルブルクの若者のヤンセンと、フランクフルトのオランダ人のヤンセンが同一人物であることは、Cornelis de Waardによって確かめられた（*De uitvinding der verrekijkers*（1906））。Van Helden（1977b, p.22）を参照。De Waardはまた、ヤンセンがいろいろな違法行為に手を染めていたことも明らかにした。
⒁［84, 1］　Van Helden（1977b, p.23）。
⒂［84, 17］　Willach（2001）。
⒃［85, 12］　リッペルスハイの埋葬の日付はSluiter（1997b）に記されている。
⒄［86, 7］　双眼鏡の開発については、Watson（1995, 1999a, 2000）を参照。

第5章　開花

⑴［87, 4］　ガリレオの家系図は、Sobel（1999, pp.14–15）に記載されている。
⑵［87, 12］　第5章で使用されている『星界の報告』の訳文は、Van Helden（Galilei, 1610）による。
⑶［88, 14］　フィレンツェでの任命へつながるガリレオの戦略は、Van Helden（1989, pp.9ff）に詳述されている。
⑷［89, 13］　ピエール・ド・レトワル（1546–1611）の日記はSluiter（1997b）に引用されている。Van Helden（1977b, p.44）も参照。
⑸［89, 18］　ハリオットの業績についてはKing（1955, pp.39–40）が簡潔に論じている。ハリオットの月面図はBloom（1978）に転載されている。
⑹［91, 1］　Harriot（King 1955, p.40）への書簡からの抜き書き。
⑺［91, 12］　Van Helden（1977b, p.27n）による論争の簡潔な解説がある。
⑻［92, 2］　Van Helden（1977b, pp.47–8）。
⑼［92, 10］　Sluiter（1997b）。
⑽［93, 2］　Christianson（2000, pp.358–61）にはスネルの生涯について簡潔な記述がある。
⑾［93, 4］　ハリオットについての記載は、O'Connor & Robertson（ウェブサイト）を参照。

(31) [69, 15] 多数のヴァイキング・レンズのことがTemple (2000, App.10) により記載され、Kizer (2000) はそれらが望遠鏡で使用されたと推測している。
(32) [71, 3] Van Helden (1977b, p.16)。
(33) [71, 6] Willach (2001)。

第4章 曙光

(1) [73, 7] 宗教改革の起源と発展の詳細は、たとえばKinder and Hilgemann (1974), in section 10 ('Age of Religious Discord') に要約がある。著者らは、八十年戦争での主な事件についても概説している (1974, p.245)。
(2) [74, 3] オランダ共和国政府と憲法、マウリッツ公の役割については、Hoogerdijk et al. (c. 1994) と Van Helden (1977b, p.20) による短い解説がある。
(3) [74, 9] 1608年の和平交渉という文脈でとらえた望遠鏡の出現については、Van Helden (1977b, p.25) とSluiter (1997b) による記述がある。
(4) [75, 2] 1608年10月付のシャムの大使からの書簡は、翌月リヨンで小冊子として出版されている (Van Helden 1977b, pp.40-2。Sluiter 1997b, n.2も参照)。
(5) [76, 4] リッペルスハイが持参したと思われる書簡の文面 (実際には、持参者が誰であるかはっきり述べられてはいない) は、Van Helden (1977b, pp.35-6) に転載されている。
(6) [76, 16] ビネンホフとその歴史は、Hoogerdijk et al. (c. 1994) に解説されている。
(7) [77, 14] マウリッツ公によるリッペルスハイの望遠鏡の評価は、それに対するスピノラの反応とともにシャム大使の書簡で述べられている (前述の文献の p.57の注を参照)。Sluiter (1997b) は、マウリッツ公がスピノラに望遠鏡を見せるのを許可したことを議論しているが、それを疑う理由は特にないと思われる。
(8) [78, 8] Sluiter (1997b) は、望遠鏡のニュースがイタリアのガリレオに伝わり得た経路について調査し、1609年4月2日付でベンティボグリオが教皇の国務長官宛に書いた書簡の全文を引用している。この書簡には、ベンティボグリオが望遠鏡をローマへ送ろうとしていることが述べられている。
(9) [78, 19] リッペルスハイ、メティウス、ヤンセンの望遠鏡に対するオランダ議会の討議は、議会の議事録や書簡に記録されている (Van Helden 1977b, pp.35-43)。
(10) [80, 2] 名前の由来に関して、ほとんどの著者はEdward Rosenを引用している (*The Naming of the Telescope*, Schuman, New York, 1947)。たとえばVan Helden (1989, p.112) を参照。

とえば Hall（1995）にも要約されている。

(20) [65, 3] この文章は広く引用されている（King 1955, p.28、Van Helden 1977b, p.28、Ronan 1991など）。

(21) [65, 9] グロステストの『虹』（*De iride*）は、1220年～1235年頃に書かれた光に関する3部作のうちの1冊である（Ronan 1991）。

(22) [65, 14] ベーコンの著作に言及したロバート・レコードの文章は、*The pathway to knowledg, containing the first principles of geometrie*（London, 1551）にあり、King（1955, p.28）と Van Helden（1977b, p.29）に引用されている。

(23) [66, 2] ジェルベールの生涯とその時代の思想に与えた影響については、Lacey and Danziger（1999, pp.188-92）による短い解説がある。ジェルベールに「ビル・ゲイツ」の称号を与えたのは彼らである。

(24) [66, 8] この機器と視界を良くするために「チューブ」が使用されたことについては、Van Helden（1977b, pp.9-10）がいくつかの文献を参照している。これらの文献には、アリストテレスの『動物誌』（*Historia animalia*）からの引用も含まれる。Temple（2000, Ch 4）の引用した出典には、ジェルベールが望遠鏡を使用した可能性がほのめかされている。また Temple は、「チューブ」の使用を描いたように見える紀元前 5～4 世紀のギリシャの陶片も（図10）、望遠鏡を描いたものと解釈して解説している。

(25) [67, 1] ローマ人、カルタゴ人、古代ブリトン人などが望遠鏡の知識を有していた可能性に言及したこの文献は、Temple（2000, Ch 4）により広範囲にわたって引用されている（たとえば、ベーコンの『大著作』（*Opus maius*）からの文章が128頁に引用されている）。これらの記述から Temple は、古代に望遠鏡が一般的に存在したと結論づけたが、この主張には根拠がなく、きわめて注意して扱わなければならない。

(26) [67, 10] 古代アッシリア人が望遠鏡を知っていたのではないかということは、ローマ大学の Giovanni Pettinato が *La scrittura celeste* で述べている。論争の種となった本書は、出版時に出版界で広く取り上げられた（例：Bruce Johnston, London Daily Telegraph, 1, June 1999）。アッシリア人とカルタゴ人の領土への野心についての記載は、Kinder and Hilgemann（1974, pp.29-39）を参照。

(27) [67, 17] エイヴバリー（紀元前1500年頃）とストーンヘンジ（紀元前2000年～紀元前1400年）の巨石文化の遺跡については、Hall（1995）等に記載されている。Gingerich（1979）も参照。

(28) [68, 10] 土星の環の本当の性質については、Christiaan Huygens が1659年出版の *Systema saturnium* で最初に述べている（King 1955, p.51）。

(29) [69, 2] ニムルド・レンズと古代の他のいくつかのレンズについては、Temple（2000, Ch 1 and appendices）に説明と図がある。

(30) [69, 8] たとえば Dodsworth（1982）を参照。

て作られた、架台に乗せられた2枚の大きい実験室用燃焼ガラスのことが、Mayr et al.（1990, pp.68, 81）に記載されている。Spargo（1984）、Temple（2000, Ch 5）による燃焼ガラスに関する風変わりな解説も参照。

(9) ［59, 16］ 凸レンズと凹レンズの眼鏡への使用に至る段階については、Van Helden（1977b, pp.10–11）とKing（1955, pp.27–8）に要約がある。眼鏡の歴史に関してはDavidson（1989）による一般向け解説書があり、中国ではずっと早くから眼鏡が用いられたことも書かれている。

(10) ［60, 13］ *Magia naturalis* からの文章は、1658年にロンドンで作られた翻訳書（訳者不詳）をVan Helden（1977b, pp.34–5）が引用したものである。King（1955, p.30）には別の訳が使用されているが、意味は同じである。

(11) ［62, 7］ デラ・ポルタによる凸レンズと凹レンズの組み合わせは、Van Helden（1977b, pp.15–19）が論じている。非常に悪い視力を補う不格好な眼鏡として、低機能のガリレオ式望遠鏡を使用したことは、König and Köhler（1959, p.184）等に述べられている。

(12) ［62, 11］ たとえば Giscard d'Estaing, 1985, p.221 を見よ。

(13) ［62, 16］ Sluiter（1997a, b）は、望遠鏡が、1608年の出現直後から瞠目すべき速さで開発され広められていったことを示している。第4章も参照。

(14) ［63, 4］ レオナルドの科学への貢献は White（2000）によって研究されている。

(15) ［63, 6］ White（2000, p.187）は、空が青いことに対するレオナルドの説明は、通常思われているより真実に近いのではないかと述べている。これに関する文章が、*Codex Leicester*, folio 4r（Desmond and Pedretti 2000, pp.50–1を参照）にある。レオナルドは、空が太陽光によって輝いていることは理解していたが、その理由を知るだけの知識を持たなかった。レイリー卿は1871年に、空の青さが大気による光の散乱によることを示した。この理論の発展の歴史についての完全な解説は、（古い文献だが）1920年のHumphreys（1920, Ch 7）にあり、現代的な解説はLynch and Livingston（1995, Ch 2）に書かれている。

(16) ［63, 8］ レオナルドの月の観測については、Welther（1999）に記載がある。レオナルドは「地球照」の発見を、*Codex Leicester*, folio 2r（Desmond and Pedretti 2000, pp.34–5を参照）に記録している。

(17) ［63, 15］「ガラスの組み立て」に対する彼のメモは、Gingrich（2000）やWhite（2000, p.296）に引用されている。

(18) ［64, 1］ メティウスの特許出願の完全な記述は、Van Helden（1977b, pp.39–40）にある。本書の第4章も参照。

(19) ［64, 14］ この著名な数学者についての優れた要約は、O'Connor & Robertson（ウェブサイト）のベーコンの項を参照のこと。彼の生涯は、たは、Ronan（1991）のファクシミリに見られる。

(3) ［56, 1］ Ronan（1991）も R.T. Gunther（*Early Science in Oxford*, Oxford, 1921-1945、Van Helden, 1977b, p.14に引用）もともに、ディッグスの解説を反射望遠鏡の記述と解釈している。この主題については、Mills（1992）や、科学機器協会（Scientific Instrument Society）の討論への Ronan et al.（1993）の論考も参照されたい。この討論で、Ronan、G. Satterthwaite、J. Rienitz は、ディッグスは、凸型対物レンズを接眼鏡として凹面鏡といっしょに使用したのではないかとしている（第 4 章参照）。鏡をこのように使用するときは、対物レンズとして使用するときほど表面精度が要求されないことは事実だが（第 8 章を参照）、それでもなお、ディッグスがこのような機器を完成させたとは考えられない。

(4) ［56, 7］ ブルネの話は彼の論文の第 9 章に詳述されているが、そこで彼は、鏡について「箔をつけた凹面鏡を高い方に置く（concave with a foyle, uppon the hylly syde)」と述べている。したがってそれらは、光が大気からガラスへの表面からガラスの厚みを透過し、背面で反射したのち、もう一度この道筋を戻らなければならないという点で、現代の普通の鏡に似ている。King（1955, p.30）は、ディッグスの鏡の背面の箔は鉛だったのではないかと述べている。その材質が何であれ、研磨された表面にはたいへんな精度が要求されたはずである。ニュートンの時代以降、望遠鏡の鏡は前面で反射させることが慣例になった。

(5) ［56, 17］ この初歩的な望遠鏡に関するブルネの記述は、1578年にロンドンで出版された *Inventions or devices. Very necessary for all generalles and captaines, or leaders of men, as well by sea as by land* から引用されている。ここで110番目の機器として記述された望遠鏡に関する文章は、すべて Van Helden（1977b, p.30）に引用されている。

(6) ［57, 9］ このウィンドウ望遠鏡については Watson（c. 1925, pp.30-1）に記述されている。小型版の同種の機器のいわゆる「ステッキ望遠鏡」（窓に掛けるのではなく、歩行用ステッキの端に取りつけられていた）も、20世紀になる頃には一般的だった。

(7) ［59, 3］ King（1955, p.29）は、ブルネは当然遠視だったとしている。加齢による目の光学的性質の変化については、Martin（1948, pp.287-8）を参照のこと。

(8) ［59, 12］ このような眼鏡についてはブルネによる記載もある。その論文の非常に短い第 7 章には、以下の文章だけが記されている。「ガラスの性質は、もし、太陽光がそれを透過するなら、ある距離を隔てた場所で、何かを燃やし、火を起こすことができる。燃焼を起こす光線は、物を見るときの光線に比べてガラスからの距離がいくらか遠い（これは、レンズの焦点の位置が、遠くの物体を見るときの目の位置に比べてわずかに遠いからである)」。約 1 世紀後に Ehrenfried Walther von Tschirnhaus（1651-1708）によっ

Thoren（1990, Ch 11）と Christianson（2000, Ch 9）に詳述されている。著者らは、ティコの追放の日々や新ウラニボルク設立の試みについても書いている（Thoren 1990, Ch 12–13, Christianson 2000, Ch 10）。

(29)［50, 7］ Thoren（1990, pp.468–70）には、ティコの死に関するケプラーの説明とティコの葬儀に関するある証人の著述が引用されている。現代の検死による発見については、West（1997）と Christianson（2000, p.413）にその概要がある。Thoren と Christianson はともに、ティコの家族の生涯も詳細に述べている。

(30)［51, 5］ King（1955, p.23）は、ウラニボルクとステルネボルクが急速に廃墟となっていったことを述べている（J.L.E. Dreyer による *Tycho Brahe*, 1890からの引用）。

第3章　謎

(1)［54, 9］『パントメトリア』は1571年にロンドンで出版された。そのフルタイトルは『パントメトリアと名づけられた幾何学的演習。Longimetria, Planimetria and Stereometria の3巻の書物に分かれ、線、面、立体のさまざまな計量の法則が、これらすべての領域において真の記述あるいは正確な方式を提示するために、機器の使用・不使用、またパースペクティブ・グラスから得られたさまざまな奇妙な結論とともに含まれる。レナード・ディッグスにより著され、のちに息子のトマス・ディッグスにより完成』（*A Geometrical Practise, named Pantometria, divided into three Bookes, Longimetria, Planimetria and Stereometria, containing Rules manifolde for mensuration of all lines, Superficies and Solides: with sundry strange conclusions both by instrument and without, and also by Perspective glasses, to set forth the true description or exact plan of an whole Region: framed by Leonard Digges Gentleman, lately finished by Thomas Digges, his sonne.*）である（タイトルページは Ronan 1991に転載されている）。引用された文章は、Van Helden（1977b, p.30）によって編纂・翻訳された初期の望遠鏡史に関する文献の概論に見られるが、この概論は、それよりさらに前の Cornelis de Waard の研究（*De uitvinding der verrekijkers*, The Hague, 1906）をもとにしている。これに基づく Van Helden の分析は、今なお望遠鏡の起源の日付に関する最も学究的な解説である。

(2)［55, 4］ ブルネの草稿「その製作・研削・研磨に対する光学目的のガラスの性質と品質に関する論文」（*A treatise on the properties and qualities of glasses for optical purpose, according to the making, polishing and grinding of them*, 1585年頃）は、英国図書館に保存されている（MS Landsdowne 121, item 13）が、その完全版は Van Helden（1977b, pp. 30–4）に転載された。この文献の第9章の文章（提案された望遠鏡に関連）

Thoren（1990, Ch. 2）に詳述されている。Christianson（2000, pp.17-18）も参照のこと。

⒄［43, 11］　1576年2月11日のフレデリックの懇願に関するティコ自身の報告は、Christianson（2000, pp.22-3）にすべて引用されている。

⒅［44, 1］　1598年、ティコは最も重要な機器に関する説明を *Astronomiæ instauratæ mechanica* で出版し（Christianson 2000, pp.223-4を参照)、今日これはウェブサイトでアクセスできる（www.kb.dk/elib/lit/dan/brahe/）。操作についてのとりわけ明確で完全な解説（スウェーデン語と英語）は、Wennberg（1996）によって書かれている。Roslund（1989）も参照のこと。

⒆［44, 14］　ある状況（たとえばパターン認識）においては、目は普通の解像度以上に詳細を識別することができる。とりわけ、Martin（1948, pp. 159-67)、Dobbins and Sheehan（2000）による土星の環の細部の認識についての歴史的概要を参照されたい。

⒇［44, 16］　Lynch and Livingston（1995, Ch 2）には、大気による屈折に関する明快な解説が述べられている。

(21)［44, 17］　ティコの天文学上の業績（位置の精度が確実に向上したことも含めて）は、West（1997)による概説がある。Wesley（1978）も参照のこと。

(22)［45, 1］　大赤道象限儀については、Thoren（1990, pp.174-5）とWennberg（1996, p.61）に解説がある。これはティコによって作られた最大の機器ではない。最大の機器は、1570年にアウグスブルクで建造され、木材と鉄でできた半径5.4 m の重い四分儀である。その精度はティコののちの機器より劣った（Thoren, 1990, pp.33-4, Roslund 1989)。

(23)［46, 11］　レオナルドの運行表は、*Codex Leicester*, folio 7r（Desmond and Pedretti 2000, p.75に転載）にある。穴の存在は、2000年9月6日～11月 5 日の *Codex* の展示期間中に気付かれた。

(24)［46, 19］　特にティコ・ブラーエと関連するケプラーの研究は、Christianson（2000, pp.299-306）に要約されている。

(25)［47, 5］　太陽系に関するティコの折衷モデルは、1587年の終わりに出版された *De mundi ætherei recentioribus phænomenis liber secundus* に記されている（Christianson 2000, pp.122-4を参照)。

(26)［47, 16］　ヘヴェリウスは1673年の *Machinæ cœlestis* で、位置測定において眼鏡照準器より肉眼観測にこだわることを正当化した。この問題をめぐって彼がイギリス人物理学者ロバート・フックと行なった論争は、King（1955, pp.100-2）に取り上げられている。

(27)［48, 8］　ウラニボルクの印刷機（1584年）と製紙工場（1592年）の設立については、Christianson（2000, Chs 5 and 6）に記述されている。

(28)［49, 3］　ティコがウラニボルクを離れる原因となった事件については、

ティコの研究家だった。彼はティコと同様、老年に達せず生涯を終えた。Westfall（1991）から高い評価を受けている。

(2)［34, 3］ マンデルップによる生涯にわたる友情の公言は、決闘のことをほのめかしたティコへの弔辞に対する返答として述べられている（Thoren 1990, p.343）。

(3)［34, 15］ クヌートストルプにあるブラーエ家の家は今でも住居として使用されている。この地の最初の家は、14世紀半ばに建てられたが、今日の建物は1551年に建て直したものである。クヌートストルプは1771年以降はワハトマイスター家が所有している（Wachtmeister, c.1996）。

(4)［36, 3］ 月面上の模様が地球の地理的特徴の反映であるという古代の考えは、Stooke（1996）によって論じられている。

(5)［36, 5］ 水星、金星、火星、木星、土星。

(6)［36, 15］ これは、紀元1世紀に書かれた彼の偉大な天文書『アルマゲスト』に示され、プラトン（BC4世紀）の時代までさかのぼるはるか昔の思想を発展させたものである。コペルニクスの太陽中心説は、最終的な形としては1543年に『天球の回転について』として出版された。コペルニクスは亡くなる日に完成した印刷物を受け取った。

(7)［36, 17］ ルネサンス時代の科学思想の変遷については、White（2000）の第2章に説得力のある解説が述べられている。Panek（2000）の第1章、第2章も参照のこと。

(8)［38, 10］ しかしこの考え方は、一般にはあまり支持されていない。ルネサンス初期には、レオナルド・ダ・ヴィンチが占星術を「暮らしが（失礼ながら）馬鹿者たちによって築かれるときに使われる当てにならない判断」（White 2000の p.47に引用されている）と書いている。

(9)［39, 2］ この筋書きは Thoren（1990, pp.22–3）に従った。

(10)［39, 7］ Thoren（1990, p.25n）は、もしティコが、切られた顔を植皮で治す初期の治療に1570年代後半に気づいていたら、それを利用することもできたはずだとほのめかしている。

(11)［39, 13］ ヴェーン島は、1660年のコペンハーゲン講和条約以来、スウェーデンの一部になった。

(12)［39, 16］ 地理的情報と人口統計は Hydbom（1995）による。

(13)［40, 17］ 研究施設としてのウラニボルクの物語は、共同研究者や助手たちと作られた「家族」のことともに Christianson（2000）に述べられている。

(14)［41, 5］ Thoren（1990, p.183）は、デンマーク語の Stjerneborg がラテン語の Stellæburg の訳であるため、「星の街」と訳していると思われる。

(15)［42, 6］ 設立の記念式典については、Thoren（1990, p.114）と Christianson（2000, p.53）に述べられている。

(16)［42, 15］ ティコの新星と『新星』の草稿の哲学的意味合いについては、

⑹ ［20, 18］ 世界の巨大光学望遠鏡の地理的分布の分析は、Watson（1999b）に記載されている。

⑺ ［21, 13］ 初期の天文補助観測装置の解説は、King（1955）and Hearnshaw（1986, 1996）に記載されている。

⑻ ［23, 4］ 今日の8m望遠鏡の鏡は以下の3タイプに分類できる。

1. 厚い「伝統的な」ガラス鏡：回転炉の中で鋳込まれて、光学的研磨の前におおよその凹型にする（アリゾナ大学の大双眼望遠鏡やマゼラン計画の双子望遠鏡）。

2. 薄い単一鏡（すなわち1枚ガラスの望遠鏡）：巨大な時計皿の形をしたメニスカス鏡（二つのジェミニ望遠鏡、日本のすばる望遠鏡、VLTを構成している四つの望遠鏡）。

3. 分割複合鏡：ケック望遠鏡やホビー‐エバリー望遠鏡のように、多数の小さい鏡を寄せ集めて作った望遠鏡。分割複合鏡の最初の製作者についてはMarra（2000）を参照。また、Watson（1999b）と同巻のp.328を参照。

⑼ ［24, 3］ 2枚の8m鏡を持つ望遠鏡（2枚とも同じ架台に乗せられている）は大双眼望遠鏡だが、他方、4枚（それぞれの構造は分離している）の望遠鏡はヨーロッパ南天天文台の VLT 望遠鏡である（たとえば、Schilling（2000）および Chen（2000)を参照）。

⑽ ［25, 16］ シンポジウムで提示された補助観測装置や波面補償光学系については、それぞれ SPIE（2000d）と SPIE（2000c）に記載されている。

⑾ ［26, 11］ もとの ELT、つまり今日ではほとんど見られない8mクラス（ホビー‐エバリー望遠鏡）から派生した25m望遠鏡については、Bash et al.（1997）に記載されている。Watson（1999b）も参照されたい。

⑿ ［27, 4］ 2004年の時点で、GSMT および CELT 計画はともに TMT（30m望遠鏡）に統合された。

⒀ ［27, 9］ 100mの OWL の提案へつながる口径25m以上の光学望遠鏡の計画の概要は、このような望遠鏡の科学理論的解釈とともに、Gilmozzi and Dierickx（2000）で述べられている。これらの問題に関するさらなる議論については、Mountain and Gillett（1998）も参照されたい。ミュンヘンのシンポジウムでの超巨大望遠鏡のプレゼンテーションについては、SPIE（2000a, b）にも書かれている。

⒁ ［28, 19］ OWL は VLT と同様、ヨーロッパ南天天文台のプロジェクトである。

第2章　デンマークの目

⑴ ［33, 5］ ティコ（ティゲ）とマンデルップとの決闘の記述の詳細は、ティコの生涯と業績を明確に解説した Thoren（1990）の第1章をもとにした。この章で書かれたティコの若年期の他のエピソードは、他に記載がない限り同書からの引用である。Victor E. Thoren は、20世紀後半の最も権威ある

原注・出典

［ ］内の数字は、その注の本文該当箇所［頁，行］を表わす。

プロローグ

⑴［12, 10］ 今日可視光天文学で一般に使用されている検出器はCCDで、ビデオカメラでは光に敏感なマイクロチップも使われている（例として、Leverington 1995, pp.308-9を参照）。

第1章 強力な望遠鏡

⑴［15, 10］「新たな千年紀に向けての強力望遠鏡と観測装置（Power Telescopes and Instrumentation into the New Millennium）」（2000年3月27〜31日）は、ヨーロッパ南天天文台（ESO）と国際光工学会（SPIE）が共同スポンサーとなった巨大望遠鏡に関する継続的な国際シンポジウムである。

⑵［18, 7］ 望遠鏡の分解能（あるいは解像力）は、習慣的に、2星が別々の天体と認められるぎりぎりの角距離で定義されていた。今日の定義はさらに詳細だが、一般的原理は同じままである。

⑶［18, 13］ 分解能は、鏡やレンズの直径だけに依存するのではなく、観測を行なう放射の波長にも依存する。波長が大きくなるにしたがって分解能は低下する。たとえば、どんな望遠鏡でも、赤外線放射より可視光の方が詳細に記録することができる。ここに引用されている数値は緑色光のものである。また、分解能は望遠鏡の光学部品の質にも左右されるが、これらの数値は、鏡面が完全で、大気のゆらぎのない状況で観測する仮定の上に立っている。これらの条件下で得られた分解能は「回折限界」といわれる（それが回折という基本的な物理現象だけで定まるため）。分解能に関する初期の研究についてはKing（1955, pp.272-3）を、また、理論の基礎を学ぶには光学の標準的な教科書（例：Longhurst 1957, pp.283-4）を参照されたい。

⑷［19, 13］ 地球の 600km 上空を96分で周回しながら稼働している望遠鏡。その回折限界（上記の注を参照）と詳細な技術的データは、Møller（1996）のような出版物に記述されている。

⑸［20, 3］ ジェームズ・ウェッブ宇宙望遠鏡（以前の名称は次世代宇宙望遠鏡）は、2010年代はじめに打ち上げが計画されている。その機器と行なわれる研究に関する計画の概要は、たとえばESA（1998）を参照のこと。

ルドルフII世　Rudolph II　49,97,101
『ルドルフ表』　*Rudolphine Tables*　102
レイタ　Anton Maria Schyrle de Rheita　105,106,108,111,114,145
レイヤード　Austen Henry Layard　69
——・レンズ　69
レオナルド・ダ・ヴィンチ　Leonardo da Vinci　46,63
レクセル　Anders Johan Lexell　192
レコード　Robert Recorde　65
『レスター手稿』　*Codex Leicester*　46
レトワル　Pierre de l'Estoile　89
レビヤタン　230-234,275
レ　ン　Christopher Wren　119
レンズ
凹——　60,75
古代人の——　68,70
水晶——　69
凸——　60,75
眼鏡の——　59,60
——の組み合わせ　61
——の研磨材　71
——の製作　130
連続スペクトル　262
ローワー　William Lower　90,91,93
ロ　ス　Earl of Rosse　226-229,231-234,241,242,264,275
ロ　ス　Laurence Rosse　234
ロ　ス　Mary Rosse　234
ロナン　Colin Ronan　55
ロビンソン　Thomas Romney Robinson　223,225,226,229,230,232,241,242,244,250

【わ　行】

ワーナー・アンド・スワジー社　Warner and Swasey　269,270
惑　星　35
惑星状星雲　264
ワトキンス　Francis Watkins　174,175
ワトソン　Fred Watson　189,191,193,290,297,298

【欧　文】

AAT　→アングロオーストラリア望遠鏡
CCD　290
CELT　26,27,121
CSMT　27
EGO　28
ELT　26
ESO シュミット望遠鏡　343
ESO3.6メートル望遠鏡　341
f ナンバー　→口径比
IRAS　306
IUE　306
JWST　20
LAMOST　342
M51　233
MAXAT　27
MMT 天文台　338
OWL　27-29,121,314
SELT　26,121
SOAR 望遠鏡　339
UK シュミット望遠鏡　298
UK 赤外線望遠鏡　298
UKST　→イギリス・シュミット望遠鏡
ULT　28
VLT　26,28,29,337
X　線　327

マクローリン　Colin Maclaurin　183
マシューズ　Francis Matthews　175
マスケリン　Nevil Maskelyne　173, 192
マゼラン望遠鏡　339
マッケイ　Big Jim MacKay　298
マリウス　Simon Marius　83, 91, 92, 104
マルシリ　Cesare Marsili　129
マルチ共役波面補償光学　27
マン　James Mann　164, 165, 166, 168, 174
マントー　Edouard Mantois　270, 271
「見えない」天文学　17
南アフリカ大型望遠鏡　338
ミュンヘン社　Munich Institute　214, 215
ミラー　William Miller　263
ミリ波　336
ムードン33インチ望遠鏡　341
無焦点望遠鏡　137
無定位　336
――支持法　239
目　308, 309
――の解像度　44
――の分解能　44
眼鏡のレンズ　59, 60
メティウス　Jacob Metius　64, 81
メルセンヌ　Marin Mersenne　134-137, 142, 143, 152, 156
メルツ　Georg Merz　259
メルボルン大望遠鏡　⟶南（天）大望遠鏡
モーツァルト　Leopold Mozart　173
モーツァルト　Wolfgang Amadeus Mozart　173, 255
木星の雲による縞模様　104
『木星の世界』 *Mundus Jovialis* (*Jovian World*)　91
『物を燃やす鏡』 *The Burning Mirror* 156, 157

【や　行】
ヤーウェル　John Yarwell　118
ヤーキス　Charles Tyson Yerkes　269
――の屈折望遠鏡（40インチ屈折望遠鏡）　270, 341
ヤング　Thomas Young　261
ヤンセン　Sacharias Janssen　83, 84
ヨーク公爵　Duke of York　170
ヨーク式架台　281
ヨルゲンスダッター　Kirsten Jørgensdatter　50

【ら　行】
ラーソン　Gary Larson　11, 17
ラーノデルハト・シュミット望遠鏡　343
ライヘンバッハ　Georg Friedrich von Reichenbach　215
ライヘンバッハ-ウッツシュナイダー-リープヘル　Reichenbach, Utzschneider and Liebherr　209
ラウネ　François Launay　152
ラザフォード　Lewis Rutherfurd　277
ラッセル　William Lassell　237-240, 242, 245, 277
ラッセル　Flossie Russell　235
ラッセル　John Russell　242
ラベリ　Antoine Labeyrie　317, 318
ラムスデン　Jesse Ramsden　165, 166, 168, 170, 176, 177, 196
――式接眼鏡　336
ランツァウ　Heinrich Rantzau　49
リーヴ　Richard Reeve　116-118, 143-146, 153, 165
リーバー　Grote Reber　303
リック　James Lick　267, 269
――36インチ屈折望遠鏡　341
リック　John Lick　267
リッチー　George Willis Ritchey　251, 278-282, 285, 299
リッペルスハイ　Hans Lipper(s)hey　75, 76, 78, 79, 85, 86
ルイXIV世　Louis XIV　118, 122
ル・スーエル　Albert Le Sueur　249, 251

——線　262,335
ブラックホール　309,335
フラムスティード　John Flamsteed　118,119,141
『フラムスティード星表』　⟶『ブリタニカ星表』
フランクリン　Benjamin Franklin　62
フリードリヒ大王　Frederick the Great　173
プリズム式双眼鏡　258
『ブリタニカ星表』　*Historia coelestis Britannica*　119,166
『プリンキピア』　*Principia*　147,155
フリントガラス　164,170,172,208,209,335
ブルーノ　Giordano Bruno　95
ブルネ　William Bourne　55,56,58,59
ブレア　Tony Blair　119
フレデリックII世　Frederick the Great　43,49
フレデリック・ヘンリー公　Prince Frederick Henry　78
フロイド　Richard S. Floyd　267
プロースト　Dominique Proust　187
フロントビュー方式　199
分解能　18,335
分割鏡　228,229
分割対物レンズ付き測微計　169
分割複合鏡　335
分光器　25,261,262,264,335
ブンゼン　Robert Bunsen　261
平方キロメートル望遠鏡　305
ヘヴェリウス　Johannes Hevelius　47,120-124
ベーコン　Roger Bacon　64,65,67,68
ベートーヴェン　Ludwig van Beethoven　255
ヘール　George Ellery Hale　269,280,291,292
——望遠鏡　293,339
ペツヴァル　Joseph Petzval　256
ベッセル　Friedrich Wilhelm Bessel　214
ペルスピシルム　98
べんがら　149
ベンティボグリオ　Guido Bentivoglio　78,92
ヘンデル　George Frideric Handel　187
ホイヘンス　Christiaan Huygens　115-117,120,124,125,142,180
——式接眼鏡　117,335
ホイヘンス　Constantijn Huygens　125
ホイル　Fred Hoyle　301
ボイル　Robert Boyle　118,145
方　位　335
望遠鏡
原始的な——　67
最初の——　61
——の照準　107
——の長さと口径　121
——の名前　79
放物面　134,182,335
ボーデ　Johannes Bode　192
ホール　Asaph Hall　267
ホール　Chester Moor Hall　162-170,172-176,179
補償光学　336
補助観測装置　21,25,336
ホスキン　Michael Hoskin　201,221,222,229
補正板　288,289
ポツダム屈折望遠鏡　341
ホビー・エバリー望遠鏡　338

【ま　行】

マークリー望遠鏡　224,225
マーシャル　John Marshall　118
マーラー　Franz Joseph Mahler　259
マイクロメーター　336
マウリッツ・ナッサウ公　Prince Maurice of Nassau　74,76-78
マクシミリアン・ヨゼフ王子　Prince Maximilian Joseph　11-19,210
マクレアー　Thomas Maclear　241,242

ハイドン　Joseph Haydn　255
ハイパー望遠鏡　317
パイフィンチ　Henry Pyefinch　175
倍　率　334
パイレックス　292-294
——ガラス鏡　252
ハギンズ　Margaret Huggins　265
ハギンズ　William Huggins　233,259,
260,263-266
はくちょう座61番星　214
バ　ス　George Bass　165,170,172,174
80年戦争　73
ハッブル　Edwin Powell Hubble　282-
284,301
——宇宙望遠鏡　The Hubble Space
Telescope　19,20,249,307
バドヴェール　Jaques Badovere　92
ハドレー　George Hadley　182
ハドレー　Henry Hadley　182
ハドレー　John Hadley　180-183
バベッジ　Charles Babbage　219
波面補償光学　22
バランヌ　André Baranne　152
ハリオット　Thomas Harriot　89,90,93
パリ天文台　118,271,272
パリ万博の望遠鏡　271
ハレー　Edmond Halley　118,181
パロマー・シュミット（望遠鏡）→オースチン・シュミット（望遠鏡）
ハワード・グラブ・パーソンズ社　Sir
Howard Grubb Parsons & Co.
296
バンクス　Joseph Banks　197,202
反射型電波望遠鏡　303
反射鏡　134
——のサイズ　277
——の整形（方式）　182,184
反射屈折式（望遠鏡）　142
反射系　334
反射光学式（望遠鏡）　142
反射望遠鏡　55,133,205,334
——製作の試み　131,132
——の父　152
『パントメトリア』　*Pantometria*　54-56
ピープス　Samuel Pepys　115
光ファイバー　290
非球面　182,335
ビシュホーフスハイム望遠鏡　341
ビッグバン　301
ピッチ　149
ビュラカン・シュミット望遠鏡　343
秒　角　335
平凸レンズ　114
ピンホール　182
ファーガソン　James Ferguson　188
『ファーサイド』　*Far Side*　11,12
ファンマーネン　Adriaan van Maanen
282-284
フィールド　Mary Field　227
フーコー　Leon Foucault　275,276
——テスト　182
フェイル　Charles Feil　267,268
フェリペII世　Philip II　73
フォーク式架台　239
フォクトレンダー　Johann Friedrich
Voigtländer　86
フォンターナ　Francesco Fontana　104
副　鏡　335
フッカー　John D. Hooker　281
——望遠鏡　280-282,293
フック　Robert Hooke　118,125,144,
179
フックス　Johann Philip Fuchs von
Bimbach　83,91-92
プトレマイオス　Ptolemy　36
ブラーエ　Jorgen Brahe　35
ブラーエ　Tycho Brahe　33-35,37-40,
42-44,46-51,53,97,102,196,213
ブラームス　Johannes Brahms　255,
256
ブラウン　David Scatcherd Brown
297-299
フラウンホーファー　Joseph von Fraun-
hofer　211-215,256,259,261,262

電磁放射　333
天体望遠鏡　100,330,333
天　頂　334
天王星　192
天の極　334
電　波　334
電波天文台　304
電波望遠鏡　303,305
『天文機械』 Machinae coelestis　122
ドイツ式架台　218
ドイツ式赤道儀　213,334
ドイツ・レクイエム　255
トゥック　Christopher Tooke　90
倒立望遠鏡　100,105,330
土星の環　113
凸レンズ　60,75,334
トリトン　238
トリプレット（レンズ）　177,334
ドルパト大屈折望遠鏡　259
ドルパト天文台　Dorpat Observatory　212
ドレーパー　Henry Draper　277
ドローチューブ望遠鏡　103,334
トロートン　Edward Troughton　217-220
ドロンド　Elizabeth Dollond　169
ドロンド　John Dollond　168-170,172-174,178,179
ドロンド　Peter Dollond　169,172-178
ドロンド　Sarah Dollond　176
ドロンド・アンド・エイチソン　Dollond & Aitchison　169

【な　行】

「ナイフ・エッジ」テスト　277
ナスミス　James Nasmyth　235-240,242
　——式望遠鏡　236
　——焦点　236
ナノメートル　334
ナポレオン　Napoleon Bonaparte　208
南天（大）望遠鏡　241-244,246,247,249-252,254
南天望遠鏡委員会　242-245
ニコラス・U.メイヨール望遠鏡　340
『虹』 *De Iride*　65
二重クェーサー　309
ニムルド・レンズ　69,70
ニューオール　Robert Stirling Newall　266
　——望遠鏡　266
ニューゲート刑務所　159
ニュートン　Isaac Newton　56,110,118,141,144-149,151,152,154-157,160-163,179,260,261
　——式望遠鏡　149,150,195,243,334

【は　行】

パークス天文台　304
バークレー　Andrew Barclay　206-208,235
ハーシェル　Alexander Herschel　194
ハーシェル　Caroline Lucretia Herschel　187,188,190,198-202
ハーシェル　John Herschel　198,201,241,242
ハーシェル　Mary Herschel　201
ハーシェル　William Frederick Herschel　186-202,205,228,264,302
　ウィリアム・——望遠鏡　295,298
　——式（望遠鏡）　195
パースベルク　Manderup Parsberg　33,34,39
パーソンズ　William Brendan Parsons　234
パーソンズ卿　Sir Charles Parsons ⟶ロス（Earl of Rosse）
パーソンズ卿（ロスの息子）　Sir Charles Parsons　296
パーソンズタウンのレビヤタン　⟶レビヤタン
バーデ　Walter Baade　287,288
バード　John Bird　167,168
ハイゲン　⟶ホイヘンス

『世界論（光学概論）』 *Le Monde, ou traité de la lumière* 134
赤　緯　332
——軸　213
赤外線　306,332
——天文衛星　306
——天文学　306
——放射　203
赤道儀
イギリス式——　218,243
——式架台　47,238,332
ドイツ式——　213
接眼鏡　75,332
合成——　117
ホイヘンス式——　117
ラムスデン式——　336
接眼マイクロメーター　108,336
セファイド変光星　282
ゼラチン（写真）乾板　251
セルヴィット　295
ゼロデュア　295
占星術　38
セントアンドルーズ　139-141155
双眼鏡　80,85,86,332
双曲面　110,332
——レンズ　145
ソー屈折望遠鏡　341
測地学　333

【た　行】

ダークエネルギー　302
ダークワイア　Antoine Darquier　173
大気のゆらぎ　18,330,333
大経緯台望遠鏡　294,339
大光学望遠鏡株式会社　271,272
大口径熱　13,14,24,25,186,196
大赤道象限儀　45,53,213
大双眼望遠鏡　337
『大著作』 *Opus maius*　64,65,67
対物レンズ　75,332
——の焦点距離　111
太陽系　36
ダ　ウ　John Dawe　290
ダ・ヴィンチ　→レオナルド・ダ・ヴィンチ
タウテンブルク・シュミット望遠鏡　342
楕円面　333
ダブレット　173,327,333
単一鏡　333
地球外知的生命探査　318
地球型惑星の探査　316
地上望遠鏡　106,333
チャールズⅡ世　Charles Ⅱ　115,118,119,146
チャンドラX線衛星　307
チャンプニー　James Champneys　175
——裁判　176
中性子星　333
チューブ（観測装置）　66
チューブ・ビジョン　66
超新星　333
——爆発（1572年）　42
チョーサー　Geoffrey Chauser　127,128
ツァイス　Carl Zeiss　257,258
ツァイス　Roderich Zeiss　257
ツァイス社　258
ディオドロス　Diodorus　67
ティコ　→ブラーエ
ディック　Thomas Dick　208
ディッグス　Leonard Digges　55,56
ディッグス　Thomas Digges　54,56
デカルト　René Descartes　110,133,134,137,152,156,157
『哲学紀要』 *Philosophical Transactions* 154,172,184,228
デベルセ　de Bercé　152,153,156
デラ・ポルタ　Giovanbaptista Della Porta　60,62,84
デラルー　Warren De la Rue　277
テレスコピウム　80
天　球　333
電磁スペクトル　16
——放射　16

周期的変光星　282
宗教改革　73
宗教戦争　73
集光レンズ　331
収　差　110
　色――　110,111,132,148,161-163
　球面――　110,111,134,160,161,287,288
　光学的――　330
　コマ――　285
重錘式駆動時計　213
シューマン　Robert Schumann　255
重力レンズ　310,311,331
主　鏡　331
　――セル　226,331
シュタインハイル　Carl August von Steinheil　276
シュミット　Bernhard Voldemar Schmidt　285-288,291
　――望遠鏡　288
シュワルツシルト　Karl Schwarzchild　133
準恒星状電波源　309
照準筒　331
焦　点　331
　――距離　59,331
ジョージII世　George II　173
ジョージIII世　George III　173,192,197-198,200
ジョージの星　192
ショート　James Short　170,172,183-186,189,190
ショット　Otto Schott　257
ショット社　257,295
ジョドレルバンク天文台　304
シルウェステルII世　Sylvester II　66
真空蒸着法　293
『新星』 *De stella nova*　42
ジンデン　David Sinden　226,227,297,298
『新天文学』 *Astronomia nova*　46,94,97
シンプソン　Allen Simpson　144,145
新メルボルン天文台　244
水晶レンズ　69
水星の太陽面通過（1661年）　116
スカーレット　Edward Scarlett　164-166,174
スチュワード天文台　290
ズッキ　Niccoló Zucchi　129,130,132
ステルネボルク　Stjerneborg　41
ストラットフォード　Edward Stratford　217
ストルーフェ　Wilhelm Struve　213,214
ストロムロ山　253
スネイヴリー　Barbara Snavely　267
スネル　Willebrord Snel　93
　ウィルブロード・――の法則　110
スパイグラス　80,88,92,331
すばる望遠鏡　338
スピッツァー宇宙望遠鏡　307
スピノラ　Ambrogio Spinola　74,77,78
スペキュラム（金属）　144,148,149,331
スペクトル　148,261,332
　――解析法　265
スミス　Addison Smith　175
スミス　Robert Smith　183
スミス　Charles Piazzi Smyth　276
磨りつぶし　182
スレイマン大帝　Suleiman the Magnificent　38
星　雲　196,232,265,279,287,329,332
　――構成物質　228
　――の本質　195
『星界の報告』 *Sidereus nuncius*　87,91-94
整形（反射鏡の）　182
星　表　332
正立式望遠鏡　105
正立レンズ　103,332
『世界の調和』 *Harmonices mundi* (*Harmonies of the World*)　101

『光学系大全』 *Compleat System of Opticks* 183,189
光学的収差 330
『光学哲学』 *Optica philosophia* 129
『光学の進歩』 *Optica promota* 141
光学望遠鏡 17,330
口 径 330
——比 279,285
広視野 330
恒星視差 191
合成接眼鏡 117
恒星のスペクトル 263
恒星分光学 330
高 度 330
高度電気光学系望遠鏡 330
光 年 330
コーショワ Robert-Aglae Cauchoix 215,217,221,223,225
ゴーティエ Paul Gautier 272
コーニング社 292
国際紫外線天文衛星 306
国際的仮想天文台 308
国立ガリレオ望遠鏡 340
コジモII世 Grand Duke Cosimo II 88
コック Christopher Cock 118,144,145, 165
コックス John Cox 118
コノリー Billy Connolly 139
コプソン Edward Copson 140
コペルニクス Copernicus 36,94
——主義 95
——による太陽系モデル 214
——の宇宙モデル 37
コ マ 287,330
——収差 285,330
コモン Andrew Common 277
コンプトンガンマ線天文衛星 307

【さ 行】

ザイデル Ludwig von Seidel 256
サウス James South 216,217-223,229, 232
サグレド Gian Francesco Sagredo 129
ザッハリアセン Johannes Sachariassen 83
サルピ Paulo Sarpi 92
酸化セリウム 149
サン・ゴバンガラス製作所 St Gobain glassworks 280
シーイング 19-21,330
シーザー Julius Caesar 67,68
シープシャンクス Reverend Richard Sheepshanks 216-219,221,223
ジェームズV世 James V 139
ジェームズ・ウェッブ宇宙望遠鏡 The James Webb Space Telescope, JWST 20,314
ジェファソン Thomas Jefferson 173
ジェミニ北望遠鏡 338
ジェミニ南望遠鏡 338
ジェルベール Gerbert of Aurillac 66
紫外線 306,331
視 差 214
『自然哲学の数学的原理』──→『プリンキピア』
『自然の魔術』 *Magia naturalis* 60,62, 84
シッソン George Sisson 297
シデロスタット 271
島宇宙 282
シムズ William Simms 217-220
視 野 331
——レンズ 331
シャープ Abraham Sharp 119,165
シャイナー Christoph Scheiner 100
ジャガイモ飢饉 234
斜 鏡 195
写真乾板 277,278
写真技術 250
写真掃天観測 289
『写真天図星表』 *Carte du Ciel* 278
視野レンズ 105,106
ジャンスキー Karl Guthe Jansky 16, 302,303

ギナン　Pierre Louis Guinand 209-211, 215,267,270
『キャッチ22』 *Catch-22*　160
キャベンディッシュ　Charles Cavendish 108-111,145
吸収線　261,328
——スペクトル　262
球状星団　196,329
球面収差　110,111,134,160,161,287,288, 329,330
『球面の反射と屈折の光学』 *Catopricae et dioptricae sphericae elemanta*　161
鏡　筒　329
極　軸　213
巨大望遠鏡1900　271
ギ　ル　David Gill　277-278
キルヒホッフ　Gustav Kirchhoff　261, 263
銀　河　195,264,301,329
銀河系　196
キング　Henry King　59,91,186,234
近赤外線天文学　306
金属鏡　182
——の望遠鏡　205
銀メッキ鏡　245,276
空気望遠鏡　124
クーパー　Edward Cooper 224,225,242
クェーサー　309,329
クック　Captain Cook　169
クック　Thomas Cooke　259,266
屈　折　92,329
屈折系　329
『屈折光学』 *Dioptrice*　98,100,103,134
屈折光学式（望遠鏡）　142
屈折と反射の法則　131
屈折望遠鏡　55,205,329
——の限界　132
組み合わせ型望遠鏡　137
クモの糸　107
クラーク　Alvan Clark　259,266,268, 270
クラヴィウス　Christopher Clavius　92
クラウンガラス　163,170,172,329,335
グラブ　Howard Grubb　246-248,250, 267-269,276,296
グラブ　Thomas Grubb　223,224,226, 228,239,243,245,246,251,267,277, 296
グラブ・パーソンズ社　Grubb Parsons 297,298
クリスチャンⅣ世　Christian Ⅳ　49
クリスティーナ女王　Queen Christina 133
グリニッジ28インチ屈折望遠鏡　342
クリミア戦争　243
クリンゲンスティルナ　Samuel Klingenstierna　170,172
グレゴリー　David Gregory　161,162
グレゴリー　James Gregory　137,140-144,146,152-156,179,183,328,329
——式（反射）望遠鏡　142,143,185, 329
クレメントⅣ世　Pope Clement Ⅳ　64
グロステスト　Robert Grosseteste　65
クロムウェル　Oliver Cromwell　107, 115
経緯台　194,330
——式架台　294
系外地球　316-319
ゲイツ　Bill Gates　46,66
ゲージング　196
ケック望遠鏡　294,337
ケックⅡ　294
月面のスケッチ　90
ケプラー　Johannes Kepler　46,47,96-98,100-103,110
——式望遠鏡　99,100,330,333
——の惑星運動の三法則　94
——の惑星運動の第三法則　101
研磨材　70,71,149
『航海暦』 *Nautical Almanac*　216
広　角　330
『光学』 *Opticks*　110,141,148,150,162, 163,180

宇宙赤外線望遠鏡　306
宇宙の壁紙　308
『宇宙の調和』 *Harmonie universelle* 134
ウッツシュナイダー　Joseph von Utzschneider　210,211,215
ウッツシュナイダー - フラウンホーファー社　Utzschneider and Fraunhofer 214
ウラニボルク　Uraniborg　40,41
ウラヌス　192
エアリー　George Airy　219,221,241
英国学士院　118,180,181,244
英連邦太陽観測天文台　252
英連邦天文台　304
エラリー　Robert Ellery　248-249
オイラー　Leonhard Euler　170,172
王冠ガラス　──→クラウンガラス
王立協会　──→英国学士院
王立天文学会　217
凹レンズ　60,75,327
オースチン・シュミット（望遠鏡） 288,290,342
オーストラリア国立大学ストロムロ山天文台　252
オーベル　Alexander Aubert　193
オーラリ　327
オキュラー　328
オックス　Inger Oxe　35
オックスマンタウン　Lord Oxmantown 226
オペラグラス　61,86
オメガ・ケンタウリ　250
オランダ共和国　74
オランダ式望遠鏡　328
オルデンバーグ　Henry Oldenburg　154

【か　行】

カーペンター　James Carpenter　236
海王星発見　238
回折格子　328
カヴァリエリ　Bonaventura Francesco Cavalieri　156,157
ガウス　Carl Friedrich Gauss　256
鏡の製作　130,131
可視光　262,328
ガスコイン　Ben Gascoigne　250,252,299
ガスコイン　William Gascoigne　107,108
カセグレン（シャルトルの） Cassegrain of Chartres or Laurent Cassegrain 152-154,156,179,328
カセグレン式望遠鏡　153,243,328,332
架　台　328
　経緯台式──　294
　赤道儀式──　47,238
　ドイツ式──　218
　フォーク式──　239
　ヨーク式──　281
カタディオプトリック　328
カッシーニ　Cassini, Jean Dominique 120,145
カナダ - フランス - ハワイ望遠鏡　340
カナリアス望遠鏡　338
カムデン　Camden　175
ガラス
　古代の──　69
　──窓税　209
カラバッジ　Cesare Caravaggi　129
ガリレオ　Galileo Galilei　78,87,89,91-95,97,98,129
ガリレオ式望遠鏡 61,98,99,103-105,151,328,331
『カンタベリー物語』 *Canterbury Tales* 127-128
カンパーニ　Giuseppe Campani　145
ガンマ線　307,328
　──バースター　307
　──バースト　307
輝　線　261
　──スペクトル　262
木曽シュミット望遠鏡　342
キットピーク国立天文台　309

索　引

【あ　行】
アーマー望遠鏡　226
アイスコー　James Ayscough　167,168
アイレンズ　105,106,327
アインシュタイン　Alber Einstein　309,310
アインシュタイン・リング　310
アクロマート　163,177
——望遠鏡　171
——レンズ　164,166-168,170,173,177,327
『アクロマート式望遠鏡の発明についてのいくつかの所見』 *Some Observations on the Invention of Achromatic Telescopes*　176
アストログラフ　258
アダムス　Walter Sydney Adams　283,284
アッベ　Ernst Abbe　256-258
『アトランティコ手稿』 *Codex Atlanticus*　63
アドリアンスゾーン　Jacob Adriaenszoon　80
アポクロマート　177,327
アリオッティ　Piero Ariotti　157
アルバート大公　Archduke Albert　78
アルハゼン　Alhazen　127,128,141
アレシボ観測所　304
アングロオーストラリア望遠鏡　Anglo-Australian Telescope　290,298,315,340
暗黒物質　252,302,310
アンドロメダ銀河　104
案内望遠鏡　182
アンリ　Paul Henry　278
アンリ　Prosper Henry　278
イギリス式赤道儀　218,243,327
イギリス・シュミット望遠鏡　289,290,342
イギリス赤外線望遠鏡　340
イスラム文明　127
位置天文学　107
色収差　110,111,132,148,161-163,327,330
ヴァードン　George Verdon　244
ヴァイシェルベルガー　Philipp Weischelberger　210
ヴァン・ヘルデン　Albert Van Helden　62,84
ウィーゼル　Johannes Wiesel　105,109,112-115,145
ヴィクター・M.ブランコ望遠鏡　340
ヴィテロ　Vitello　127,141
ウィリアム・ハーシェル望遠鏡　295,298,339
ウィルソン　Ray Wilson　133
ウィルソン　William Parkinson Wilson　243,244
ウィルソン山天文台　Mount Wilson Observatory　280,283
ウィンドウ望遠鏡　57
ウーリー　Richard van der Riet Woolley　305,306
ヴェーン島　island of Hven　39,49
ヴェネチア・ガラス　84
ウォーラストン　William Wollaston　261
渦巻銀河　196,233
渦巻構造　233
渦巻星雲　233,279,280,282
宇　宙　327

【著者紹介】
フレッド・ワトソン（Fred Watson）
フレッド・ワトソンは、オーストラリアのアングロオーストラリア天文台（AAO）の管理天文学者（Astronomer-in-Charge）で、オーストラリア最大の光学望遠鏡の運用責任者である。また、国際的な視線速度掃天計画のプロジェクト・マネージャーでもある。*New Scientist* をはじめ、*Sky & Telescope*、*Astronomy Now* といった科学誌・天文誌に多くの解説記事を寄稿し、放送出演も多い。一般への天文学普及活動によりデヴィッド・アレン賞（David Allen Prize）やエウレカ賞（Eureka Prize）という権威ある賞を受賞している。著書には、*Why Is Uranus Upside Down?* がある。

【訳者紹介】
長沢　工（ながさわ・こう）
1932年生まれ。東京大学理学部天文学科を卒業し、東京大学大学院数物系研究科天文コース修士課程修了。理学博士。東京大学地震研究所勤務ののち1993年定年退官。主な著書には『天体の位置計算』『流星と流星群』『日の出・日の入りの計算』『天文台の電話番』『軌道決定の原理』（以上、地人書館）などがある。
永山淳子（ながやま・あつこ）
1961年生まれ。図書館情報大学（現筑波大学図書館情報専門学群）卒業。洋書輸入代理店勤務ののち、主として自然科学書の包括的な校正作業などに携わっている。

望遠鏡400年物語

大望遠鏡に魅せられた男たち

2009年4月5日　初版第1刷
2009年6月10日　初版第2刷

著　者　フレッド・ワトソン
訳　者　長沢　工・永山淳子
発行者　上條　宰
発行所　株式会社　**地人書館**
162-0835 東京都新宿区中町15
電話　03-3235-4422　　FAX 03-3235-8984
郵便振替口座　00160-6-1532
e-mail chijinshokan@nifty.com
URL http://www.chijinshokan.co.jp/
印刷所　モリモト印刷
製本所　カナメブックス

Printed in Japan.
ISBN 978-4-8052-0811-3